新型肥料

New Fertilizers

赵秉强等 著

科学出版社
北京

内 容 简 介

本书从概念、范畴与国内外进展、工艺与原理、施用技术与效果、标准与检测、发展趋势与展望等入手，系统梳理和总结了缓控释肥料、稳定性肥料、水溶性肥料、功能型肥料、商品化有机肥料、微生物肥料、增值尿素和有机无机复混肥料等新型肥料领域研究的最新成果，是一部反映我国新型肥料领域最新研究动态和成果的著作。

本书可供土壤、肥料、植物营养与施肥、作物、生态、环境等科学领域的管理人员、科技工作者、农技推广人员及相关专业的高等院校师生参考阅读。

图书在版编目（CIP）数据

新型肥料/赵秉强等著. —北京：科学出版社，2013.11

ISBN 978-7-03-038832-2

Ⅰ. ①新…　Ⅱ. ①赵…　Ⅲ. ①肥料-研究　Ⅳ. ①S14

中国版本图书馆 CIP 数据核字(2013)第 241033 号

责任编辑：夏　梁 / 责任校对：刘小梅

责任印制：赵　博 / 封面设计：耕者设计工作室

科学出版社出版

北京东黄城根北街 16 号

邮政编码：100717

http://www.sciencep.com

北京富资园科技发展有限公司印刷

科学出版社发行　各地新华书店经销

*

2013 年 11 月第　一　版　　开本：787×1092　1/16

2019 年　3　月第六次印刷　　印张：14 3/4

字数：329 000

定价：88.00 元

（如有印装质量问题，我社负责调换）

著者名单

主　编：赵秉强

副主编：许秀成　武志杰　李国学　李燕婷　杨相东
顾金刚　袁　亮　廖宗文　王好斌

编　委（按姓氏笔画排序）

王好斌　王玲莉　毛小云　石元亮　刘可星
刘增兵　许秀成　杜　伟　杨　帆　杨相东
李国学　李　娟　李药萍　李燕婷　沈　兵
武志杰　林治安　房娜娜　赵秉强　侯翠红
袁　京　袁　亮　顾金刚　廖宗文

前　言

肥料是保障国家粮食安全的战略物资，是实现农业可持续发展的物质基础。20 世纪世界粮食单产的 1/2、总产的 1/3 来自化肥的贡献。如果停止施用化肥，全球作物产量将立即减产 50%。面对资源、能源、环境保护和粮食安全的巨大压力，开展肥料科技创新、发展新型肥料是我国肥料产业实施质量替代数量发展的战略选择。我国新型肥料的发展主要有两个方向，一是对传统肥料（常规肥料）进行再加工，使其营养功能得到提高或使之具有新的特性和功能；二是利用新理论、新方法和新途径，开发肥料新品种。新型肥料的内涵是不断发展的。

当前新型肥料的研究主要集中在缓控释肥料，包括树脂包衣肥料、硫包衣肥料、包裹型肥料、脲醛肥料等具有缓释、控释作用的肥料；含脲酶抑制剂、硝化抑制剂的稳定性肥料；用于叶面施肥、灌溉施肥的水溶性肥料；含有附加功能的功能型肥料，包括保水肥料、根际肥料、根系调控肥料、增强抗倒伏功能的肥料，以及增强防病害功能的肥料等；商品化有机肥料；具有生物活性的微生物肥料及生物有机肥料；含养分增效剂的增值（效）肥料；有机无机复混肥料等。过去十年，我国的新型肥料产业得到了快速发展。目前全国从事各类新型肥料生产的企业达到 2000 多家，占到全国肥料生产企业总数的 1/4，新型肥料产业的资产规模超过 500 亿元，从业人员近 3 万人，年产值超过 160 亿元。缓释肥料、稳定性肥料、增值肥料、水溶性肥料、微生物肥料、商品化有机肥料，以及有机无机复混肥料等新型肥料的发展为我国粮食连年丰收做出了重要贡献。

本书包括绪论（许秀成）及缓控释肥料（杨相东、王好斌、赵秉强）、稳定性肥料（武志杰、石元亮、王玲莉、房娜娜）、水溶性肥料（李燕婷、赵秉强）、功能型肥料（廖宗文、李药萍、侯翠红、毛小云、刘可星）、商品化有机肥料（李国学、杨帆、袁京）、微生物肥料（顾金刚）、增值尿素（赵秉强、袁亮、林治安、沈兵、刘增兵）、有机无机复混肥料（赵秉强、袁亮、林治安、李娟、杜伟）8 章，有 24 位专家参与了撰写，全书由赵秉强、许秀成等策划、组织和统稿。

本书的研究成果得到了国家科技支撑计划“复合（混）肥养分高效优化技术研究与工艺，2006BAD10B03）”、“复合（混）肥农艺配方与生态工艺技术研究，2011BAD11B05）”等课题的资助，特此致谢。

限于作者水平，书中难免有错漏之处，敬请各位读者批评指正。

赵秉强

2013 年 7 月

目　　录

绪　论

1.“民以食为天”，民需要多少粮食？

“民以食为天”出自《汉书·郦食其传》“王者以民为天，而民以食为天”。《辞海》注：民以食为天是人民以粮食为生活所系，极言民食的重要。我国政府以民为天，特别关注国家粮食安全。

当今“民”有多少？需要多少粮食？

根据联合国估计，2011 年 11 月 31 日世界人口达 70 亿。你想了解当前的世界人口吗？可登录美国政府统计网站（www. census. gov）的 World Population Clock（世界人口钟），该人口钟每分钟更新一次世界人口预测值。时钟显示，2012 年 3 月 13 日 0：40（华盛顿时间）世界人口7 000 104 322人。2012 年世界每天增加约 21 万人，全年增长约 7700 万人。

2010/2011 粮食年度（2010. 07. 01 至 2011. 06. 30），世界粮食消费量 22. 287 亿吨［世界粮食产量、消费量均指谷物量，包括小麦、去壳稻谷、粗粮（大麦、玉米、黑麦、燕麦、小米、高粱）］，世界人均粮食（谷物）消费量为 320 千克。每年新增 7700 万人，需多生产 2500 万吨粮食，相当于当年世界粮食产量（22. 413 亿吨）的 1. 1%。

2010 年 11 月 1 日全国第 6 次人口普查结果，我国总人口 13. 71 亿，其中大陆人口 13. 40 亿，港澳台合计 3081 万。我国每年约增加 660 万人。

2010 年、2011 年我国粮食产量分别为 5. 4677 亿吨、5. 7121 亿吨（我国粮食产量包括谷物、豆类、薯类。与世界谷物产量不同之处是我国稻谷产量为带壳稻谷，世界为去壳稻谷）。2010 年我国人均粮食产量为 409 千克，2011 年为 424 千克。每年新增 660 万人需多生产 270 万~280 万吨粮食，占当年粮食总产量的 0. 5%。

粮食消费构成包括口粮、饲料粮、种子粮、工业用粮、粮食生产、贮存、加工过程中的损耗。农业部、商业部等六机构在制订 2000 年我国粮食需求预测时曾提出：2000 年我国人均粮食消费量为 400 千克，其中口粮 222 千克、饲料粮 126 千克、种子粮 17 千克、工业用粮 26 千克、粮食损耗 9 千克。

为确保粮食安全，我国对耕地保护提出了“一条红线、一条底线”的要求，即确保 18 亿亩（1 亩≈666. 7 平方米，后同）耕地面积、16 亿亩粮食播种面积；制定了《全国现代农业发展规划》，提出了 2015 年粮食综合生产能力达 5. 4 亿吨以上；为严格使用粮食发展生物能源，国家工业与信息化部发布了《粮食加工业发展规划（2011—2020)》。规划要求，要确保 2015 年和 2020 年口粮供应不低于 2. 575 亿~2. 525 亿吨［5150 亿~5050 亿斤（1 斤=500 克，后同）］，饲料粮不低于 2 亿~2. 275 亿吨（4000 亿~4550 亿斤），这相当于人均口粮不低于 187 千克与 180 千克，人均饲料用粮不低于 145 千克与 163 千克。该规划要求生产粮食总量的 90% 保证用于口粮及饲料用粮。此外，我国还要求保证粮食自给率在95%以上。但是，国务院发展研究中心的官员认为，粮食安全在我国的经济安全中是最脆弱的。

2. 我国粮食安全的薄弱环节在哪里？

2.1 关于口粮

据中国统计年鉴[1]，2010年我国农村居民平均每人消费原粮181.50千克，城镇居民平均每人购买商品粮食81.50千克，设原粮加工为商品粮食的加工率为70%，则城镇居民购买的粮食折原粮为116千克。据了解，该数据不包括外出用餐、工地及职工食堂就餐、单位分发的实物。据估计，2010年城镇居民平均每人消费的口粮约为130~150千克。按2010年我国城镇化率50%计算，则我国人均口粮2010年约为155~165千克原粮。我国人均消费的口粮在逐年下降，保证口粮供应不是粮食安全的薄弱环节。

2.2 关于饲料用粮

饲料用粮包括为畜禽生长提供能量的谷物（以玉米计）及提供畜禽生长所需蛋白质（以大豆计）。2010年我国农村居民人均消费猪肉22.15千克，牛羊肉1.43千克，家禽4.17千克，蛋及制品5.12千克，奶及制品3.55千克，水产品5.15千克；城镇居民人均购买猪肉20.73千克，牛羊肉3.78千克，禽类10.21千克，鲜蛋10千克，鲜奶14千克。由于畜禽对饲料中的能量、养分的转化率低，致使为获取1千克畜禽肉要消耗数千克饲料粮。在日本每生产1千克商品鸡蛋、鸡肉、猪肉及牛肉分别需耗饲料谷物（折合玉米）3、4、7及11千克。我国畜禽产品对饲料中的谷物依赖度较低，据统计，每生产1千克淡水鱼、肉鸡、鸡蛋及猪肉分别耗饲料粮食1.5~1.8千克、1.8~2.0千克、2.4~2.6千克及2.6~3.1千克[2]。

随着我国富有人群的迅速增长，“爱吃肉”让中国变成了世界大豆最大进口国。2011年我国进口了5250万吨大豆，约占世界大豆进口市场的60%，“爱吃肉”也使我国变成了玉米进口国，预计2012年我国玉米进口量将达600万吨。饲料用粮的大量进口，将导致我国粮食自给率低于95%。世界有35%的粮食被用来喂养畜禽，饲料用粮食是我国粮食安全最薄弱的环节。

2.3 关于工业用粮食

酒业是工业用粮大户，2010年农村居民人均耗酒量9.74千克，城镇居民人均购买酒量7.02千克，全国人民全年消耗各类酒高达1120万吨。目前我国仅白酒年产量已达700万吨，耗粮约1400万吨。工业用粮的另一大户是生产生物燃料，虽然我国严格控制用粮食为原料生产生物燃料。但就世界而言，特别是美国、巴西大量的粮食用于汽车用燃料。2009年美国有1.19亿吨谷物（占全美谷物产量的28.6%）进入了乙醇蒸馏厂，用来生产汽车燃料，这些谷物足以满足3.5亿人一年粮食之需，当时美国人口仅为3亿。我国富裕人群热衷购买SUV（Sport Utility Vehicle，运动型多用途汽车），你知道吗？大型SUV装满一箱95升的乙醇燃料用油，消耗的玉米够一个人吃一年（图1）！

图1　生物燃油对粮食的需求

2.4　关于粮食损失

根据国家粮食局介绍，2009年我国粮食损失率为：农户贮存过程损失8%，物流运输过程损失5%，餐饮浪费7%～8%，总损失率达20%～21%。更有甚者，据《生命时报》2012年5月1日独家报道，餐桌上浪费令人痛心，每年扔掉粮食总产量的1/10；专家呼吁立法，要像反贪污一样反浪费。

粮食浪费不仅表现在食物的废弃，还表现在摄入食物的热量超过人体的需求。据2002年新版《营养》（*Nutrition*）一书介绍，三类人能量摄入水平为：低水平，每天约6300千焦（1500千卡），适合于许多惯于久坐的女性及一些老年人；中水平，每天约9200千焦（2200千卡），适合于大多的儿童、青少年（13～19岁）女孩、活跃女性、许多习惯于久坐的男性；高水平，每天约12 000千焦（2800千卡），适合于青少年男孩、许多活跃的男性及一些非常活跃的女性。

据国外媒体报道，当前中国每日平均摄入12 400千焦（2970千卡），美国为15 800千焦（3770千卡）热量。可见，中国人正在追赶美国人，超过需要，摄入更多的热量，这可能是粮食安全最大的危险！

日本小岛丽逸从粮食消费的经验认为：每年人均粮食供应量在250千克以下时，饥荒频繁；300千克时，主食饱腹；350千克左右时，肉鱼消费剧增；400千克时，开始出现酒精中毒，并出现减肥服务行业；一旦超过450千克，谷物成为副食，肥胖患者大增。

2011年我国人均产粮食424千克，若以当年粮食自给率95%推算，2011年我国人均耗粮约440千克。应该终止在这一水平，否则我国肥胖症、慢性疾病的患病率将大大增加！

3. 肥料是粮食的“粮食”

作物生长需要17种必不可少的营养元素，它们是碳、氢、氧、氮、磷、钾、钙、镁、硫、氯、铁、锰、硼、锌、铜、钼、镍。必不可少的含义是缺乏其中任何一种，高等植物就不能正常生长。按不同作物所需的养分比例，供应必不可少的营养元素是作物健壮生长的必要条件。硅也是许多作物的重要营养元素。表1列出了生产单位作物量从土壤中移走的养分数量。多生产食物，就要多向土壤中补偿取走的养分，就要多施肥料。

表1　生产单位农作物从土壤中移走的养分量①　　单位：千克/吨

作物类别	N	P_2O_5	K_2O	MgO	S
粮食②	20.4	9.3	25.1	4.7	3.3
棉花	120	45	90	40	20
油料②	32.6	16.6	61.3	11.7	11
糖料②	1.6	1	3.7	0.9	0.6
瓜菜③	5.3	1.9	6.9	1.0	1.0
水果③	5.9	1.7	12.7	2.4	0.7
烟叶	65	20	120	12.5	5

① 按PPI（加拿大磷钾研究所）植物吸收的养分计算，其中：大豆、花生移走的氮扣除了70%来自空气固氮；

② 根据2004年我国粮食作物中稻谷占45%、玉米占32%、小麦占23%；油料作物中豆类占50%、油菜籽占30%、花生占20%；糖料作物中甘蔗占91%、甜菜占9%，按上比例加权平均；

③ 瓜菜以萝卜、黄瓜、西红柿、芹菜、甘蓝等12种蔬菜算术平均带走养分计；水果以苹果、香蕉、柑桔、葡萄、菠萝算术平均带走养分计。

自开始有农业至20世纪中叶，世界耕地面积与人口同步增长，粮食的供应增长几乎全依赖耕地面积的扩大。1950年以后，世界耕地面积的增长率逐步低于人口增长率，在有限的耕地面积内，施用化肥便成为增加单位面积产量的主要手段。“绿色革命”之父，诺贝尔奖获者N. E. Borlaug在分析了20世纪农业生产发展的相关因素后得出结论：20世纪全世界作物产量增加的一半来自化肥的施用。

1950年世界谷物产量6.24亿吨，化肥使用量1400万吨，肥料效率（谷物产量/肥料使用量，农学上称为化肥偏生产力，PFP）为44.5千克/千克；1986年世界谷物产量16.51亿吨；肥料使用量1.31亿吨，肥料效率为12.6千克/千克，显示肥料使用越多，肥料效率越低。

大多数发达国家意识到多施肥的害处，在经历施肥高峰后，均逐步减少用肥量。如表2所示，大多数发达国家在经历施肥高峰后，正在逐渐减少用肥量。荷兰、法国、日本、德国2000年用肥量仅及高峰年的约60%。至2030年，我国经济将达中等发达国家水平，应研究在我国减少肥料用量的措施。

表2　一些国家施肥量减少情况[3]

国　家	施肥高峰		2000年施肥量	2000年/高峰年
	年度	用量/万吨		
爱尔兰	1998	71.2	32.6	0.88
荷兰	1984	72	42.5	0.59
韩国	1997	99	78.2	0.79
日本	1973	230	145	0.63

续表

国　家	施肥高峰		2000年施肥量	2000年/高峰年
	年度	用量/万吨		
英国	1986	266.6	169	0.63
以色列	1998	12.1	10.7	0.88
德国	1988	187.5	274.2	0.56
法国	1989	610.3	414.5	0.68
美国	1981	2147	1851	0.86

2009/2010年度，世界粮食产量22.031亿吨，玉米化肥施用量1.704亿吨，肥料效率12.9千克/千克，与1986年的肥料效率相近。

据中国农业大学2001、2008年两次农户调查数据统计，7年中小麦和玉米单位面积化肥用量分别增加5.4%和29.0%，而水稻减少4.3%。相应的，小麦的肥料效率从10.6千克/千克增加至11.9千克/千克；玉米肥料效率从13.8千克/千克下降至11.5千克/千克，水稻从13.9千克/千克增加至15.7千克/千克[4]。我国小麦、玉米的肥料效率均低于世界平均水平。

2010年我国化肥产量6620万吨，其中N 4521万吨，P_2O_5 1702万吨，K_2O 397万吨。我国农用化肥使用量5550万吨，其中N 3200万吨，P_2O_5 1400万吨，K_2O 950万吨。扣除工业用肥外，我国氮肥、磷肥均处于产量过剩，而钾肥处于产量不足状态。

化学肥料作为粮食的粮食处于供大于求，既不利于生产厂，也必然造成使用上的浪费，增加农民经济负担；更不利于国家资源、能源的可持续利用，不利于环境保护。调整肥料产业结构，发展新型肥料势在必行。

4. 我国肥料产业结构存在哪些问题？

4.1　用肥量过大

据世界粮农组织FAO 2002生产年报，世界可耕地面积14.02亿公顷；中国统计年鉴2012介绍，2011年我国耕地面积（总资源）1.22亿公顷；占世界总面积的8.7%。2010年世界化肥消费量1.704亿吨[5]，世界平均施肥水平为121.5千克/公顷；2010年我国农用化肥使用量5550万吨，我国的施肥水平455.9千克/公顷，超过世界平均水平的3.75倍。考虑到我国耕地的复种指数高，则我国大田作物播种面积的施肥水平也超过300千克/公顷。

施肥与产量的关系，存在报酬递减规律，施肥越多，肥料利用率越低，单位施肥量所增产作物的量越少，过量施肥甚至造成减产。

中国农业大学张福锁等对2000~2005年我国不同作物和不同区域试验结果分析，主要粮食作物的氮利用率为10.8%~40.5%，平均27.5%。

当大量施用市售的传统化学肥料导致养分利用率低时，一些提高肥料利用率的新型肥料应运而生。众多的树脂包膜、硫磺包衣、无机材料包裹的缓释肥料，可将肥料中的氮肥利用率提高至 40%～75%。我国也已开发了能进一步提高氮肥利用率的根际肥料，在马来西亚油棕树的多年实践证明，可使氮肥利用率提高至 70%～80%；而正在我国兴起的设施农业灌溉施肥，若以计算机拟合作物生长不同阶段的需肥曲线，不断调整各次施肥数量与组成，则有可能使氮肥利用率达 80%～90%。全水溶性肥料用于灌溉施肥或叶面喷施可大幅度提高肥料利用率。一种以非水溶性肥料或矿物，就地制造水溶性肥料的新方法，在我国也开发成功，并已获得中国发明专利及以色列专利，这是一种廉价的、资源利用合理的新型肥料及其施肥方法。

4.2 化学肥料品种过“精”

在市售的单质氮肥中，尿素占主要位置。2010 年氮肥的折纯产量中 56% 为尿素，尿素实物产量达 5500 万吨，尿素含氮 46.2%，属高浓度氮肥。在市售的磷肥中，高浓度磷复肥磷酸铵类肥料占主要位置。2010 年以实物产量计，磷酸二铵 1170 万吨、磷酸一铵 1134 万吨、磷酸基 NPK 917 万吨、重过磷酸钙 170 万吨、硝酸磷肥 47 万吨。高浓度磷复肥实物量 3439 万吨，折纯 P_2O_5 1302 万吨，占 2010 年磷肥总产量 1582.2 万吨 P_2O_5 的 82.3%。在市售的钾肥中，含 K_2O 60% 的氯化钾产量占总产量的 80% 以上。由这些高浓度的氮肥、磷复肥、钾肥加工成的高浓度复合肥，除含氮、磷、钾外，几乎不含其他的中、微量营养元素。例如：用尿素 290 千克、磷酸一铵（11-44-0）410 千克、氯化钾 300 千克，制得的高浓度复合肥（18-18-18）除各含 18% 的 N、P_2O_5、K_2O 外，还含有 13.5% 的氯，属于含氯复合肥，几乎不含其他的中、微量营养元素。

化肥是粮食的“粮食”，当前我国化肥行业为作物提供的“粮食”是属于“精粉”、“细粮”的高浓度复合（混）肥料。人们早已认识到人类长期吃精面粉、精米对健康不利。农作物也是一样，施氮过多，叶子变得软弱，草坪耐踩踏性差；肉质肥厚的叶片最受害虫青睐；在植物体内代谢过程中，与抗病害有关的苯酚化合物减少，木质素含量低。例如，供应低氮下，每 100 克干稻叶木质素含量为 1100 微克，高氮下则为 500 微克；若氮素过剩，苯酚代谢关键酶的活性也降低，使抗病能力低下；若植物地下部根冠的生长区缺钙，会使根表面变得有“漏洞”，招致病毒由根部入侵；过量施磷易使大葱患干腐病等。

生产磷铵等高浓度磷复肥，需使用高品位磷矿，我国中低品位磷矿占磷矿总量的 90% 以上，必须经过选矿才能用于生产磷铵。当今，我国磷铵等高浓度磷复肥占磷肥总产量 85% 以上，通过选矿生产磷复肥，磷矿开采寿命不会超过 100 年。促使开发了能利用中、低品位磷矿的脲硫酸复肥及熔融磷钾肥等新型肥料，能使我国磷资源开采寿命延长至 300～500 年[6]。

冬小麦种植中，碳铵氮损失小于尿素，于是开发了利用三肥（碳铵、过磷酸钙、钙镁磷肥）造粒的新型小麦专用肥。这些新型肥料含有许多中、微量营养元素钙、镁、硫、铁及硅。脲硫酸复肥还含有杀虫剂氟硅酸脲，它们具有提高作物抗倒伏能力，提高抗病害能力，属于功能性新型肥料。

4.3 太信赖化学肥料

人们误认为有了化学肥料，就可以不用有机肥了！研究地球生态系统可知“土壤-

微生物–低等植物”生态系统4亿年前就已形成；“耕作土壤–根系微生物–农作物”生态系统始于10 000年前。若将10 000年比喻为相处了100年的和谐社会；施用化学肥料世界始于170年前的1842年，我国始于111年前的1901年，这170年施用化肥史，化肥相当于1.7年前进入生态系统的新成员；大量施用化肥，世界始于61年前的1955年，我国始于47年前的1975年，50~60年大量施入的化肥，相当于近6~7个月大量涌入生态系统的“新移民”。170年与10 000年相比，化肥对“耕作土壤–根系微生物–农作物”生态系统仍可视为外来物。

当化学肥料施入适量或少量多施，它能对微生物、农作物提供营养元素，土壤生态系统对肥料表现接纳；当大量施入化肥危及微生物、农作物生存时，生态系统产生排异反应，土壤产生脲酶加速尿素转化为氨，大量产生硝化菌，使铵态氮转化为硝态氮，亚硝化菌又进一步转化为氧化氮及氮气。使多施的氮，通过氨气、氧化氮、氮气逸入大气中，或形成硝态氮从土壤中流失。生态系统使多施的磷酸盐在土壤中固定。

为延长大量氮肥在土壤中的有效时间，开发了含脲酶抑制剂、硝化抑制剂的新型肥料–稳定肥料；及减少磷肥固定的新型肥料–促释磷肥。

有机肥料来自植物残体，它本身就是土壤生态系统的成员，腐熟的有机肥料是农作物、土壤微生物的营养源，在化学肥料发明之前，有机肥是最主要的养分来源。土壤生态系统还存在许多微生物，其中有能固定空气中氮的固氮菌，有能分解土壤中难溶性磷、钾的解磷菌、解钾菌。有了化肥供应的氮、磷、钾，那些固氮、解磷、解钾菌就难以发挥其功能，甚至被高浓度的无机盐肥料“腌”死。由于我们太信赖化学肥料，有机肥、生物菌剂就被排斥在传统肥料市场之外，于是开发了商品有机肥、含生物菌剂的肥料、有机无机复合（混）肥料，这些肥料也成为新型肥料的成员。

人们不能将太多的期望寄托在化学肥料上，依赖大量施用化学肥料向土壤索取更多的产品是不可取的行为。

5. 什么是新型肥料？有哪些类型的新型肥料？

新型肥料是相对于传统肥料而言，犹如新兴产业相对于传统产业而言。传统产业如钢铁、水泥、日用化工仍是占主导地位的产业，但新材料、现代通信、生物工程是新兴发展的产业，新兴产业大多与新技术相联系；单质肥料（氮、磷、钾肥）、复合肥料（复合、复混、掺混肥料）是目前农户普遍接受、市场占主流的肥料，它们是当前的传统肥料。新型肥料是新形势下对传统肥料的提升。

目前开发了以下类型的新型肥料：

（1）缓释肥料：包括树脂包衣肥料、硫包衣肥料、包裹型肥料、脲醛肥料等具有缓释、控释、缓效作用的肥料；

（2）含脲酶抑制剂、硝化抑制剂的稳定性肥料；

（3）用于叶面施肥、灌溉施肥的水溶性肥料；

（4）含有附加功能的功能性肥料：包括保水肥料、根际肥料、根系调控肥料，增强抗倒伏功能的肥料，增强防病害功能的肥料等；

(5) 商品化有机肥料;

(6) 含生物菌剂的生物有机肥料;

(7) 含养分增效剂的增效肥料;

(8) 有机无机复混肥料。

从8类新型肥料可看出,新型肥料并不一定"新",如有机肥是古老的传统肥料,仅是近30年被排挤出肥料市场,商品化有机肥料让它重返主流;新型肥料不一定具有"高科技"特征,有机无机复混肥料与普通复混肥,工艺上差异不大,但肥效比单纯的无机复混肥料高;"新型"是时代的要求,它克服或弥补了传统肥料之不足,具有更高的肥效,更好的经济效益、环境效益、社会效益。

国际上与我国新型肥料相近的名称有:

(1) 增值肥料(Added-Value Fertilizer,VAF)通常是指那些能提高肥料利用率的肥料。英国 *International Fertilizer* 期刊认为增值肥料是指缓释肥料、叶面肥、稳定肥料。在全国首届新型肥料学术讨论会(2009年,北京)上提出了"广义的增值肥料",其定义为:

能增加农民收益的增值肥料;能改善环境的增值肥料;能节约资源(能源)的增值肥料;有利于恢复生态平衡的增值肥料。

因此,广义的增值肥料可分为三类:能提高利用率的肥料;具有附加功能的增值肥料;能合理利用资源的增值肥料,包括可直接利用低品位磷矿、难溶性钾矿生产含磷、钾及中微量元素的肥料。

(2) 增强肥效的肥料(Enhanced Efficiency Fertilizer,EEF),制定美国肥料法规的美国作物营养检察官协会(AAPFCO)于2000年在其官方出版物中提出了以提高肥效(Enhanced Efficiency,EE)来描述增加作物吸收,降低养分损失的肥料。该出版物(每年1期)对EE肥的定义包括:

Coated fertilizer:相当于我国的包膜、包裹、涂层缓释肥料;

Occluded fertilizer:相当于我国的吸藏、基质、内置缓释肥料;

Stabilized fertilizer:稳定肥料,加入添加剂,能降低肥料的转化速度,延长肥料在土壤中有效时间,相应于我国的添加脲酶抑制剂、硝化抑制剂、控释肥、金属蛋白酶等添加剂型的肥料。

(3) 美国的Specialty fertilizer(专用肥料)通常是指用于高尔夫球场、景观草坪、花卉等非农用缓释肥料。《美国西部肥料手册》(1998年)中的专用肥料列出了脲甲醛肥料、硫包膜肥料、聚合物包膜肥料、聚合物-硫磺包膜肥料,以及从中国进口的钙镁磷肥包裹尿素的肥料。

(4) 日本将肥料分为普通肥料与特殊肥料两大类,特殊肥料为动植物废弃物加工的肥料,如干鱼肥料、甲壳类肥料、草木灰、畜禽粪便肥料等。特殊肥料有利于资源的合理利用;

可见各国均有与传统肥料不同的新型肥料,虽然名称不同,内涵也有差异,但均为弥补传统肥料不足而存在。

正如新兴产业多与新技术相联系,新型肥料也要提高技术含量,要符合现代农业的需求，要符合国家节约资源实现可持续发展的总体目标，而不是借新型肥料之名炒作概念。

6. 我国新型肥料产业现状

中华合作时报社曾峰等组织了“2012 年度中国新型肥料行业发展调查”，刊于 2012 年 5 月的《中国农资》，对我国当前新型肥料产业发展有较全面的认识，调查显示[7]：

所调查的 200 个新型肥料生产企业、流通企业中民营企业占 63%、国有企业 24%、外资企业 7%、合资企业 6%；显示民营企业为新型肥料的主力军；成立 20 年以上的企业占 19%、10~20 年占 13%、5~10 年占 38%、5 年以下企业占 31%。显示大部分新型肥料企业是近 10 年成立的，体现了新兴产业的“新”；企业规模方面，500 人以上的企业占 45%，200~500 人占 18%，200 人以下企业占 37%，与大、中型传统化肥工业相比，新型肥料产业发展初期以中、小型企业为主。

所调查的企业中，生产多种新型肥料的厂占 41%，单一肥料方向占 38%，以大化肥为主附带有新型肥料项目的企业占 21%；在新型肥料企业的主产品中，水溶性肥料占 29%，缓、控释肥料占 25%，有机无机复混肥占 17%，增效肥料占 15%，BB 肥占 8%，有机肥占 6%。

关于新型肥料行业发展现状，65% 的被调查者选择了“发展得基本满意，方向是对的”，并有 15% 的被调查者选择了“发展得很好，成绩显著”，二者之和达 80%；认为“发展得不是很好，方向需要调整”占 15%，选择“发展得一般，只是概念炒作”只占 5%；显示大多数企业对选择发展新型肥料表示满意。

参 考 文 献

1　中华人民共和国统计局．中国统计年鉴 2011．2011

2　许秀成，汤建伟，李药萍等．全球环境压力下的增值肥料发展策略．磷肥与复肥，2008，23（6）：5-8

3　许秀成，汤建伟．我国复合肥的增长趋势与贸易机会．磷肥与复肥，2007，22（1）：10-16

4　李红莉，张卫峰，张福锁等．中国主要粮食作物化肥施用量与效率变化分析．植物营养与肥料学报，2010，16（5）：1136-1143

5　国际肥料工业协会．全球肥料供应与贸易（2011~2012）．2011

6　许秀成，侯翠红，汤建伟等．三论“人口·粮食·磷资源·肥料”——兼论我国磷资源的可持续利用．中国化学会第 28 届学术年会第 19 分会：磷化学与化工．2012

7　曾峰，孙立新，张琴等．2012 年度中国新型肥料行业发展调查报告．中国农资，2012（5）：15-109

第1章　缓控释肥料

1.1　缓控释肥料概述

伴随着农业科技的进步，作物栽培管理对肥料和施肥提出了新要求；另外，养分资源高效利用与农业可持续发展战略也对施肥技术和肥料产品提出新要求。因此，提升肥料产品性能，开发缓控释肥料成了我国肥料研究领域发展的一个重要方向。经过近几十年的发展，各种类型的缓控释肥料产品大量出现，已经成为新型肥料的一大类别。

1.1.1　缓控释肥料的概念与范畴

缓控释肥料是具有延缓养分释放性能的一类肥料的总称，在概念上可以进一步分为缓释肥料（Slow Release Fertilizer，SRF）和控释肥料（Controlled Release Fertilizer，CRF）。

缓释肥料是指通过养分的化学复合或物理作用，使其对作物的有效态养分随着时间而缓慢释放的化学肥料（GB/T 23348-2009）。其养分释放速率远小于其在土壤中正常溶解释放速率，养分缓慢转化为有效态养分。这类肥料通过技术措施限制肥料养分释放过程，使化学物质形态的养分释放速率远小于其自然释放速率，但是养分释放速率快慢程度不可控，受肥料自身特性和环境条件影响。主要指化合成的脲甲醛和无机包裹肥料等产品类型。

控释肥料是指通过各种调控机制预先设定肥料在作物生长季节的释放模式（释放时间和速率），使其养分释放与作物需肥规律相一致的肥料。其内涵是指在通过加工控制，使得化学态养分的释放速率能够达到设定的释放模式，这种养分释放模式可以与某些植物养分吸收的规律相对应。主要指聚合物包膜肥料。

目前，主要采用肥料包膜（裹）、尿素与有机物反应两种技术方案开发缓控释肥料，包括聚合物包衣肥料、硫包衣肥料、磷矿粉包裹型肥料、脲甲醛和异丁叉二脲等品种。在实际应用中，常将控释性能好的聚合物包膜肥料叫控释肥料，将其他控释性能稍差的肥料品种称为缓释肥料。

1.1.2　缓控释肥的制备原理与工艺

采用包膜技术，在肥料颗粒表面制备一层控释膜，可以利用膜层将高浓度速效养分与土壤分隔开来，膜层具有的孔隙结构还可以控制养分按一定的速率释放，如果释放速率与植物养分吸收速率相匹配，就能够达到精准施肥和实现养分高效利用的目的。另外，采用化学改性的办法，将尿素与甲醛、异丁醛等单体进行脲醛反应，制备的含氮化合物的化学性质远没有铵态氮、硝态氮和酰胺态氮活泼，在土壤中能够缓慢水解释放出氮素，也可以实现氮素缓释的目标。其中，肥料包膜技术主要涉及聚烯烃包膜、苯丙乳液包膜、聚氨酯包膜、硫包膜、钙镁磷肥包膜等技术，化学改性主要是脲甲醛。下面就包膜和化合两条两种思路的制备原理和工艺做简单介绍。

1.1.2.1　包膜肥料的制备原理与工艺

膜（membrane）是两相之间的一个不连续区间，是分隔两相界面并以特定的形式限制和传递各种化学物质，可以是均相或非均相的，对称或非对称的，以及其他形式[1]，我们所说的膜（membrane、film 或 coating）具有一定的物理空间结构和化学结构。

膜的制备原理包括化学反应成膜、机械拉延成膜、涂层成膜和相转化（phase inversion）成膜。在缓控释肥料生产技术中，常采用流化床包衣设备，将控释材料包裹到肥料或药物颗粒表面，通过化学反应、涂层和喷雾相转化的原理达到包膜的目的。

对于喷雾包膜而言，首先是将包膜材料制备成包膜剂，然后使用喷嘴涂布到处于流化状态的肥料颗粒表面，在流化床中受流化气烘托作用，完成成膜过程，例如将硫磺熔融、聚烯烃溶解后进行的喷涂包膜。对于涂布包衣而言，包裹材料可以粉剂的形式，在黏结剂的作用下，使用圆盘造粒，包裹而成。

1.1.2.2　化学合成含氮化合物制备原理与工艺

化学合成则是直接制备稳定性氮肥，常由尿素和甲醛在一定条件下反应缩合而成。尿素和甲醛在碱性条件下发生加成反应，生成羟甲基脲，再经酸性条件发生缩合反应，生成甲基脲和聚甲基脲，即为脲甲醛。因尿素（Urea）与甲醛（Formalin）原料配比 n（U）/n（F）、pH、温度和反应时间等反应条件的不同，可生产不同链长的聚甲基脲混合物。当 n（U）/n（F）大于 2 时，生成全水溶性产品；当 n（U）/n（F）小于 1 时，生成全不溶于水的产品（塑料、黏合剂等）。其肥效时间长短取决于组分分子链长短，分子链长的缩合物氮的肥效期长，肥效期可通过控制反应条件人为调控。

脲甲醛缓释肥料生产方法有稀溶液法和浓溶液法两种。所谓稀溶液法，即尿素和甲醛以稀溶液形式反应，生成聚甲基脲悬浮液，经固液分离，再干燥、粉碎制成产品，母液循环使用。其特点是产品质量好，但成本较高。浓溶液法是尿素和甲醛以浓溶液反应，反应中间产物不经固液分离而直接加入催化剂（固化剂），固化为产品。其特点是可连续操作，生产成本较低，但产品中尿素含量较高。

1.1.3　缓控释肥料技术研究现状

在 20 世纪 30～40 年代，各种缓释性氮化合物（合成缓释氮素产品，如 CDU、IBDU、UF）在欧洲和美国开始发展，随后添加硝化抑制剂或脲酶抑制剂的稳定性肥料也开展了大量肥效试验[2]。到了 60～70 年代，对颗粒肥料进行包裹制备包膜肥料的技术开始广泛兴起。这些技术路线奠定了缓控释肥料生产技术的基本格局。直到现在，研究者依然在为寻求最经济实用的技术方案，为开发性能优良高效的产品而不断创新。具有代表性的缓/控释肥料生产企业和产品如表 1-1 所示，包括近 20 家企业生产的 10 种产品。

表 1-1 新型肥料产业公司和产品状况表

名称	品种	公司	产品	产量
氮化合物	UF IBDU CDU	Agrium, BASF, Hanfeng, Sun Agro	Nitroform®, Plantosan®, Azolon®, Floranid®, Nutritop®	50 万吨
包膜肥料	SCU PCU FCF	Scotts, Agrium, Aglukon, Haifa, Kingenta, Hanfeng, Chissoasahi, inan-Luxcote	Osmocote®, ESN®, Polyon®, TriKote®, Plantacote®, Basacote®, Multicote®, Syncote®, Nutricote®, luxecote	80 万吨
稳定性肥料	DCD ATS NBPT HQ	Agrotain, Conklin, hissoasahi, Hanfeng, BASF	Guardian®, Agrotain Plus, Nitrophos®	20 万吨

开发溶解性较低，尤其是溶解性能随时间和温度变化而变化的含氮化合物，则可以减少尿素和硝酸盐的淋溶损失。目前开发的产品都是基于尿素与甲醛、丙醛和异丁醛反应得到的产品。早在 1924 年，德国的 Badische Anilin 和 Soda-Fabrik AG（即今日的 BASF Aktiengesll schaft）获得了脲甲醛缩合肥料的第一个专利，美国于 1947 年获得使用脲甲醛作为肥料的专利，1955 年开始商业化的生产，目前在美国有 5 种脲甲醛类肥料以固体或液体（水溶性或悬浮液）的形式生产[3]。最近几年，国内部分企业开始从事脲甲醛的生产，由于脲甲醛水解产物是甲醛和尿素，甲醛将全部进入土壤和大气环境，因此该项技术和产品并未得到普遍认可。

对肥料颗粒进行包覆处理，比如包裹一层硫磺、钙镁磷肥粉末或聚合物，可以制备释放速率快慢不同的包膜肥料。尽管在 19 世纪人们已经在研究一些天然的高分子物质，但是直到 20 世纪 60 年代高分子学说才得到建立，这期间一些高分子聚合物也开始实现人工合成。在此背景下，进行了采用醇酸树脂、环氧树脂和聚烯烃作为膜材制备包膜肥料的研究。

除了上述包膜材料以外，使用无机的钙镁磷肥为包裹材料，以肥料包裹肥料的缓/控释复合肥料技术值得关注。该技术将中低品位的磷矿和氮素包裹复混在一起，同时具有一定的缓释性能，相对于聚合物包膜肥料，具有低成本的特点。包裹型缓/控释肥料按所用包裹层原料的不同，分为两种类型：一是以钙镁磷肥为包裹层，二是以二价磷酸铵钾盐为包裹层，包裹型缓/控释肥料将肥料的缓释和复合（混）化过程一步实现，生产工艺流程简化。

1.1.4 缓控释肥料产业发展状况

根据 2010 年统计数据（表 1-2），全世界缓控释肥料的消费量估计在 170 万吨[2,4]，20 世纪 90 年代以来，年增长率约为 7%，增长速度明显高于常规化肥。其中，包膜肥料年产量约为 100 万吨，年增长率超过 8%，在各种缓/控释肥料中增长的速度最快，市场前景最好。美国 AgIndustries Research & Consulting 公司每年 1 月为客户提供的控释肥料市场研究报告显示，2010 年北美、西欧和日本的缓控释肥料的消费总量约 100 万吨。

表 1-2　缓/控释肥料生产消费情况/吨

地区	1983	1995	2000	2004	2006 *	2010 **
美国	202 000	356 000	414 300	569 000	590 000	600 000
西欧	7600	8700	108 200	120 900	125 000	130 000
日本	44 000	119 000	92 600	97 000	110 000	120 000
中国 ***				200 000	350 000	700 000
加拿大					150 000	150 000
总计	253 600	483 700	615 100	986 000	1275 000	1700 000

* 1983 年到 2006 年间北美、西欧、日本数据引自 Trenkel，(2010)；** 2010 年数据为推算数据；*** 中国的产量为中国农业科学院赵秉强课题组调查统计结果。

我国包膜控释肥料的生产相对滞后，但最近十年发展很快。国内缓/控释肥料的产能和产量如图 1-1 所示。我国 2009 年全年缓/控释肥料的产能约为 250 万吨，生产量约为 70 万吨[4]，2010 年的情况也变化不大，脲醛或树脂包膜的产能有所增加，总体约为 260 万吨，而实际生产量约为 80 万吨，发展速度高于全球发展速度。

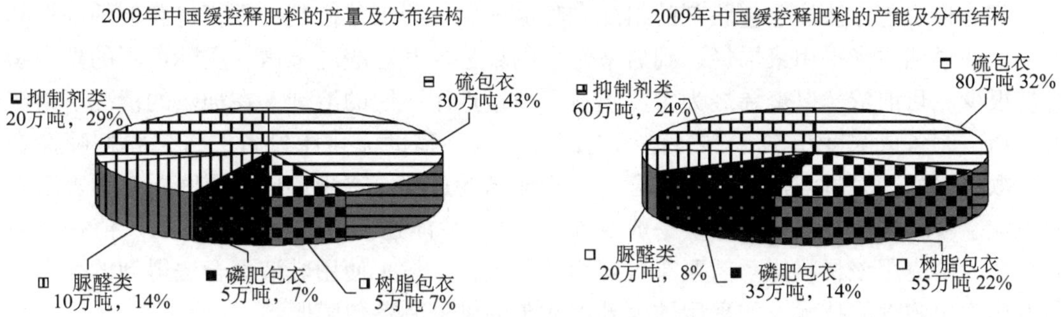

图 1-1　我国缓控释肥料产业及产量状况[4]

聚合物包膜肥料的生产成本高于一般化学肥料，而且其他一些缓/控释肥料的价格也偏高，这就限制了缓/控释肥料的生产和使用范围。聚合物包膜肥料以及其他缓/控释肥料主要应用于园艺、苗圃、高尔夫球场、观赏园林和公园等高价值作物及非农业领域。日本是农业生产中使用控释肥料比例最高的国家，2001 年种植水稻使用缓/控肥料的总量达到 6.6 万吨，其中聚合物包膜肥料达到 4.4 万吨，缓/控肥料使用量占总施肥量的 30.4%，最近十年没有太多的变化。

在国内，控释肥发展目标是施用在大田作物上。2010 年，首创包膜控释肥料的产量约 5000 吨，金正大生产量约为 30 万吨。首创所生产的包膜肥料有 80% 施用在玉米种植上，出口约占 10%，其他领域占 10%，平均售价为 3500 元/吨。金正大生产约 10 万吨聚合物包膜尿素，20 万吨硫包衣尿素，所生产的包膜肥料主要掺混到复合肥料中。

其他的企业，例如山东肥业、山东施可丰等企业正积极介入控释肥料的生产领域。国内采用包裹型缓/控释肥料技术的企业有五六家，总生产能力 50 万~70 万吨，其代表性企业为济南乐喜施肥料有限公司。国内除了上述国产的控释肥料以外还有部分进口，如 Osmocote、ESN 等，进口量每年大约进口 4000 吨，主要使用在花卉种植行业。

虽然控释肥料的研发工作走过了漫长的半个世纪，开发了包膜肥料、稳定性氮肥和氮反应产品等类型，但是当前依然以聚烯烃包膜、硫包衣、添加抑制剂的稳定性肥料和脲甲醛等几种产品为主导（表 1-1）。从我国的研究现状来看，各种类型的技术和产品都有开发，但比较成熟的技术和高品质的缓/控释肥料产品还是由国外几家大公司主导。

1.2 聚合物包膜肥料

1.2.1 聚合物包膜肥料的概念

聚合物包膜肥料（polymer coated fertilizer）是指肥料颗粒表面包覆了高分子膜层的肥料。通常有两种制备工艺方法：其一是喷雾相转化工艺（物理法），即将高分子材料制备成包膜剂后，用喷嘴涂布到肥料颗粒表面形成包裹层的工艺方法；其二是反应成膜工艺（化学法），即将反应单体直接涂布到肥料颗粒表面，直接反应形成高分子聚合物膜层的工艺方法。

第一种工艺方法注重包膜剂的组配和喷雾成膜过程工艺控制。围绕包膜剂的筛选和组配，从早期主张采用聚烯烃、到后来开发的聚乙烯基乙酸纤维素，实际可用的聚合物材料很少。目前依然以聚烯烃为主要膜材，通过选用不同的溶剂，在加热的情况下溶解聚合物，制备成浓度在 5%~12% 范围内的包膜剂。借助流化床设备，将包膜剂喷涂在肥料颗粒表面，经过溶剂挥发、聚合物沉积成膜的过程，逐步形成一层膜层。因颗粒表面粗糙、喷雾缺陷等因素，膜层一般要 50 微米，才能达到有效的控制释放。值得注意的是，为了克服该材料体系需要有机溶剂的缺点，开发了使用乳液聚合法得到的聚合物乳液作为包膜剂的技术，如采用纯丙乳液或苯丙乳液制备包膜肥料。

第二种工艺方法因涉及化学反应的发生，整体工艺条件相对复杂，得到开发使用的技术也不多。目前反应成膜技术主要集中在利用羟基、环氧基团的加聚反应来进行，早期开发的技术主要是利用酚醛树脂、环氧树脂反应直接在肥料颗粒表面制备聚合物膜层，之后利用富含多羟基的植物油与异氰酸酯发生聚氨酯反应来制备包膜肥料。近年来，反应成膜工艺因为是在肥料颗粒表面原位成膜，可以减少膜层缺陷，膜层厚度在 20 微米左右即可有效控制养分释放，大大降低了膜材成本，因此成为当前的一个热点。

1.2.2 聚合物包膜肥料国内外的研究进展

在 1961 年，Boller 和 Graver 利用多元醇与二元脂肪酸或环氧树脂能够发生聚合反应形成高分子聚合物的机理，以肥料颗粒表面作为反应界面，成功地合成了聚合物包膜控释肥料[5,6]；Hansen 在 1961 年、1965 年也申请了类似的两个专利描述了如何利用多羟基化合物与异氰酸盐发生聚合反应制备控释肥料的技术[7]；1974 年日本窒素公司

（Chisso-asahi feretilizer Co.，Ltd.）在美国申请的专利中介绍了生产聚烯烃包衣肥料的方法[8]。

此后，反应成膜、聚合物包膜这两条工艺技术路线得到进一步的发展。反应成膜技术方面，1987 年 Moor 利用水溶性含氨基肥料作为核心，利用氨基的亲核作用和一些含亲电基团的化合物反应形成聚合物膜层，发明了“耐磨控释肥料”[9]。1988 年以色列的 Blank 使用一些高黏性不饱和油和低黏性不饱和油（亚麻油、向日葵油、脱水蓖麻油和大豆油等），在催化剂（2-乙烷基-异己酸金属盐）的作用下，于 160～180℃ 温度范围内，用转动盘设备进行反应交接成膜[10]。聚合物包膜方面，日本学者 Fujita 等在 1991 年申请了一种以聚乙烯基乙酸纤维素（EVAC）为主要材料的可降解膜包膜肥料[11]；2000 年 Geiger 等利用多元醇与肥料中的氨基结合，然后用异氰酸盐与多元醇反应成膜，最后再包有机蜡，这样的方法使包膜肥料的生产成本降低，使得包膜肥料应用于大田成为可能，该专利由 Agrium 公司所有，该公司使用这项技术开发了“ESN”[12]。

采用聚合物乳液为包膜剂，避免了使用昂贵的有机溶剂来分散聚合物，而且无需加热配置包膜溶液。包膜乳液主要以烯烃和丙烯酸及其酯类作为合成单体，一些典型的聚合物乳液已经被使用在包膜控释肥料的研究中。Thompson、Tsunehisa 和 Tzika 等使用聚偏二氯乙烯等乳液为主要包膜材料，制备聚合物乳液包膜肥料[13-16]，并受到广泛关注。1992 年日本旭化成工业株式会社在其专利中介绍了使用苯乙烯（St）、丁二烯（BD）、丙烯酸丁酯（BA）、*N*-羟甲基丙烯酰胺、丙烯酸等功能单体共聚合成乳液，作为包膜材料制得包膜肥料[17]；Donida 等以丙烯酸酯乳液为包膜材料，聚乙二醇为增塑剂、滑石粉为助流剂、二氧化钛为着色剂制备包膜肥料[18]；韩国高科技研究使用聚丙烯酸系聚合物乳液制备包膜肥料[19]。在国内，姚俊杰等采用丙烯酸系聚合物乳液进行包膜肥料的研究[20]，此外也有专利采用苯丙乳液或纯丙乳液作为包膜剂制备控释肥料[21]。围绕包膜聚合物乳液开展的工作很多，聚乙酸纤维素、聚丙烯酰胺、纯丙、聚偏二氯乙烯等均有所涉及，但是都因为其亲水性或加工问题，所制备包膜肥料的释放性能并不理想。

20 世纪 80 年代以来，中国专利局受理了 30 多项该领域的专利，特别是近年来，这方面的专利增加较快。

1.2.3　聚烯烃包膜肥料制备原理与工艺

1.2.3.1　喷雾相转化

相转化是一种以某种控制方式使聚合物从液态转化为固态的过程，这个固化过程是由于一个均相液态转变成两相而引发的。通常需要先将聚合物溶解到一种优良溶剂中制得高分子真溶液，然后在不同的氛围中促使聚合物与溶剂分离。相转化包括溶剂蒸发沉淀、蒸气相沉淀、热沉淀和浸没沉淀等。基于界面不同，平面（基片）或球面（颗粒），大尺度或微颗粒，采用的方法不同。颗粒成膜与基片成膜的主要区别在于：基片一般是处于静止状态以接收来自环境中沉降下来的膜材料，在表面上形成包膜；而颗粒需要维持良好的分散状态和一定的流动性，否则包膜不均匀、颗粒容易粘连成一团。因此颗粒成膜的一个首要操作是使颗粒成流动或流化状态，然后采用上述的一些成膜方法就可以了。常采用溶液相转化法借助于流化床进行包膜，比如流化床喷雾包衣。在控释技术的研究中，也常采用在颗粒表面包衣的方式。采用流化床包衣设备，可以将控释材料包裹到肥料或药物颗粒表面，达到包膜的目的。

1.2.3.2 相转化制膜技术的原理和方法

所有的相转化过程都是基于聚合物溶解于有机溶剂的热力学原理。对于一个给定的聚合物/溶剂二元体系，其溶解性取决于他们的溶解度参数，在该体系中，其互溶区所处的位置基本上取决于聚合物的链长，随着链长增加，互溶区向溶剂轴和高温处移动。因此，对于二元混合物的相转化过程来说，制膜是从一个热力学稳定的高分子真溶液体系开始，当温度降低或溶剂相减少（溶解、蒸发）的情况下，这种热力学稳定的溶液体系不再稳定，聚合物可能发生结晶、凝胶化或玻璃化转化，形成聚合物膜。

在相转化过程中，根据二元体系发生液液分层的时间长短分为：瞬时液-液分层、延时液-液分层，两种过程将导致不同的膜结构。瞬时液-液分层过程可以得到多孔性的皮层，这对于制备控释膜是需要的。因此在控释膜的制备过程中，需要提供良好的条件以促使液-液分层的快速完成，形成多孔性的膜。

根据成膜过程的热力学和动力学关系式来看，一些条件参数对扩散和分层过程及最终膜的形态起到了决定性的作用。聚合物的选择并不那么重要，不过聚合物的性质直接影响需要的溶剂体系。通常影响相转化制备分离膜的因素有溶剂/非溶剂体系的选择、聚合物浓度、凝结浴组成和聚合物溶液组成。

1.2.3.3 喷雾相转化法制备包膜控释肥料的原理和成膜机理

综合上述原理和影响因素，当我们采用喷雾相转化法在颗粒表面制备控释膜的时候，同样可以基于二元体系从稳定状态到不稳定状态分层的成膜机理来考虑全新的环境条件。与浸渍相转化法不同的是，喷雾相转化法分布聚合物溶液的方法是喷雾，而不是刮刀；促使分相的手段不是用溶剂萃取，而是促进其挥发；所处的环境由静止于液体环境变为流化气体状态。在喷雾相转化法制备控释膜的研究中，需要借鉴特定聚合物/溶剂体系的特性，考虑这些因素对相转化法制备控释膜的影响：溶剂挥发性能、流化气体温度、流化状态下的颗粒、聚合物溶液组成。

流化床喷雾包衣是指用喷头将聚合物或明胶和糖的混合溶液雾化喷射到处于流化状态的颗粒表面，包衣混合液在颗粒表面迅速干燥，从而在颗粒上包裹上一层膜的过程。这个操作也可以在滚筒中完成，如化肥生产中的转鼓喷浆造粒工艺。在一般的操作中，只考虑把物料喷到颗粒表面完成层式增长就可达到目的。

当希望这种层式增长过程有利于形成一个具有多孔结构的膜的时候，就得考虑相转化致孔的方法。当然喷射的无机材料也一样是多孔层，不过这个多孔层力学结构不理想，或者孔结构太大，不能达到所需要的控释性能。对于药物来说，一般希望药物效果延长的时间为一周以内，所以对控释性能的要求不高，而对材料的要求高；对于控释肥料而言，常常需要达到1~9个月的释放期，这就要求有很好的控释性能，对材料的筛选主要考虑环境保护的要求。为此，控释肥料生产过程中需要严格地控制流化床喷雾包膜过程，使工艺条件符合相转化的要求。

因为流化床喷雾相转化法制备控释肥料包括流化、雾化和相转化等复杂过程，既有物理-机械过程，又有物理-化学过程，所以其影响因素包括喷嘴结构、雾化状态、气体流速、溶液组成、溶液浓度、溶液黏度、流化气温度和流速、颗粒表面性质等。

1.2.4　苯丙乳液包膜肥料制备原理与工艺

采用聚合物乳液为包膜剂，因为是以水为分散相，这就避免了使用昂贵的有机溶剂来分散聚合物，而且直接使用聚合物乳液，也无需加热进行有机溶剂溶解聚合物配置包膜溶液的操作。含有机溶剂的尾气必须进行制冷处理才能使其冷凝成液态而回收，回收很困难，有机溶剂回收率低就会使生产成本大大增加，而且容易造成对大气环境的污染，而乳液不需要尾气回收操作，使用聚合物乳液作为包膜剂具有很大的优势。因此采用乳液聚合的方法合成高分子聚合物，并使用此乳液作为包膜剂制备包膜控释肥料的研究得到很快发展。

1.2.4.1　乳液类型

乳液合成主要使用烯烃和丙烯酸及其酯类作为单体，一些典型的聚合物乳液已经被使用在包膜控释肥料的研究中。通常使用苯乙烯（St）、丁二烯（BD）、丙烯酸丁酯（BA）、*N*-羟甲基丙烯酰胺、丙烯酸等功能单体共聚合成乳液，作为包膜材料制得包膜肥料；有时候还需要采用增塑剂、助流剂、着色剂等辅助原料。目前，聚乙酸纤维素、聚丙烯酰胺、纯丙、聚偏二氯乙烯等乳液也有所涉及，但是都因为其亲水性或加工问题，所制备的包膜肥料的释放性能并不理想。由于乳液聚合物自身性能所决定，聚合物膜在水作用下容易发白、变脆，导致包膜肥料养分可控性较差等方面。通过共聚或共混的方式引入一定量具有功能性的单体以实现对聚合物乳液的改性，可以达到改善其耐水性的目的。

1.2.4.2　乳液成膜过程

一般认为，聚合物乳液的成膜过程可分为乳液水分蒸发、乳胶粒界面接触、乳胶粒界面融合和聚合物绕接固化四个阶段[22]。首先，聚合物乳液经过一个较长的时期的水分蒸发过程，分散于乳液中的聚合物通过水分的蒸发作用而浓缩，该阶段开始时胶粒做布朗运动，随着固含率上升（末期聚合物体积分率约为 60%～70%），在水分减少到临界体积时，双电层的作用使得布朗运动停止，成膜过程进入乳胶粒界面结合阶段。随着水分的进一步脱除，在毛细管力作用下，胶粒发生不可逆转的紧密接触，整体水分蒸发速率减慢，进入乳胶粒形变融合阶段，最后，乳胶粒界面层消除，聚合物分子链开始扩散、绕接、形成连续的聚合物膜层，水分通过胶粒间空隙蒸发脱除；随着更大范围连续膜层的形成，水分脱除速率降低，接近于水在膜层中的扩散速率。在膜层形成过程中，环境温度、水分蒸发速率、聚合物性质（如剪切模量）、聚合物胶粒粒径、界面张力（空气/聚合物、水/聚合物、空气/水）等是主要影响因素[23]。

1.2.4.3　包膜工艺方法

聚合物乳液是液固两相高度分散的稳定体系，水/乳相分离成膜是否存在相转化过程以及水分蒸发致孔的机理还没有相关研究。喷雾涂膜与平板刮膜相比较，主要的区别有以下几点：第一，基体表面不一样，刮膜是在平整的平板表面进行，而喷雾涂膜是在颗粒表面进行，为了防止涂层面直接相互作用，需要将颗粒置于流化床中使其处于流化状态。第二，由于喷涂为一瞬间的随机作用，使得单次喷涂的乳液区域为不规则形状，所成的涂层为不连贯的薄层；而刮膜则是一次完成，膜层连续，厚度均匀。第三，喷雾涂层后的颗粒处于一个水分快速脱除的干燥环境，乳液成膜过程快速完成。基于这些差异，喷雾涂膜需要考察的是如何满足良好的成膜环境，促进成膜过程的进行；同时关注涂层之间的致密性，及其整个涂层的渗透性。采用喷雾涂层的方法，只有确保形成良好的聚合物膜层，形成可控的膜层结构，才可以达到控制释放的目的。

而聚合物乳液的成膜有自身的特征，首先是一个单纯的脱水干燥过程，当水分脱除到70%左右，乳胶粒才开始融合，最终聚合物链相互绕接成一个整体膜层。现有的乳液包膜工艺主要注重乳液脱水与成膜过程的影响因素。使用聚合物乳液制备包膜肥料面临的工艺问题主要有四个：第一是将乳液分布到肥料颗粒的喷雾包膜操作过程，第二是促进乳液水分蒸发的干燥过程，第三是促进乳胶粒聚并的成膜过程，第四是此过程中的一些辅助的防粘、热处理和除湿等操作。

1.2.5　聚氨酯包膜肥料制备原理与工艺

聚氨酯（polyurethane，PUR，PU）是指主链中含有氨基甲酸酯特征单元（—NH—COO—）的一类高分子聚合物。一般是由异氰酸酯和醇反应获得，是一类产品形态多样的多用途合成树脂，因其导热率低、耐磨、耐低温、强度高、弹性好等性能，这种高分子材料广泛用于泡沫、弹性体、黏胶、涂料、皮革、纤维、黏合剂、低速轮胎、垫圈、车垫等工业领域。在日常生活领域聚氨酯被用来制造各种泡沫和塑料海绵。其反应通式如图1-2所示。

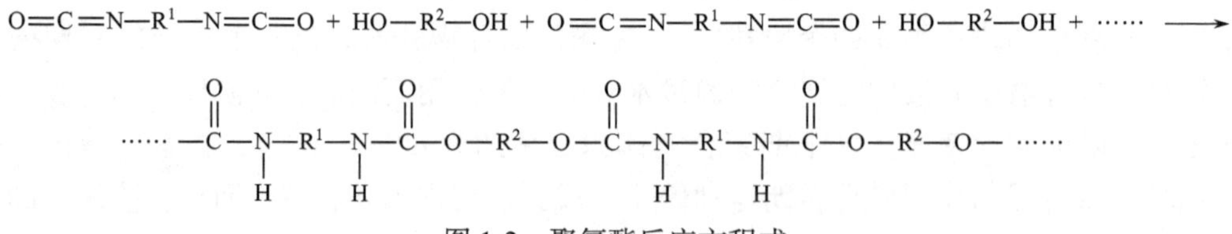

图1-2　聚氨酯反应方程式

聚氨酯的反应机理是由异氰酸酯的反应机理决定的，一般认为NCO基团的氧和氮原子上电子云密度较大，其电负性较大，其中氧原子电负性最大，是亲核中心；碳原子电子云密度低，呈较强的正电性，为亲电中心，易受亲核试剂的进攻。因此，聚氨酯反应是亲核基团进攻NCO基团上亲电的C，形成氨基甲酸酯。异氰酸酯结构中R基团的电负性（电负性大，C 活性更高）的诱导效应、空间位阻效应，亲核基团活性决定了其反应速度。另外，不同催化剂还能够促进特定基团的反应速度，添加一些扩链剂或助剂还能够得到特殊性能的制品（图 1-3）。

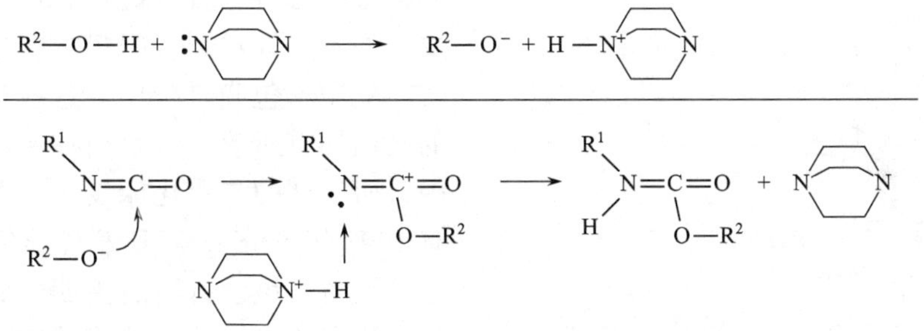

图 1-3　聚氨酯反应机理

聚氨酯反应的一般机理研究没有大的变化，该领域最近的研究热点主要集中在聚醚新技术开发与应用、植物油等生物质基多元醇的开发、聚氨酯泡沫塑料发泡剂的替代品研究、非光气法异氰酸酯技术开发、非异氰酸酯型聚氨酯、水性聚氨酯、喷涂聚脲等技术应用方面。

1.2.6　聚合物包膜设备

流化床设备在很早以前就被用来对小颗粒材料进行干燥或包衣处理，最为大家所推崇的是 D. E. Wurster 于 1953 年获授权的专利“用于包裹食用药片或类似物的方法”中设计的流化床设备，其特点是压缩气经流化床底部旋转气流分布板进入流化床，使从侧面进入的粉体、阿拉伯树胶和糖溶液混合，在粉体表面包裹上一层包衣[24]。此后，在 1963 年、1964 年和 1966 年 D. E. Wurster 还获得了“均一粒子颗粒化和包衣工艺”、“流化床颗粒包衣设备”（图 1-4）和“颗粒包膜工艺”三项专利[25-27]。基于上述这些技术成果的工艺和设备直到现在还广泛用于悬浮溶液的颗粒化、干燥、包衣等加工制造业，流化床干燥设备、包衣设备普遍应用于与制药、种子包衣和包膜肥料生产等行业中。

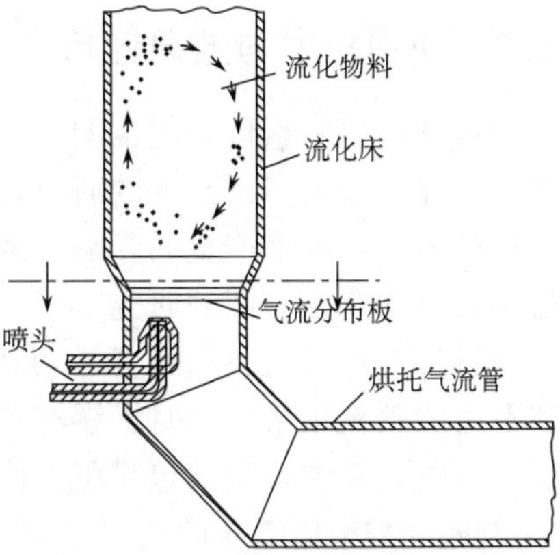

图 1-4　Wurster 流化床示意图

在控释肥料生产领域，1974 年 Chissoasahi 肥料公司申请的美国专利“包衣肥料的生产方法”[8]中，介绍了使用流化床将聚烯烃溶液喷涂到肥料颗粒表面，制备控释肥料的方法。该专利附图中给出了所涉及流化床设备的工艺流程图，它包括流化床、鼓风机、加热器、溶液箱、蠕动泵和喷嘴等组成部分（图 1-5）。但是该工艺并没有涉及溶剂回收系统和包膜加工控制系统的工艺过程。该专利也没有对所涉及设备进行详细描

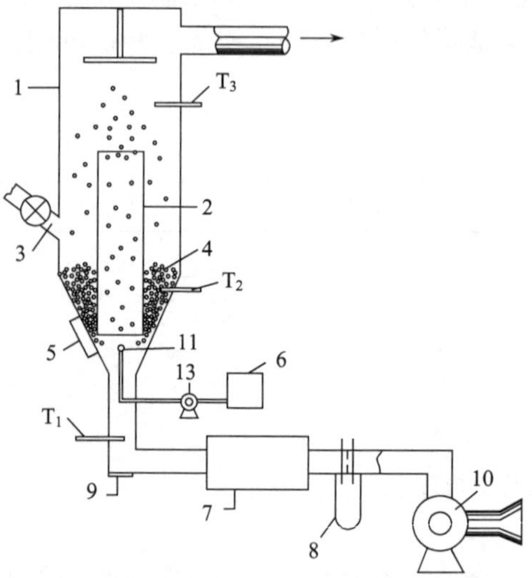

图 1-5　具有导流筒的喷动流化床结构示意图
1 具有导流筒的流化床，2 喷动导流筒，3 进料口，4 稳定颗粒，5 震荡器，6 溶液箱，7 气体加热器，8 流量计，9 出料口，10 鼓风机，11 喷嘴，12 泵，T_1 为烘干气温度，T_2 为颗粒温度，T_3 为尾气温度。

述。该公司申请的另外一些专利中[28,29]，均涉及使用该工艺流程的包膜设备。这些设备参考于早期的美国专利，不过这些专利文献涉及的流化床主要是针对药物包衣，而不是针对制备肥料控释膜，所以在实际的肥料包膜操作中，这些流化床设备的结构均有所改变。目前在肥料包膜领域中，所申请的与流化床设备有关的专利还有 1991 年 Shirley 等开发过连续包膜肥料生产设备，该设备前后由四室相连，底部是气流分布板，保证肥料颗粒呈流化态，并逐室推进，从第四室出料口出料，颗粒肥料在这个流化过程中被包膜[30]。

基于流化床设备的包膜设备大体包括流化气系统、雾化系统、流化床包衣系统、产品的收集、分筛系统等部分。对于不同的包膜材料，雾化、包衣、流化和包膜液配制都有不同的要求，因此需要根据具体的工艺要求做相应设计。

1.2.7　使用技术与效果评价

聚合物包膜肥料作为优良的控释肥，其使用方法和农学效应、经济效应和环境效应方面的研究工作很多，众多的研究者使用聚合物包膜肥料为研究对象，研究其肥料利用率、对种植作物经济产量的影响、经济性、对土壤耕层速效养分分布，以及进入环境的途径和数量均有多方面的研究。

一般认为包膜肥料的利用率可以达到 43.5% ~60%[31]，综合来看，在保障作物产量和不增加肥料用量的同时，缓/控释肥料可使氮素当季利用率提高 10~40 个百分点。在其他一些研究中，使用包膜肥料作为一个施肥处理，同传统的施肥方案以及优化施肥方案比较，在减少 N_2O 排放[32]，减少 NH_3 挥发，增加根层土壤硝酸盐含量，降低土壤深层硝酸盐含量等方面都有着改善作用。但是关于控释肥料如何施用的研究文章不多，一般认为作为基肥一次使用，使用部位也不那么严格，接触植物种子或施用于近根际也不会烧苗，Krasowski 等研究过单独施用控释肥料、控释肥料同常规化肥配合施用和施用传统化肥等处理肥料效应，认为使用和部分使用控释肥料的处理无论是产量效应还是环境效应均具有明显的优势[33,34]。

综上所述，在肥料控释技术的研究领域，控释膜材料的筛选、包膜控释肥料的释放性能和田间肥效试验方面有比较全面的研究，但是控释肥料研究和生产设备开发及其加工工艺、控释膜成膜机理、控释膜性能表征方面的研究相对滞后。

也有文章对控释肥料使用方法（使用量、适宜释放期）等做了研究，总体上提供了使用控释肥料对于提高肥料利用率、改善植物营养状态、提高植物生理生化指标、促进形成收获部分产量、减少氮素损失、减少温室气体排放等方面有益的结论。

1.2.8　标准与检测

1.2.8.1　包膜控释肥料的评价方法

对于控释肥料养分释放特性的研究有大量的文献资料，目前世界上评价缓/控释肥养分释放特性的常用方法有水浸泡法、土壤培养法、扩散和渗透率法、电超滤法和同位素法等。日本 Chisso-asahi 肥料公司则以在 25℃水中释放 75%养分作为聚合物包膜肥料释放期评价标准。美国 Scotts 公司、Puresell 工业公司，以色列 Haifa 化学公司以肥料养分在 21℃水中释放 80%养分作为聚合物包膜肥料 Osmocote、Polyon、Multicote 的评价标准。《缓释肥料》国家标准采用欧洲标准化委员会（CEN）和日本 Chisso 公司所使用的水浸泡法作为评价控释肥的测定方法。

1.2.8.2　包膜控释肥料的评价标准

根据目前国内缓控释放肥料行业发展的需要，制定相应的标准已经日益紧迫，我国相关管理部门和研究机构以及从业企业在近年来也都高度重视标准的制定工作。从国外的情况来看，Rimndt 等于 1968 年提出按水中恒温静置法用以评价包硫尿素的氮素溶出率（12.5 克试样，在 30℃，250 毫升水中，静置 7 天），该方法为日本所采用，并于 1977 年作为法定方法。美国一般采用淋洗法（AOAC970.04，1990），在专门设计的装置内测定所淋洗出的氮测定包膜肥料氮素释放速率。欧洲国家一般采用（CEN）推荐的包膜肥料评价标准：初期溶出率小于 15%，释放期大于 21 天，80%的养分释放动态过程符合线型方程的模型。

中国于 2007 年 10 月颁布了控释肥料行业标准（HG/T 3931-2007），该标准适用于对聚合物包膜控释肥料的评价和监管。在该标准中，也使用水浸泡法作为分析测定的前处理方法，标准中规定：初期溶出率小于 15%，28 天累积养分释放率小于 80%，养分释放期的累积养分释放率大于 80%，养分释放动态过程符合线型方程的模型，与欧洲和日本的方法近似。该标准的另一个特点在于规定的企业在销售掺混了控释肥料的掺混肥时，控释养分量不小于 8.0%。到 2009 年，该标准已经上升为国家标准《缓释肥料》（GB/T23348-2009）。

1.2.8.3　膜结构和性能的关系

目前测定膜结构的方法主要是使用扫描电镜（Scanning Electron Microscopy，SEM）对包膜肥料的膜进行扫描，分析所拍摄扫描电镜照片的表观致密性，能够观察到膜的形貌结构。日本窒素肥料公司使用电子显微镜对直径为 2~3 毫米的“Meister™”颗粒进行扫描，结果显示膜成疏松多孔状，膜厚度在 50~60 微米。不同加工工艺条件下的膜（coating）存在较大的差异，这些包膜肥料本身的释放性能也并不一样，从膜微观结构上进一步揭示包膜肥料养分释放性能，能够清楚解释膜结构对包膜肥料养分释放快慢的影响，在加工中，注重从膜微观结构的形成过程来调控包膜工艺。

1.2.8.4 控释肥料膜释放机理研究现状

研究控释肥料养分释放机理实际上是研究养分离子透膜释放的过程。该过程中，其推动作用力常来自化学位差和电位差，而养分透膜的释放除了主动扩散作用以外，就是处于控释膜内外的养分浓度梯度。当水分扩散进入控释膜内后，会溶解化学肥料形成饱和的溶液（其中包含未溶解的固态化学肥料），由此形成稳定的浓度梯度，这种浓度势是养分透膜释放的推动力。根据 Fick 第一定律，养分透过控释膜的通量（养分释放的速率），与推动力大小和屏障养分的膜阻力因子成正比关系。因此我们可以通过研究膜通量、推动力和膜阻力来揭示其释放机理。

当前的核心问题是如何表征膜的通量、膜阻力因子和推动力大小。如果控释膜内的化学态养分是确定的，常温下其在水中的溶解度为定值，即推动力恒定，则可以把问题简化为只受膜结构因子的影响。当然实际上由于膜内常被大量的固体颗粒占据，养分透膜释放的区域有限，而且实际环境中温度、膜外土壤溶液中养分浓度等因素的影响，这种理想化的状态并不存在，但是可以此为着眼点，揭示其影响因素。因此可以把推动力视为恒定，只研究通量与膜结构的关系。

实际从肥料控释膜的角度研究控释膜形成机理、控释机理，以及控释膜结构测定和性能表征方面的研究并不多，一些研究者采用扫描电镜等手段分析过一些控释肥料膜的结构。但是，目前还没有系统针对某种工艺方法制备控释膜的成膜机理与膜结构、膜性能的研究。

1.2.9 发展趋势与展望

经过最近 10 年的发展，聚合物包膜控释肥料从生产技术到产业发展均取得了长足的进步，目前已经进入一个相对稳定的理性发展时期。从我国实际情况出发，降低聚合物包膜肥料成本，面向大田作物，才可能发挥其作用，因此其发展趋势主要为以下几点。

1.2.9.1 降低成本，面向大田作物

目前影响控释肥料在农业生产上广泛应用的主要问题是肥料价格高，主要包括控释材料价格高、生产过程成本高等原因。因此其实际产能和市场占有率非常低，约为整个肥料销售量的 0.5%，而且通过最近几年的发展，又走入产能扩展的技术瓶颈期，聚合物包膜控释肥料的发展还是比较缓慢的。大田作物是农业生产和肥料消费的主体，因此未来控释肥料发展的主攻方向是面向大田作物。目前控释肥料主要用于非农业市场的原因，除价格因素外，还有认识上的问题，认为控释肥料是高档消费肥料，包膜肥料披着“金衣”不可能走向大田，只能用于草坪、花卉等高档消费领域，所以研制能够走向大田作物的控释肥料是当前迫切需要解决的首要问题。

1.2.9.2　开发新型高效控释材料

控释材料技术是控释肥料研究的前沿技术。聚合物包膜控释材料的技术发展重点是可降解，养分释放受环境因素影响小，实现“智能”控制释放；包膜材料溶剂要求廉价、高效、无毒。营养材料包膜，主要技术难题是提高控释能力。另外，对木质素、纤维素、工农业无机和有机废弃物、草炭、风化煤类等材料进行控释改性，制作廉价高效的包膜、基质复合、胶结控释材料，以及筛选环境友好的土壤脲酶抑制剂、硝化抑制剂等新材料，具有较大发展潜力。

1.2.9.3　研究控释新工艺、配套新设备

高聚物包膜工艺要求溶剂低毒或无毒且廉价，回收率高，设备生产要有连续性。研究开发包裹、基质复合、胶结控释肥的新工艺，力争在常温条件，运用普通设备生产质高廉价的控释肥料。采用水为分散相或者无溶剂的包膜工艺，是目前的技术发展趋势，尤其是采用生物基高分子材料作为包膜剂，制备膜层可降解、环境友好的包膜控释肥料是又一发展趋势。

流化床依然是颗粒包覆的核心设备。开发连续化、大产能和智能控制的流化床包膜设备是提高质量和产能的关键，目前采用的多室流化床包膜设备有望大大提升包膜控释肥料的生产技术水平。

另外在注重技术开发的同时，还应该重视控释肥性能评价和标准的完善工作，建立质量检测方法和评价指标体系，同时还需要大力开展控释肥施用技术研究。

1.3　硫包衣尿素

1.3.1　硫包衣尿素

硫包衣肥料主要为硫包衣尿素（Sulfur Coated Urea，SCU），硫包衣尿素是使用硫磺为主要包裹材料对颗粒尿素进行包裹，实现对氮素缓慢释放的缓控释肥料（HG/T 3997-2008），一般含氮 30%～40%，含硫 10%～30%。氮的释放时间与硫包衣的厚度、封蜡等技术有关。尿素氮释放途径是硫包衣产品表面产生的裂缝、小孔或不完整处，一旦水分透过包裹层，氮素即释放到周围的土壤中，因此其可控性不如聚合物包膜，但是硫包衣尿素在缺硫土壤中施用具有一定的优势。

1.3.2　硫包衣尿素国内外研究进展

20 世纪 50 年代，美国 TVA 公司就开始研制硫包衣尿素（SCU），在 70 年代形成产业化，80 年代快速发展。1961 年美国田纳西流域管理局（Tennessee Valley Authority，TVA）国家化肥中心首次开发硫包衣尿素，并开始尝试工业化生产，1971 年开发了 150 千克/小时的中试装置，1975 年生产能力已达 2 吨/小时，1978 年在美国 AIM 建成 10 吨/小时的 SCU 示范生产厂，年产 5 万吨，这是最早和商业化最成功的硫包衣肥料。此间，该单位同时进行了包硫氯化钾、包硫磷酸二铵的研究。1972 年英国 ICI 公司最早开

始商业化生产 SCU，1976 年英国帝国化学化工厂形成规模化生产。不久，ICI 在加拿大的子公司——加拿大工业有限公司（CIL）实现年产 3 万吨的产量。之后，加拿大纽格乐公司（Nu-Gro）延续和完善了 ICI 的生产工艺，并第一个在加拿大采用微晶蜡生产 SCU。1975 年，日本三井东亚化学公司在美国 TVA 公司公开 SCU 的技术基础上，生产并注册了三井东亚的 SCU 及包硫复合肥料[3]。它是一种改良 TVA 法，即在复合肥料外表面包涂硫、蜡封闭剂，硅藻土或滑石调理剂，使得 SCU 的缓释性能得到改善。为了改进硫包衣的性能，在原包衣尿素外再包一层有机聚合物层，还开发出了有机聚合物-硫包衣尿素（PSCU）。硫包膜尿素存在的主要问题是硫磺太脆，膜层容易出现裂纹，为了改善包膜质量，相继有一些硫磺改性后进行包衣的研究报道。目前一般采用石蜡等做密封剂，在硫包膜尿素表面再包覆一层，密封膜层缺陷，提高控释性能。还有通过对硫磺进行改性的方法来提高硫磺的韧性，Blight 等用双环戊二烯（DCPD）和苯乙烯做改性剂对硫磺进行改性，结果表明改性后可以阻止或减轻硫磺的脆性[35,36]。另外，采用增塑硫磺进行包膜的缓释颗粒肥料也有报道，其采用的是具有取代对称结构的二烷基聚合态多硫化合物。

1.3.3 硫包衣尿素的加工原理与工艺

1.3.3.1 TVA 法

首先将颗粒尿素过筛以获得大小均匀的物料（图 1-6）；然后将过筛后的物料通过流化床加热器加热到 65℃左右；第三将预热物料加入喷硫转鼓，在 150℃温度下熔融的硫喷涂到尿素颗粒表面；第四，将涂硫完成的尿素（70℃左右）直接送到封闭剂转鼓，用 3% 的熔融微晶石蜡与 0.2% 煤焦油混合物做封闭剂喷涂到涂硫尿素颗粒上；第五，将这些物料送到调理剂转鼓，使用 1.8% 硅藻土作为调理剂，以避免蜡状物的黏性。20 世纪 80 年代，TVA 又在此基础上进行了大量改进，开发了多项制造 SCU 的专利技术，其中一项为在转鼓转动形成的尿素料幕上喷涂尿素制备大颗粒尿素，然后以此为核心肥料制备硫包衣尿素。为了提高 SCU 的缓释效果，TVA 对包封剂及性能进行了大量研究，相继开发出了聚乙烯蜡、重油等包封剂。

1.3.3.2 改良 TVA 法

1975 年，日本三井东亚化学公司在 TVA 复合肥制备技术的基础上，开发了 SCU 及包硫复合肥技术（图 1-7）。同 TVA 法一样，包括包硫、封闭、调理三个环节，只是喷硫与封闭剂在同一转鼓中进行。调理剂包括硅藻土和滑石粉等。

1.3.3.3 其他方法

另外，Nu-Gro 公司收购的 ICI 加拿大分公司（Imperial Chemical Industries Ltd, Canada Lawn & Garden Business）生产 SCU 的方法也大同小异；而加拿大 British Columbia 大学开发的包硫尿素工艺则有些特殊，主要特点是将颗粒尿素浸渍在熔融硫中，迅速将涂硫尿素离心分离，得到包硫尿素。

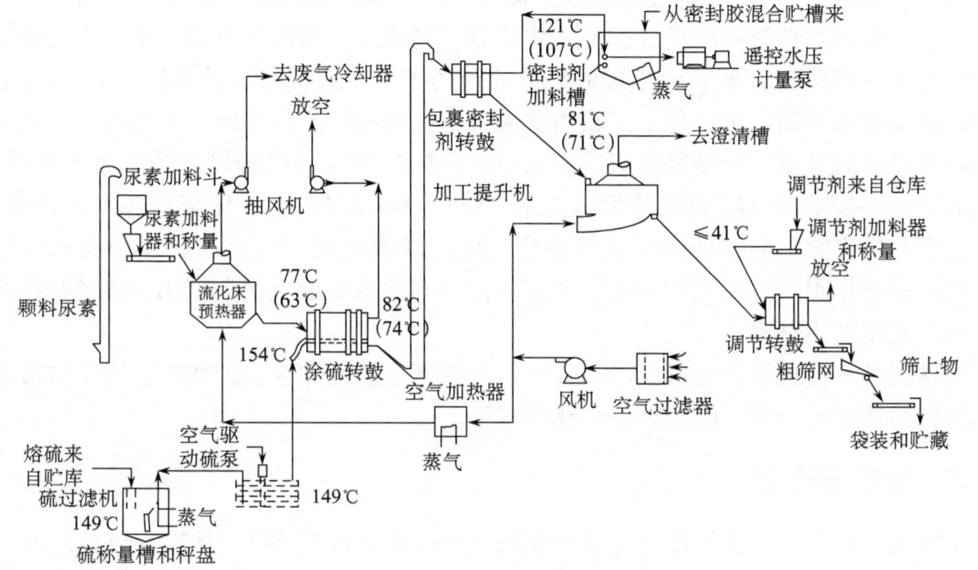

图 1-6　TVA 三转鼓法硫包衣尿素工艺流程示意图

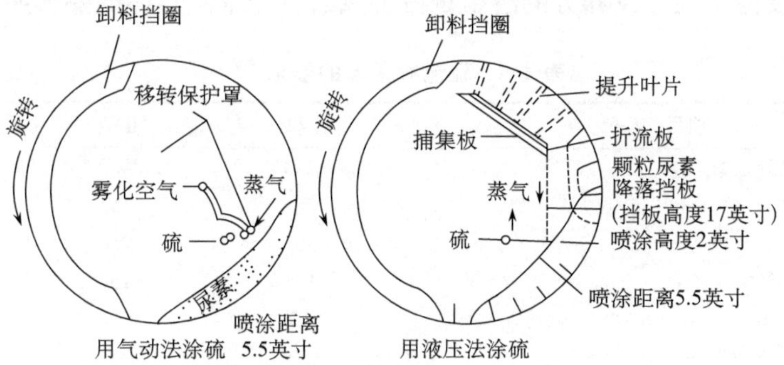

图 1-7　涂硫转鼓操作示意图（1 英寸 = 25. 4 毫米）

1. 3. 4　使用技术与效果评价

国际硫研究所研究发现，硫元素在农业上也有重要的作用，可以提高农作物产量、提高产品品质、改良土壤质量、保护植物健康、提高肥料利用率和保护环境，具有经济效益和社会效益。研究表明，我国 42% 的耕地土壤缺硫，施用含硫肥料农作物产量平均提高 7%；硫肥还能增加小麦籽粒中蛋白质、锌和维生素含量，提高了作物的营养价值。在尿素中加入硫，不仅可以减少氮肥的挥发，减少大气污染，而且还能提高作物生物固氮的能力，平均提高氮肥利用率 19. 6%。在中性和碱性土壤中，硫能提高微量元素的利用率，磷肥利用率也提高了 17. 4%。目前硫磺通常被当做杀虫剂使用，实际上很多含硫的化合物不仅本身具有杀菌作用，而且可以增加作物的抗病性，加入硫肥后小麦和水稻的抗病性均有提高。

硫包衣尿素作为缓释肥料，在提高肥料利用率和减少施肥次数方面都有自己独特的优势，主要表现在控制氮的释放、补充硫营养、氮硫互促增效几方面。全球面临能源危机，需要提高能源利用效率，尤其是肥料的利用率。中国部分发达地区（沿海城市），由于经济发展水平高，机械化生产较为普遍，因此对缓释肥料的需求不断增长。尤其是部分降雨量多的城市，对缓释肥料的需求更高。SCU 技术是缓释肥料技术中发展最早，工艺最稳定，技术最成熟的缓释肥料技术。SCU 技术在 30 多个国家，几十种作物上，经过上千次的实验。和其他缓释肥料相比，生产成本较低。从全球缓释肥料的应用上看，SCU 是应用最为广泛的缓释肥，硫包衣尿素与速效氮肥混合制成 BB 缓释肥料在大田作物上施用尤为普遍。

硫磺还是一种重要的无机农药品种，具有杀菌、杀螨和杀虫的作用，用于防治各种作物的白粉病和叶螬等，能够减少作物病虫害。

1.3.5　标准与检测

中国硫包衣尿素行业标准已经颁布实施（HG/T 3997-2008），标准推进使用两个指标来检测其性能。第一个指标是初期养分释放率：硫包衣尿素在 25℃的静水中浸泡 24 小时，氮养分的溶出量占总氮的百分率；第二个指标是静态氮的溶出率：硫包衣尿素在 25℃的静水中浸泡 7 天，氮养分的溶出量占总氮的百分率。具体的要求如表 1-3 所示。

表 1-3　硫包衣尿素的要求/%

项目	Ⅰ型	Ⅱ型	Ⅲ型
总氮（N）的质量分数≥	37.0	34.0	31.0
初期养分释放率≤	25	15	10
静态氮溶出率≤	35	25	15
硫（S）的质量分数≥	10	15	20
缩二脲的质量分数≤	1.5	1.5	1.5
水分（H_2O）的质量分数≤	1.0	1.0	1.0
粒度（1.00~4.75 毫米或 3.35~5.60 毫米）≥	90	90	90

肥料中掺有一定量硫包衣尿素的缓控释氮肥、缓控释复混肥料、缓控释掺混肥料应符合表 1-4 的要求，同时应符合包装标明值和相应国家标准的要求。

表 1-4　含有部分硫包衣尿素的缓控释肥料的要求/%

项目	指标
缓控释氮养分量	≥标明值
中量元素单一养分的质量分数（以单质计）	≥2.0
微量元素单一养分的质量分数（以单质计）	≥0.02

注：肥料为单一养分时，其缓控释氮养分量应不小于 8.0%；养分为两种或两种以上时，肥料中缓控释氮养分量应不小于 4.0%。

包装容器标明含有钙、镁、硫时检测该项指标。

包装容器标明含有铜、锰、锌、硼、钼时检测该项指标。

氮素缓释性能等测定原理和方法详见硫包衣尿素标准。

1.3.6　发展趋势与展望

硫包衣尿素经历了漫长的发展过程，生产工艺、使用原料和生产设备等都形成了相对稳定的技术方案，产品性能趋于稳定，产品标准也已经颁布实施。在生产技术上，目前最新的研究思路是采用化学方法对硫磺结晶结构进行干预，强化硫磺包膜膜层的结构稳定性。工艺上发展了浸泡包裹硫磺的思路，但是技术还不算成熟，还未产业化。

在使用上，硫包衣尿素有以下几个发展趋势：一是我国正大力提倡测土配方施肥，而硫包衣尿素正是测土配方肥硫素的主要原料，尤其是我国北方地区的耕地比较缺硫，而硫包衣缓释尿素产品正好解决了农作物缺硫的瓶颈问题；二是硫包衣尿素的增产、增效、生态、环保功效显著，具有省肥、省工、保护生态环境、提升农作物品质等特点。目前硫包衣尿素的发展趋势良好。

1.4　包裹肥料

1.4.1　概念、范畴与国内外进展

1.4.1.1　包裹肥料的概念与范畴

包裹肥料是一种或多种植物营养物质包裹另一种植物营养物质而形成的植物营养复合体，该术语最早出现在专利“包裹肥料及其制造法”[37]中。在我国缓控释肥料近几十年的发展过程中，随着研究开发、生产实践、推广应用及标准化的进程，对缓控释肥料有了更精细的分类。本书介绍的包裹肥料特指以无机材料作为包裹层的缓释肥料产品，以区别于以聚合物为包膜层的包膜型肥料（在中文中，包裹和包膜有较清晰的区别，但在英文中，二者均为 coat 一词）。包裹肥料是我国独创的，它是缓释肥料的一种，与聚合物包膜肥料相比，主要区别是包裹肥料所用的包裹材料为植物营养物质，另外包裹肥料产品中用作包裹层的物料所占比例较高，至少在 20% 以上，通常产品包裹层的比例达 50% 以上[38]。包裹肥料的化工行业标准《无机包裹型复混肥料（复合肥料）》（HG/T4217-2011）已颁布实施。

1.4.1.2　包裹肥料的国内外研究进展

1974 年中国科学院南京土壤研究所在李庆逵院士领导下，用碳铵掺入 5% 白云石熟粉，用对辊式造粒机造粒，在滚筒或圆盘中抛光，磨去边角，用磷酸将粒肥表面酸化，以钙镁磷肥粉末包裹，石蜡-沥青熔融液封面，经扑粉，制得含 N 13%～14%、全 P_2O_5 3%～5% 的长效碳铵包膜肥。有每粒肥料重 0. 4～0. 7 克或 1. 1～1. 2 克两种规格，经 X 射线衍射分析，壳中含有 $NH_4MgPO_4 \cdot 6H2O$、微晶方解石及隐晶质磷酸盐类矿物。用于直播水稻增产效果显著。但由于多种原因，并没有实现工业化。

自 1983 年以来，郑州大学（原郑州工学院、郑州工业大学）许秀成教授带领的研

究团队系统地研究了以肥料包裹肥料的缓控释肥料，并开发了相应的生产工艺技术及装备。典型产品是以尿素为核心，以不同类型的枸溶性含磷肥料为包裹层，在反应性粘结剂的作用下，生产不同类型的包裹缓释复合（混）肥料[39-41]。在国内多家生产企业实现了产业化，目前已实现单系列 10 万吨/年自动化装置生产。

HG/T 4217-2011 标准中规定的包裹肥料产品分为两种类型，Ⅰ型产品以钙镁磷肥或磷酸氢钙为主要包裹层，产品有适度缓效性；Ⅱ型产品以二价金属磷酸铵钾盐（通式 $MM'PO_4.nH_2O$，M—NH_4、K，M′—Ca、Mg、Fe、Zn、Mn、Cu，n=1、6）为主要包裹层，通过包裹层的物理作用，实现核心氮肥的缓释作用，其中的部分磷、钾以微溶性无机化合物的形态存在，而具有缓释功能[42-44]。

国内众多研究者研究了以天然矿物作为包裹材料的新型缓释肥料，所选包裹材料多以天然矿物为主，如沸石粉、凹凸棒土、膨润土等，但所采用的黏结剂多为天然或合成有机黏合剂，公开资料中并未提及具体的黏合剂种类，大部分研究是以包裹尿素为主，产品为单一养分的缓释氮肥，但到目前为止，未见有产业化报道。

包裹肥料从技术、生产及应用角度上，已逐步走向成熟，有待进一步加强推广力度，扩大市场认知度。

1.4.2　包裹肥料的加工原理与工艺

1.4.2.1　包裹肥料的特点

包裹肥料作为新型缓控释肥料产品，从技术上和产品特性上体现出与传统包膜缓控释肥料不同的特点，主要表现在下面几个方面。

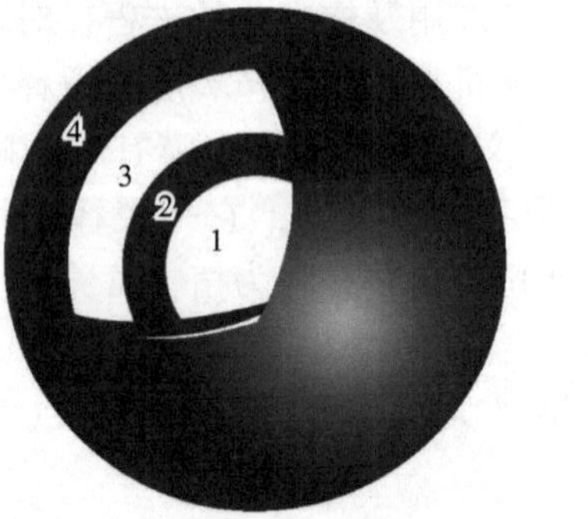

图 1-8　包裹肥料产品结构原理示意图

1 尿素核心；2 乐喜施复合物——$xMgO\ yCaO\ zSiO_2\ mNH_3\ P_2O_5\ nK_2O$；3 微溶性养分——NPK 和 Mg Fe Zn（水中溶解度<300 毫克/升的物质定义为微溶性）；4 痕溶性养分——$xMgO\ yCaO\ zSiO_2$（水中溶解度<10 毫克/升的物质定义为痕溶性）

1）完全植物营养

采用以肥料包裹肥料的工艺，产品中的全部成分均为植物营养物质，通过改变不同特性肥料的空间结构及利用原料之间的化学反应，实现核心氮肥的缓释和控释功能，同时使产品中的部分磷、钾元素也具备缓释性。

包裹肥料产品中，没有人为加入任何对植物没有营养价值的有机聚合物，产品的所有元素构成均为植物必需的营养元素。包裹肥料的产品结构如图 1-8 所示。

2）均一的释放特性

聚合物包膜缓控释肥料，以有机高分子材料作为包膜层，产品强调缓释性能，要求初期释放率低，但是为了适应作物的需求，在向终端用户（农业用户或非农业用户如高尔夫球场）供应时，通常要掺入较多数量的普通肥料以掺混肥料的形态出现，以满足作物前期的养分需求。

包裹肥由于采用的包裹层为枸溶性无机肥料，它们通常为极性分子，与同为极性分子的水具有相亲性，这一特点决定了包裹肥为产品的前期释放率较高。正是这一特性，不须与其他任何肥料掺混，即可满足作物前期的需肥要求，更适合大田作物施用。

包裹肥料每粒产品中均含有不同形态的主要营养元素及中量元素养分，每粒肥料均具有相同的释放性能及养分构成。

3）同步实现产品的缓释化和复合化

包裹肥料在实现核心氮肥缓释功能的同时，实现产品的复合化，即缓释肥的生产过程和复合肥的生产过程合二为一，简化生产过程，节约了生产成本。

包膜肥料将尿素进行包膜，然后与磷肥或钾肥或普通复合肥进行掺混，得到缓释复合（混）肥料，或生产出一定养分配比的氮磷钾复合（混）肥料，再用聚合物进行包膜形成缓控释复合肥料。

4）实现无干燥生产工艺

包裹肥料生产过程中，充分利用原料间的化学反应能，实现生产过程的无干燥，节约能源，属生态型生产工艺。部分类型的产品由于原料配比及原料选型的不同，可能需要轻度的干燥，但相比普通复混肥料生产过程，干燥负荷大幅度降低。

5）便于肥料功能的扩展

包裹肥料的包裹层中，根据需要可加入植物生长调节剂、除草剂、杀虫剂、杀菌剂等，实现药肥一体化，降低农业生产过程中的劳动力成本。

1.4.2.2 包裹肥料的主要原料

包裹肥料是通过枸溶性肥料包裹水溶性肥料而实现核心肥料的缓释功能的一种新型肥料，在工艺上实现这一原理，有必要对原料进行选择，以确保工艺过程的顺利实施。

1）包裹肥料的核心选择

作为包裹肥料的核心，原则上，任何粒状的水溶性肥料都是可行的，基于尿素是氮肥主要品种，具有颗粒均匀、圆整的特点，适合于作为包裹肥的核心原料，因此，尿素是包裹肥料最主要的核心材料[45]。

粒状硝酸铵也是很好的核心原料，从肥效上讲，由于硝铵含有氨态和硝态两种形态的氮，是比尿素更为优良的氮肥品种，但我国硝铵产量相对较少，产品存在不同程度的结块问题，而且我国对硝铵作为民爆产品管理，采购、运输等过程中有诸多限制，因此目前生产企业使用硝铵核心的较少，仅对特殊需要的产品以硝铵作为核心生产包裹肥料。

针对不同的肥料配方要求，包裹肥料也可以粒状的硝酸钾、造粒后的氯化钾或硫酸钾作为包裹的核心，生产缓释钾肥（以硝酸钾为核心的包裹肥料可同时实现氮、钾元素的缓释）。

2）包裹层材料的选择

包裹层材料的选择，是包裹肥料技术的关键，首选材料应含有植物所需要的营养成分，同时，必须是微溶性或痕溶性无机物质或通过不同物质之间的化学反应形成能包在核心颗粒表面的微溶性化合物。作为包裹肥料的原料，还要求来源广泛，价格相对低廉，以免过多增加产品成本。

常用的微溶性、痕溶性化合物的组成及溶解度如表 1-5 所示。

表 1-5 微溶性、痕溶性化合物的组成与溶解度

序号	化合物	分子质量	组成/%					室温下的溶解度/(克/100 克水)
			N	P_2O_5	K_2O	MgO	其他	
1	$MgHPO_4 \cdot 3H_2O$	174. 33	—	40. 7	—	23. 1	—	0. 025
2	$MgNH_4PO_4 \cdot H_2O$	155. 27	9. 0	45. 7	—	15. 6	—	0. 014
3	$MgNH_4PO_4 \cdot 6H_2O$	245. 27	5. 7	28. 9	—	9. 9	—	0. 018
4	$ZnNH_4PO_4$	178. 3	7. 9	39. 8	—	—	Zn36. 8	0. 015
5	$MnNH_4PO_4 \cdot H_2O$	185. 97	7. 6	38. 2	—	—	Mn29. 5	0. 0031
6	$CaHPO_4 \cdot 2H_2O$	172. 10	—	41. 6	—	—	—	0. 025
7	$CaK_2\ (SO_4)_2 \cdot H_2O$	328. 3	—	—	28. 7	—	S19. 5	0. 25
8	$KMgPO_4 \cdot H_2O$	176. 27	—	42. 3	26. 7	22. 9	—	微
9	$KCaPO_4 \cdot H_2O$	191. 97	—	36. 9	24. 5	—	—	微
10	钙镁磷肥	不定	—	18. 0	0. 5	12. 0	—	0. 0016
11	MgO	40. 32	—	—	—	100	—	0. 000 62
12	$Mg\ (OH)_2$	58. 34	—	—	—	69. 1	—	0. 0009
13	$8MgCO_3 \cdot Mg\ (OH)_2 \cdot 3H_2O$	365. 37	—	—	—	44. 1	—	0. 04

表 1-5 中仅列出了常用的作为包裹层的一些无机化合物，在生产过程中，根据产品的具体要求与类型，选用其中一种或几种，配合相应的反应性黏结剂，在特定的技术条件下，完成包裹型复合肥料的生产。

3）黏结剂材料的选择

包裹肥料所用的黏结剂，也是以无机化合物的水溶液为主，黏结剂的种类及浓度，取决于所用的包裹层原料的类型及产品类型，生产过程中，视不同产品进行选择[46,47]。

1.4.2.3 包裹肥料的工艺原理

包裹肥料的工艺技术路线如图 1-9 所示。

将尿素进行筛选，筛除其中的少量粉末及不合格的颗粒，根椐产品的要求，可选用普通颗粒尿素也可以选用大颗粒尿素，筛选后的尿素，计量后加入包裹机中。

在尿素表面加入适量的黏结剂，然后加入适量的固体缓释剂，再交替加入黏结剂，固体缓释剂，不断重复以上过程，直至确定量的缓释剂加完。

继续加入黏结剂，再加入适量的钾肥，重复以上过程，直至钾肥全部包裹在颗粒表面。

包裹完成的半成品进入冷却/干燥机进行冷却，筛分，包装，检验合格后即可出厂。

除包裹过程外，包裹肥料的生产过程与普通复合（混）肥料相似，大部分设备可以通用。

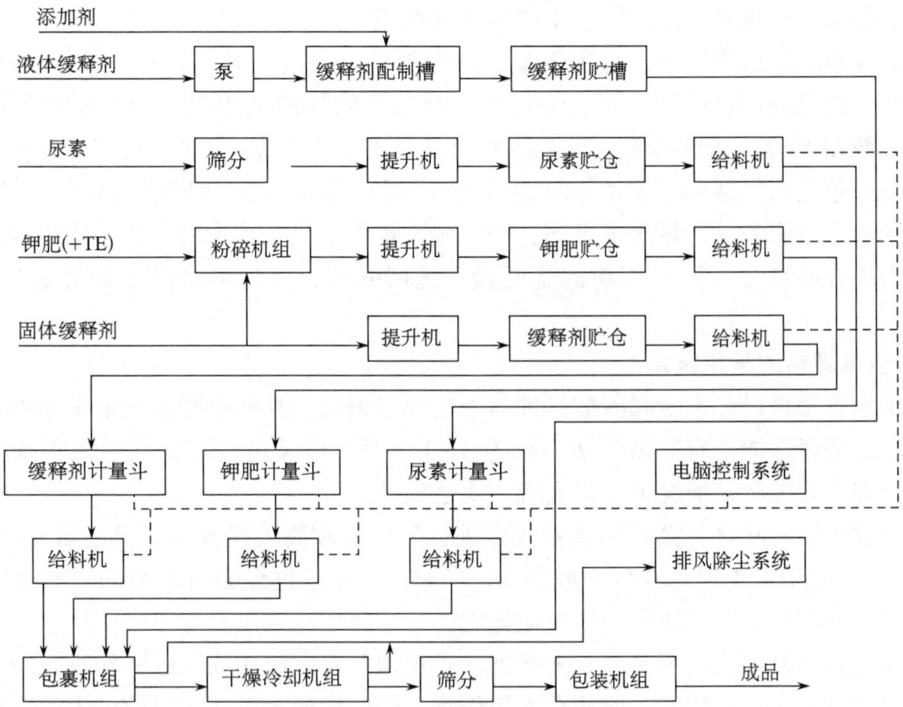

图 1-9　包裹肥料技术路线框图

1.4.3　施用技术与效果

1.4.3.1　包裹肥料施肥技术

1）Ⅰ型包裹肥料施用技术

包裹肥料主要产品分为二种类型，Ⅰ型包裹肥料产品以尿素为核心，钙镁磷肥为主要包裹层，其中的氮肥具有适度缓效性，实验证明，其氮肥利用率较普通复合（混）肥料提高约7%，产品中氮磷钾总养分通常在40%以内，以36%～38%总养分的产品综合性能最好，根据作物的需肥特性，将氮磷钾的比例进行合理调整，生产各种作物专用包裹肥料系列产品，产品中除氮磷钾主要营养元素外，还含有钙、镁、硅等营养元素，这三种营养元素的总含量一般在10%以上，也含有少量的铁、锰等微量营养元素。

Ⅰ型包裹肥料中所含的磷，部分来源于钙镁磷肥，根据配方的不同，生产过程中也会以磷铵为原料调整养分配比，因此，产品中既含有枸溶性磷也含有水溶性磷，但产品检验时，水溶磷占有效磷百分率这一指标不做控制。

Ⅰ型包裹肥料适用于大多数粮食作物及经济作物，尤其在夏播作物上增产效果更加明显，对大蒜、果树、生姜、土豆、桑树、甘蔗等经济作物也有很优良的肥效。

包裹肥料的施用方法与常规复合（混）肥料相似，可作基肥或追肥使用，适合多种机械施肥，做基肥时，如果采用与播种同步进行则要注意肥料和种子间隔一定的距离，最好保持5~8厘米以上，以防影响种子发芽；作追肥使用时，建议施肥时间稍作提前，最好采用侧施或穴施技术，不建议表面撒施。

在同样总养分施用量下，施用Ⅰ型包裹肥料的作物会比普通复合（混）肥料增产5%～10%。在相同产量的情况下，也可以适当减少肥料的施用量，如Ⅰ型包裹肥料的总养分一般在40%，如果习惯施用45%普通复合肥750千克/公顷（50千克/亩）的情况下，采用包裹肥料施用等重量40%总养分的产品，即可达到相同或更高的增产效果。不同地区的土壤肥力及产量水平不同，因此施肥量水平也有较大的差距，施肥量的确定可参考当地普通复合（混）肥料的施肥量，施用的纯养分量可略低于普通复合（混）肥料。

2）Ⅱ型包裹肥料的施用技术

Ⅱ型包裹肥料以二价金属磷酸铵钾盐为主要包裹层，其核心肥料仍采用尿素，产品具有较好的缓释性能，有效供肥期一般为3～4个月，可满足大部分夏播作物全生长期的需要，在合理施肥量情况下，可实现一次性施肥。

Ⅱ型包裹肥料除含有氮磷钾营养元素外，还含有较高的镁元素，其有效MgO一般大于5%，产品中氮磷钾总养分一般为38%～45%。Ⅱ型包裹肥料产品的颗粒强度及均匀性优于Ⅰ型产品，尤其适用于机械化施肥。

Ⅱ型包裹肥料广泛适用于高尔夫草坪、景观园艺、大田作物、经济作物施用，由于其适中的价格及优良的性能，使其在大田作物上的应用成为可能，目前已大量应用于玉米、水稻、棉花等大田作物上。

Ⅱ型包裹肥料的施肥量相对于普通复合（混）肥料，与等养分比较，在减少20%的施肥量的情况下，可达到相同或略高的作物产量，用户可根据当地的施肥水平及产量水平确定合理的施肥量。

Ⅱ型包裹肥料建议用作基肥，采用机械施肥与人工施肥的方式均可，采用种肥同播的施肥方法时，要注意肥料和种子至少应保持在5厘米以上距离为好。

多年生作物可采用追肥的方式施用，草坪用肥以撒施为主，施肥后及时喷水，将撒落在草坪叶面上的肥料颗粒冲下。

果树及景观树的追肥建议采用环施或穴施的方案，以获得更好的肥效。

目前Ⅱ型包裹肥料的主要生产企业是济南乐喜施肥料有限公司。

1.4.3.2　包裹肥料施用效果

包裹肥料自1983年开发，已有近30年的历史，这期间进行了大量的肥效试验，证明具有氮肥利用率高，增产效果明显，经济效益良好的特点。

1）Ⅰ型包裹肥料的施用效果

Ⅰ型包裹肥料的肥效试验是在包裹肥料列入国家“七五”重点科技攻关项目时，由原化工部科技局作为单独项目委托中国农业科学院土壤肥料研究所进行，由该所王少仁副研究员、夏培桢农艺师主持，在山东陵县、江西赣州、四川绵阳及山西等地布点，对不同作物进行了肥效对比试验，并采用^{15}N同位素示踪技术，对氮肥的利用率进行了测定。证明Ⅰ型包裹肥料的氮肥利用率比同等养分混合肥料提高7.74%。

表 1-6　部分肥效试验的结果汇总表

供试作物		1987/(千克/公顷)	1988/(千克/公顷)	平均/(千克/公顷)	增产/(千克/公顷)	增产率/%
玉米	普通复混肥料	5127	6865.5	5996.5	304.8	5.08
	包裹肥料	5412	7159.5	6301.1		
小麦	普通复混肥料	4680		4680	291	6.20
	包裹肥料	4971		4971		
谷子	普通复混肥料	3515.5	1950	2731.5	258	9.4
	包裹肥料	3835.5	2145	2989.5		
芝麻	普通复混肥料	635	874.5	754.5	102	13.5
	包裹肥料	714	1000.5	856.5		
大豆	普通复混肥料	1788	1305	1546.5	508.5	32.9
	包裹肥料	2220	1890	2055		
早稻	普通复混肥料	5218.3	5050.0	5124.0	267.6	5.22
	包裹肥料	5468.1	5315.0	5391.6		
晚稻	普通复混肥料	4717.5	5835.0	5277.0	251.3	4.76
	包裹肥料	4950.0	6105.0	5527.5		

2）Ⅱ型包裹肥料施用效果

Ⅱ型包裹肥料自 1995 年开发，产品主要供应国外市场，用于高尔夫球场草坪、市政草坪等非农业市场，美国分销商在美国不同地区进行了大量的应用试验，证明其产品的缓释性能及施肥效果达到甚至超过了当时美国同类市场中主流产品的效果，并在美国高尔夫用肥市场连续多年销售，产品同时销往澳大利亚、日本、东南亚等国家和地区多年，证明了该产品的优良肥效。

Ⅱ型包裹肥料产品在销往国外的同时，面向国内大田作物进行了不断的肥效试验和推广应用，表现出了明显的节肥及增产效果，针对不同作物的情况如下：

(1) 玉米上的肥效

1997 年在河南某农场进行 100 亩夏玉米的试用，总养分施入量为常规施肥的 2/3，其中氮肥施用量仅为常规施肥的 40%，按当年肥料价格，肥料费用比常规施肥高 93 元/公顷，但节约中耕追肥费用 120 元/公顷，玉米产量比常规施肥增加 9.6%（表 1-7），随后的几年中，使用面积达 4000 余亩，该农场夏玉米全部使用这种缓控释肥料。

表 1-7　夏玉米施用Ⅱ型包裹肥料的肥效对比

	基肥/(千克/公顷)	追肥/(千克/公顷)	总养分/(千克/公顷)	成本/(元/公顷)	产量/(千克/公顷)
常规施肥	尿素 150 二铵 75	尿素 375	N 255 P_2O_5 34.5	肥料 1131 追肥工 120	5445
乐喜施缓释肥	510		N 102 P_2O_5 40 K_2O 51	1224	5970

2009 年起，Ⅱ型包裹肥料在东北地区（吉林、辽宁、黑龙江）用于春玉米的施肥，推荐施肥量为当地常规施肥量的 80%，表现出良好的肥效，在东北及华北地区的玉米施肥中大批量应用至今，持续表现出优良的肥效。

(2) 水稻上的应用效果

1999 年，中国科学院南京土壤研究所谢建昌研究员在江苏粟阳进行了水稻的肥效试验，试验结果表明，施用包裹型缓控释肥料，氮、磷、钾的肥料利用率分别比常规施肥提高 12. 82%、7. 5%、17. 06%。在肥料养分用量为常规施肥 2/3 的情况下，达到了相近的产量，表明Ⅱ型包裹型缓控肥可节约肥料用量 30%。

自 2006 年起，郑州乐喜施磷复肥技术研究推广中心出口马来西亚的Ⅱ型包裹肥料产品用于水稻生产，减少了施肥量，并提高了产量，表 1-8 为马来西亚经销商提供的数据。

马来西亚农户的耕地是以块为单位计算的，每块地面积为 3 英亩，约合 1. 2 公顷 (18 亩)，表 1-8 的数据是每块地的用肥量及产量情况。可以看出，总养分施入量仅为常规施肥的 52%，产量仍比常规施肥略高。近年来，Ⅱ型包裹肥料在我国东北、华北地区已批量用于水稻，同样表现出良好的肥效。

表 1-8　Ⅱ型包裹肥料在马来西亚水稻大田应用情况

			N/千克	P_2O_5/千克	K_2O/千克	产量/千克
常规施肥	尿素	200	159. 5	67. 5	80	10 300
	复合肥 15-15-15	250				
	复合肥 12-12-17	250				
施用乐喜施包裹肥料	乐喜施 20-6-10	200	98	24	37	10 450
	尿素	100				
	复合肥 12-12-17	100				

(3) 小麦上的应用效果

冬小麦是我国的主要作物之一，由于其越冬期长，且期间气温较低，所以小麦施肥具有一定的特殊性，包裹肥料用于小麦施肥，证明其具有节约肥料、提高氮肥利用率的特性。

1997 年河南省农业科学院土壤肥料研究所进行了不同施用方式下氮肥利用率的试验，在等养分施肥条件下，与氮肥中利用率较高的硫铵对比，表施时，包裹肥料的氮肥利用率提高 10. 6%（硫铵为 5. 9%，包裹肥料为 16. 5%）；侧施时，氮肥利用率提高 14. 6%（硫铵为 42. 6%，包裹肥料为 57. 2%）。

2008 年，由广州仲恺农业工程学院和中国农业大学资源与环境学院进行的大区田间试验结果表明，Ⅱ型包裹肥料的氮肥利用率达 61. 1%，在获得相似小麦产量条件下，氮肥的施肥量仅为常规施肥的 33%，节约了大量的肥料投入。

河南农业大学汪强博士在河南新郑进行的小麦试验结果表明，包裹肥料在同等施肥量的情况下，与普通肥料相比，增产幅度达 20%。

包裹肥料在棉花、土豆、生姜等多种作物上均取得了明显的肥效，节肥增产效果明显。

1.4.4　标准与检测

包裹肥料作为一种复合（混）肥料，各项技术指标完全符合国家复合（混）肥料标准 GB15063-2009 的要求。

包裹肥料是我国自主研发的新型缓释肥料，其释放机理不同于传统的缓控释肥料，包裹肥料更强调满足大田作物的需肥特性，强调肥料与土壤环境的统一，因此，其缓释性能的控制指标与检测方法也不同于现有的缓控释肥料。

2010 年起，国家化肥质量监督检测中心（上海）、郑州乐喜施磷复肥技术研究推广中心、济南乐喜施肥料有限公司共同承担了《无机包裹型复混肥料（复合肥料）》化工行业标准制定工作，并于 2011 年 12 月由国家工业与信息化部发布，2012 年 7 月 1 日正式实施。

1.4.5　发展趋势与展望

包裹肥料的产生不到 30 年的时间，与化学肥料生产应用 100 多年的历史，及缓控释肥料发展近 80 年的历史相比较，还是一种新产品，产品的推广应用还处于初始阶段。

包裹肥料应用于大田作物表现出了较好的增产和节肥效果，其在环保性能及节约资源方面表现出巨大潜力，其产品成本相对于传统的缓控释肥料具有较为明显的优势，生产工艺简单，生产过程无环境污染，因此具有较好的推广应用前景。

相对于普通复混肥料而言，包裹肥料的成本还略高，加上新产品的营销推广费用高于普通复混肥料，产品到终端用户，还存在价格略高的问题，但考虑施肥量的降低，农业投入的成本并不增加。

从研发、生产的角度来讲，进一步寻求价格更低的无机包裹材料，优化工艺过程，加强生产管理都是降低产品成本的路径。

作为我国具有自主知识产权的缓控释肥料的品种，从适应当前生态经济、低碳经济的角度分析，该产品具有极为广阔的发展前景。

1.5　脲醛肥料

1.5.1　概念、范畴与国内外进展

1.5.1.1　脲醛肥料的概念与范畴

微溶性含氮化合物是缓控释肥料的重要类型之一，主要包括脲甲醛肥料（urea-form，UF）、异丁叉二脲（IBDU）、丁烯叉二脲（CDU）、草酰铵（乙二酸二酰胺）、磷酸铵镁等，其中最具代表性的产品是脲甲醛肥料和异丁叉二脲，由于 IBDU 的价格远高于 UF，所以，在这类缓释肥料中占主导地位的还是 UF，UF 也是国际上最早实际应用的缓释肥料品种。

脲醛肥料是尿素和甲醛在一定条件下反应所生产的产物，其总氮含量一般在38%左右，产品并不是单一的化合物，而是由包含少量未反应尿素、羟甲基脲、亚甲基二脲、二亚甲基三脲、三亚甲基四脲、四亚甲基五脲、五亚甲基六脲等缩合物所组成的混合物。

脲醛肥料施入土壤后，靠土壤微生物分解释放氮素。其肥效长短取决于分子链的长短，分子链越长的缩合物其氮的肥效期越长。脲醛肥料的缓释期也受气候条件尤其是温度条件的影响，温度越高，其释放期越短。产品中的组分及链长可通过生产工艺条件进行适当控制，以调节产品的肥效期，但由于其反应的自身特点，工艺控制只能在一定范围内实现，并不能精确控制其组分比例及链长，因此其产品指标均为范围性指标。

脲醛肥料的产品形态根据工艺的不同，可以是固体粉状、片状或粒状，也可以是液体的形态。脲醛产品也作为复合（混）肥料的中间原料，与速效氮肥和磷肥、钾肥配合，进一步加工成为不同配比的含脲醛肥料的缓释复合（混）肥料，为作物提供均衡的养分供应。当前我国面向终端用户更多的是这一类型产品。

1.5.1.2 脲醛肥料国内外研究进展

1924年德国BASF公司获得了脲甲醛缩合肥料的第一个专利，1955年开始商业性生产，并成为20世纪国际上主要缓释肥料品种之一，其销售量约占全部缓控释肥料的50%[48]。但除日本少量用于水稻种植外，脲醛肥料主要应用于高尔夫球场、花卉园艺等非农业市场。

脲醛肥料进入我国也只有近20年的时间，早期国内少数企业生产少量的脲醛产品用于高尔夫球场草坪或出口，尤其是高尔夫球场的果岭专用肥，因其要求较小的粒度，主要是以脲醛缓释肥料为主，随着市场的不断扩大，有更多的公司加入这一行列。

近十年来，随着国内农业市场对缓释肥料认识的提高，我国缓控释肥料得到快速发展，众多公司开展了脲醛肥料用于农业市场的探索，并形成了一批不同类型的工艺和产品系列。如将脲醛合成过程中经酸化缩合后的悬浮液直接用作复混（合）肥料生产过程中的黏结剂，将二者工艺结合在一起，简化了工艺过程，节省了脲醛肥料的干燥能耗。但该工艺存在的问题是，由于脲醛悬浮液中水含量较高，复混肥料生产过程中的添加量受到限制，产品中缓释氮的含量不易保证，还需用粉状脲醛肥料进行补充。

1.5.2 工艺与原理

1.5.2.1 脲醛肥料反应原理

脲醛肥料是以尿素和甲醛为原料，在一定的工艺条件下反应生成的一系列尿素甲醛缩合物所组成的混合物。

根据不同的产品要求，控制尿素与甲醛的摩尔比在1∶1~2∶1（如果这一比例在0.5∶1~1∶1，则为脲醛树脂的生产条件），反应过程分为两个阶段，第一阶段在碱性条件下，尿素与甲醛进行加成反应，生成一羟甲基脲及二羟甲基脲：

$$(NH_2)_2CO + CH_2O \rightarrow NH_2CONHCH_2OH$$

一羟甲基脲

$$NH_2CONHCH_2OH + CH_2O \rightarrow (HOCH_2NH)_2CO$$

二羟甲基脲

反应第二阶段，在酸性条件下，上述加成反应产物与系统中所存在的过量尿素发生一系列缩合反应：

$$NH_2CONHCH_2OH + NH_2CONH_2 \longrightarrow NH_2CONHCH_2NHCONH_2 + H_2O$$

亚甲基二脲

$$NH_2CONHCH_2NHCONH_2 + NH_2CONHCH_2OH \longrightarrow NH_2(CONHCH_2NH)_2CONH_2 + H_2O$$

二亚甲基三脲

$$NH_2(CONHCH_2NH)_2CONH2 + NH_2CONHCH_2OH \longrightarrow NH_2(CONHCH_2NH)_3CONH_2 + H_2O$$

三亚甲基四脲

……

以至生成四亚甲基五脲、五亚甲基六脲等，甚至更长链的产物。

第二阶段反应在 pH 合适的情况下非常迅速，并伴有热量放出，缩合反应所得到的产物是上述不同链长缩合物的混合物，即脲醛肥料。

原料的配比（尿素和甲醛的摩尔比 n（U）/n（F））、反应的 pH、温度、反应时间等工艺条件是决定生成不同链长聚合物分布的重要因素。较高的 n（U）/n（F）生成较短链的聚合物分布，反之，较低的 n（U）/n（F）生成较长链的聚合物分布。这些工艺条件也将影响到产物的相对分子质量、溶解度、肥效期等缓释肥的主要性质。

1.5.2.2　脲醛肥料的生产工艺

1）脲醛肥料的生产工艺方法

脲醛肥料的生产工艺分为稀溶液法和浓溶液法，二者的区别在于甲醛溶液的浓度。

稀溶液法是将 37% 的商品甲醛加水稀释 1~2 倍后，与尿素进行反应的工艺，反应所得产物以悬浮液的形态存在，通过过滤、干燥、粉碎得到粉状脲醛肥料产品[49]，粉状产品可进一步造粒为粒状产品。过滤后的母液循环使用。稀溶液法工艺的优点是反应条件较为温和，所得产品质量好，产品指标稳定；缺点是工艺流程相对复杂，成本较高。

浓溶液法是直接将 37% 或更高浓度的甲醛直接作为反应液，第一阶段反应完成后，直接在固化设备中加入固化剂（将 pH 由碱性转化为酸性），迅速固化，经干燥、破碎后得到粉状脲醛肥料产品。浓溶液工艺的优点是工艺简单，生产成本相对较低，缺点是缩合反应过程瞬间发生，反应剧烈，反应条件不易控制，产品指标不够稳定，但可通过不同批次掺混达到所需求的产品。

两种不同工艺路线的工艺流程如图 1-10 所示。

2）脲醛肥料产品技术指标

由于脲醛肥料产品是由不同链长的脲甲醛缩合物所组成，并且含有少量未反应的尿素，为了表述其产品特性，国际上采用一种标准的化学分析方法，通过评价其冷水

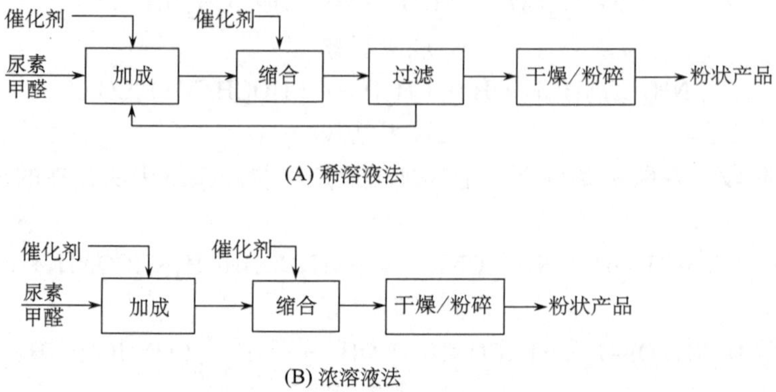

图 1-10　脲醛肥料生产工艺示意图

(25℃)、热水（100℃）中的溶解度来表征它的缓释性能。以总氮（total nitrogen)、未反应的尿素（urea free 或 unreacted urea)、冷水溶性氮（CWSN)、冷水不溶性氮(CWIN)、热水溶性氮（HWSN)、热水不溶性氮（HWIN）和冷水不溶而热水溶性氮(仅热水溶性氮，WIN—HWIN）来描述，并以 AI 表示其活性指数。

这些指标所对应的释放特性为：未反应的尿素、冷水溶解氮是速效性氮，能在几天或几周内发挥肥效，冷水不溶解氮而热水溶解性氮是缓释性氮，能在几周到几个月内发挥肥效，是脲醛肥料中最为重要的一部分氮，而热水不溶氮是缩合度更高的氮，其释放期更长，可能在几个月甚至几年时间内发挥肥效，是一种更缓释的氮。

几种不同形态氮的关系如图 1-11 所示。

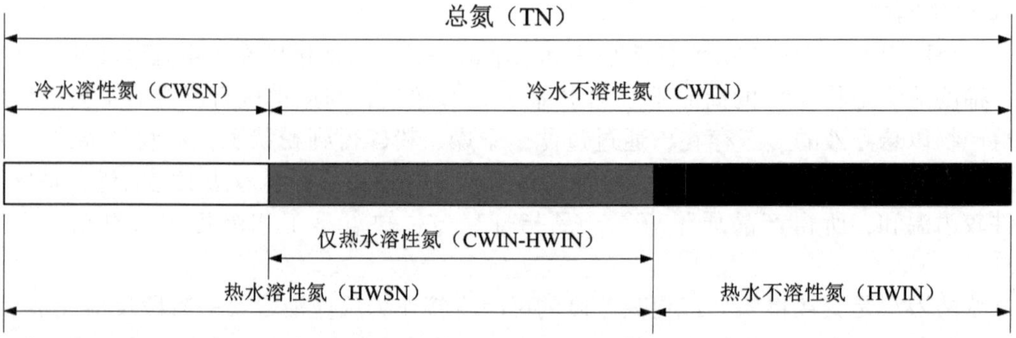

图 1-11　脲醛肥料中不同形态氮之间的关系

生产过程中，只需化验总氮、冷水不溶性氮、热水不溶性氮、未反应尿素几项参数即可，其他几项可通过计算得出。

从产品有效性角度分析，脲醛肥料生产过程中应尽可能使仅热水溶性氮所占的比例提高，为了更直观的表达这种关系，引入了活性指数（AI）这一概念，其含意为仅热水溶性氮占冷水不溶性氮的百分比，这一比值越高，说明氮的缓释期相对较短，反之则释放期越长。

活性指数计算公式如下：

$$活性指数（AI）=\frac{CWIN-HWIN}{CWIN}\times100\%$$

一般的，当 AI>60%，N 释放时间 2~4 个月；30%<AI<60%，释放时间 6~8 个月；AI<30%，释放时间 12 个月以上。将 AI 控制在 40%~70%是较为适宜的选择。

1.5.3　施用技术与效果

1.5.3.1　脲醛肥料作用机理

脲醛肥料作为缓释氮肥，是以有机聚合物的形态存在的。它对作物的营养机理不同于其他无机氮肥，其生物有效性取决于在土壤微生物的作用下逐步分解并矿化为无机氮为作物吸收。脲醛肥料施入土壤后，可以为土壤微生物提供碳源（能量）和氮源（营养），持续平稳地向土壤释放氮营养。脲甲醛碳氮摩尔比接近 1∶1，可为微生物活动提供理想的营养和能量来源，并增强微生物活性，增加微生物数量，促进有机质腐殖化。

微生物的活性受温度的影响较大，温度过低时，微生物的活性降低，对脲醛肥料的分解作用也减弱，因此，脲醛肥料的缓释期受温度影响较大。作物的生长对温度和水分也有相同要求，促进植物生长的温度和水分条件也有利于微生物活动，这样使得脲甲醛中有效氮释放与植物需要相对接近，当植物需要时就会释放适量的氮，但二者并不完全同步，每种植物都有适宜的生长温度，温度过高或过低，植物的新陈代谢都会减弱，这时候植物的养分需求就会下降，而微生物的活性并不一定同步减弱，这时微生物作用下所释放的氮植物就不一定能完全利用，会有一定的流失。

脲醛肥料中的大部分氮不溶于水，所以也不易淋失。脲醛肥料中的缓释氮如果没有被微生物转化，留在土壤中，随着时间的推移会形成贮备氮，为微生物逐步分解利用，这就是脲醛肥料有较高氮肥利用率的主要原因。

1.5.3.2　脲醛肥料施用技术

脲醛肥料的应用市场，一部分是以高尔夫球场草坪为代表的非农业市场，另一部分是应用于大田作物的农业用肥市场。

对于以高尔夫球场草坪为代表的非农业市场，国内外已有数十年的使用经验，是成熟的市场，产品多以含一定比例脲醛氮的复合（混）肥料的形态出现，针对球场不同的用肥区域，对产品粒度有较为严格的要求，而脲醛所提供的氮占肥料中总氮的比例也有不同的产品系列，如脲醛氮占总氮的 30%、50%、70%等，同时，产品中要求配入较全面的中微量元素。这一市场多为专业用户，对产品的配比、中微量元素含量有明确的要求，多数为定制产品，产品针对性强，中间流通环节少，但市场容量很小。

脲醛肥料在农业市场上的应用，国际上报道较少，只有日本将含脲醛复混肥料用作水稻基肥，脲醛肥料很少用于农业的原因主要在于其较高的成本。据测算，标准的脲醛肥料（氮含量 38%），其单位氮的价格为尿素氮的 2.5~3 倍。

近几年，国内市场涌现了一批企业，推出脲醛系列复合（混）肥料，产品主要应用于农业市场，也得到了较好的市场反响，这些产品中水不溶性缓释氮所占比例相对较低，产品售价略高于普通复混肥料产品，尚能为市场所接受。

1.5.3.3 脲醛肥料施用效果

如前所述，脲醛肥料作为一种有几十年历史的缓释肥料，在非农市场上有成功的使用经验及确切的肥效。而我国在农业市场上的应用是近几年的事，不同单位所作农化试验，表现出了不同的增产效果。

上海化工研究院何佩华等对脲醛肥料的释放特性及在玉米、水稻盆栽的增产效果进行了较为系统的研究，结果表明脲醛缓释复混肥中氮溶出、铵态氮挥发速率均低于常规复混肥；施用这种缓释复混肥可提高氮养分利用率，并可增加产量、改善作物品质[50]。

相比其他类型的缓控释肥料，脲醛肥料的农化试验研究相对较少，但作为一种相对传统的缓释肥料品种，其肥料的缓释性能，增产节肥的效果可以肯定，为了更好地在农业市场推广这一类型的缓释肥料，尚需进行更多的肥效研究，以确定对不同作物的最佳配比方案，获得更好的经济和社会效益。

1.5.4 标准与检测

各国对脲醛肥料有相应的标准，虽不尽相同，但主要指标有相似之处，如欧洲肥料法律规定：脲甲醛总氮>36%（质量分数，下同）；热水溶解氮（HWSN）≥总氮×3/5；脲甲醛氮≥31%；尿素氮≤5%；含有脲甲醛的复合肥料，要求脲甲醛氮≥总氮×1/3；热水溶解氮≥脲甲醛氮×3/5；必须标明氮的形态及总氮、脲甲醛氮、冷水溶解氮及热水溶解氮的含量。

美国植物营养检验官协会 AAPFCO 规定：总氮（TN）>34%；冷水不溶性氮（CWIN）/总氮（TN）大于 60%；活性指数（AI）大于 40%。

我国 2010 年由工业和信息化部发布了《脲醛缓释肥料》化工行业标准，HG/T 4137-2010，并于 2011 年 3 月 1 日起实施。适用于由尿素和醛类反应制得的合成有机微溶性氮缓释肥料，主要品种有脲甲醛（UF/MU）、异丁叉二脲（IBDU）和丁烯叉二脲（CDU），也适用于含脲醛缓释肥料的复混肥料或掺混肥料。

脲醛缓释肥料的技术要求如表 1-9 所示。

表 1-9　脲醛缓释肥料的要求

项目		指标		
		脲甲醛（UF/MU）	异丁叉二脲（IBDU）	丁烯叉二脲（CDU）
总氮（TN）的质量分数	≥	36.0	28.0	28.0
尿素氮（UN）的质量分数	≤	5.0	3.0	3.0
冷水不溶性氮（CWIN）的质量分数	≥	14.0	25.0	25.0

续表

项目		指标		
		脲甲醛（UF/MU）	异丁叉二脲（IBDU）	丁烯叉二脲（CDU）
热水不溶性氮（HWIN）的质量分数	≤	10.0		
缓释有效氮的质量分数	≥	8.0	25.0	25.0
活性系数（AD）	≥	40	—	—
水分（H_2O）的质量分数[a]	≤	3.0		
粒度（1.00mm~4.75mm 或 3.35mm~5.60mm）[b]	≥	90		

a 对于粉状产品，水分的质量分数≤5.0%。

b 对于粉状产品，粒度不做要求，特殊形状或更大颗粒（粉状除外）产品的粒度可由供需双方协议确定。

对含有部分脲醛肥料的复混肥料的技术要求如表 1-10 所示。

表 1-10　含有部分脲醛缓释肥的肥料的要求

项目		指标
缓释有效氮的质量分数（以冷水不溶性氮 CWIN 计）[a]	≥	标明值
总氮（TN）的质量分数[b]	≥	18.0
中量元素单一养分的质量分数（以单质计）[c]	≥	2.0
微量元素单一养分的质量分数（以单质计）[d]	≥	0.02

a 肥料为单一氮养分时，缓释有效氮（以冷水不溶性氮 CWIN 计）不应小于 4.0%；肥料养分为两种或两种以上时，缓释有效氮（以冷水不溶性氮 CWIN 计）应不小于 2.0%，应注明缓释氮的形式，如脲甲醛（UF/MU）、异丁叉二脲（IBDU）、丁烯叉二脲（CDU）

b 该项目仅适用于含有一定量脲醛缓释肥料的缓释氮肥。

c 包装容器标明含有钙、镁、硫时检测该项指标。

d 包装容器标明含有铜、铁、锰、硼、钼时检测该项指标。

1.5.5　发展趋势与展望

脲醛缓释肥料由于其良好的缓释性，可加工配制成掺混肥、团粒肥和液体肥供用户施用，可延长养分释放期，增强土壤微生物活性，改善肥料物理性状，是非常有潜力的缓释肥料品种，对于促进我国肥料产业升级具有积极意义。

由于这种产品所表现出的高养分利用率及对环境的保护作用，其需求量和生产量将逐年增加，国内脲甲醛及含有脲甲醛复合（混）肥料的生产能力也在迅速扩大，面向大田作物市场将是发展的主要方向。

行业标准发布实施，对规范该产品的生产、销售和质量监督，引导行业健康发展将起到十分重要的作用。

参 考 文 献

1　洪啸吟，冯汉保. 涂料化学. 北京：科学出版社，1997. 36-87

2 Trenkel M E. Improving fertilizer use efficency—Controlled release and stabilized fertilizers in agriculture. Paris: International Fertilizer Industry Association, 1997. 3-151
3 Goertz H M, William R J. 1998. Precoated controlled release fertilizers and processes for their preparation. U. S. Pat. No. 6039781, 1998-06-09. Assigned to OMS Investments, Inc., America
4 赵秉强，许秀成. 加快建设有中国特色缓释肥料技术体系，推动缓释肥料产业健康发展. 磷肥与复肥，2010. 25（4）：11-13
5 Boller R A, Graver R B. 1961. Two-package coating system comprising a polyester having an acid number of at least 50 in one of the pavkges thereof. U. S. Pat. No. 3218274, 1961-02-13. Assigned to Sumitomo Chemical Co., Ltd., Japan
6 Stansbury R L, Lynch C S, Linden K S. 1964. Slow release fertilizer composition consisting of asphalt wax binder and inert filler. U. S. Pat. No. 3276857, 1964-10-05. Assigned to Esso Research and Engineering Company, America
7 Hansen L I. 1961. Slow release fertilizer with a plurality of epoxy/polyester resin coatings. US: 3223518, 1961-08-18. Assigned to Archer-Daniels-Midland Company, America
8 Fujita T, Takahashi C, Ohshima M. 1974. Method for producing coated fertilizer. U. S. Pat. No. 4019890, 1974-12-04. Assigned to Chisso corporation, Japan
9 Moor W P. 1987. Attrition-resistant, controlled release fertilizers. U. S. Pat. No. 4804403, 1987-08-06. Assigned to Melamine Chemicals, Inc., America
10 Blank I. 1988. Method for the manufacture of slow-release fertilizers. U. S. Pat. No. 4880455, 1988-02-26. Assigned to Haifa Chemicals Limited, Israel
11 Fujita T, Yamashita Y, Yoshida S, et al. 1991. Fertilizer with a degradative coating. U. S. Pat. No. 5009696, 1991-04-23. Assigned to Chisso corporation, Japan
12 Geiger A J, Stelmack E G, Babiak N M. 2000. Controlled release fertilizer and method for production thereof. U. S. Pat. No. 6663686, 2000-06-27, Assigned to Agrium, Inc., America
13 Thompson H E, Kelch R A. Encapsulated slow release fertilizers. U. S. Pat. No. 005089041, 1992-02-18
14 Thompson H E, Kelch R A. Encapsulated slow release fertilizers. U. S. Pat. No. 005186732, 1993-02-16
15 Tzika M, Alexandridou S, Kiparissides C. Evaluation of the morphological and release characteristics of coated fertilizer granules produced in a Wurster fluidized bed. Powder Technology, 2003, 132: 16-24
16 Calvo J I, Hernάndez A, Prάdanos P, et al. Pore size distributions in microporous membranes. II. Bulk characterization of track-etched filters by air porometry and mercury porosimetry. Journal of Membrane Science, 1996, 112: 1-12
17 Tsunehisa S, Yasuyuki N. Coated granular fertilizer. JP. Pat. No. 03275583, 1991-12-06
18 Donida M W, Rocha S C S. Coated of urea with an aqueous polymeric suspension in a two-dimensional spouted bed. Powder Technology, 2002, 20 (3): 685-704
19 Savant N, James A, Mcclellan G. Urea release from silicate and polymer-coated urea in water and a simulated welland soil. Fertilizer Research, 1983, 4: 191-199
20 姚俊杰，王亭杰，潘健平等. 用聚合物乳液为包膜剂制备缓释尿素. 化工进展，2005，24（6）：666-670
21 胡树文，陶树明，任雪芹等. 一种水基聚合物包膜及其包膜控释肥料的制备. 化工进展，2007，22（7）：612-630
22 Routh A F, Russel W B. Deformation mechanisms during latex film formation: Experimental evidence. Industrial and Engineering Chemistry Research, 2001, 40 (20): 4302- 4308
23 曹同玉，刘庆普，胡金生. 聚合物乳液合成原理性能及应用. 北京：化学工业出版社，1997，1-16
24 Wurster D E. 1949. Method of applying coatings to edible tablets or the like. U. S. Pat. No. 2648609, 1949-01-21
25 Wurster D E. 1959. Granulating and coating process for uniform granules: US, 3089824, 1959-04-30
26 Wurster D E. 1964. Particle coating process. U. S. Pat. No. 3253944, 1964-01-13
27 Lindlof J A, Wurstuer D E. 1960. Apparatus for coating particles in a fluidzed bed. U. S. Pat. No. 3117027, 1960-01-08
28 Kosuge N, Fujita T, Yamashita Y, et al. 1989. Coated granular fertilizer. U. S. Pat. No. 5147442, 1989-02-07. Assigned to Chisso corporation, Japan
29 利雄藤田，吉达山下，重光吉田等. 1987. 降解性覆盖膜肥料. 中国专利：87105398，法. 中国专利.

2007，CN101182269

30 Shirley A R, Cochran K D, Lynch T B, et al. 1991. Mulit-Stage Process for Continuous Coating of Fertilizer Particles. U. S. Pat. No. 5211985, 1991-10-09, Assigned to ICI Canada, Inc., Canada

31 Fujita T. Invention of fertilizer coating technology using polyolefin resin and manufacturing of polyolefin coated urea. Journal of Soil Science and Plant Nutrition, 1996, 67 (3): 45-56

32 Cheng W, Nakajima Y, Sudo S, et al. N_2O and NO emissions from a field of Chinese cabbage as influenced by band application of urea or controlled-release fertilizer. Nutrient Cycling in Agroecosystems, 2002, 63: 231-238

33 Krasowski M J, Owens J N, Tackaberry L E, et al. Above- and below-growth of white spruce seedlings with roots divided into different substrates with or without controlled-release fertilizer. Plant and Soil, 1999, 217: 131-143

34 Yao Y, Yoneyama T, Hayashi H. Potassium uptake by Chinese cabbage (*Brassica pekinensis* Rupy.) from fused potassium silicate, a low-releasing fertilizer. Plant and Soil, 2003, 249: 279-286

35 Blight L, Currell B R, Nash B J, et al. Preparation and properties of modified sulfur systems. in: Bourne D J, eds. New Uses of Sulfur-II: Advances in Chemistry Series 165. Washington D C: American Chemical Society, 1978, 13-30

36 Yong-Hui Liu, Ting-Jie Wang, Liang Qin, et al. Urea particle coating for controlled release by using DCPD modified sulfur. Powder Technology, 2008, 183 (1): 88-93

37 许秀成，樊继轩，王光龙. 包裹肥料及其制造法. CN85101008，1985. 04. 01

38 Xu Xiucheng, et al. A Major Fertilizer Initiative inchina. Fertilizer for the Future. Fertilizer International, 1999, (369): 31-32

39 许秀成，李菂萍，王好斌. 包裹型缓释/控制释放肥料专题报告. 磷肥与复肥，2000，15 (3)：1-6

40 许秀成，李菂萍，王好斌. 包裹型缓释/控制释放肥料专题报告. 磷肥与复肥，2000，15 (4)：5-7

41 许秀成，李菂萍，王好斌. 包裹型缓释/控制释放肥料专题报告. 磷肥与复肥，2000，15 (6)：7-11

42 许秀成，李菂萍，王好斌. 包裹型缓释/控制释放肥料专题报告. 磷肥与复肥，2001，16 (2)：10-12

43 许秀成，李菂萍，王好斌. 包裹型缓释/控制释放肥料专题报告. 磷肥与复肥，2001，16 (4)：4-8

44 许秀成，李菂萍，王好斌. 包裹型缓释/控制释放肥料专题报告. 磷肥与复肥，2002，17 (1)：10-12

45 Arete Y. New Fertilizer Meterials. Centre International des Engrais Chimique －（C. I. E. C）1968：1-14

46 李菂萍等. 一种控制释施肥料. CN 95109720. 2. 1997-12-19

47 Li Diping, et al. Controlled Release Fertilizer and Preparations Thereof . US5849060. 1998-12-15

48 吕云峰. 脲甲醛缓释肥料. 磷肥与复肥，2009，24 (6)：8-10

49 郭振铎等. 尿素甲醛缩合物的研制. 天津化工，1997，(3)：14-15

50 何佩华等. 脲甲醛缓释肥料的氮养分释放特征及其肥效研究. 化肥工业，2011，38 (4)：18-22

第 2 章　稳定性肥料

2.1　概念、范畴

稳定性肥料的概念和范畴

稳定性肥料是指经过一定工艺加入脲酶抑制剂和（或）硝化抑制剂，施入土壤后能通过脲酶抑制剂抑制尿素的水解，和（或）通过硝化抑制剂抑制铵态氮的硝化，使肥效期得到延长的一类含氮肥料（包括含氮的二元或三元肥料和单质氮肥）[1]，是在传统肥料中加入氮肥增效剂来延长肥效期这样一类产品的统称。氮肥增效剂是一类进入土壤后能够影响土壤生化环境调节某些土壤酶活性、影响土壤微生物对氮肥作用、降低氮素损失的物质[2]。

2.1.1.1　脲酶抑制剂

在一段时间内通过抑制土壤脲酶的活性，从而减缓尿素水解的一类物质[1]，如氢醌、*N*-丁基硫代磷酰三胺、邻苯基磷酰二胺、硫代磷酰三胺等（表 2-1）。商品化的主要有 Agrotain®。

表 2-1　脲酶抑制剂主要品种

抑制剂品种	化学名
NBPT 或 NBTPT	*N*-丁基硫代磷酰三胺
NBPTO 或 NBPO	*N*-丁基硫代磷酰胺
NBPO	硫代磷酸三酰胺
PPD/PPDA	苯基磷酰二胺
TPT	硫代磷酰三胺
HQ	氢醌
PT	磷酰三胺
ATS	硫代硫酸铵
P-benzoquinone	P-苯醌
CHTPT	环已基硫代磷酸三酰胺
CNTP	环已基磷酸三酰胺
HACTP	六酰氨基环三磷腈
N-halo-2-oxaxolidinone	*N*-卤-2-唑艾杜烯
N,*N*-dihdo-2-imidazolidinone	*N*,*N*-二卤-2-咪唑艾杜烯

2.1.1.2　硝化抑制剂

在一段时间内通过抑制亚硝化单胞菌属活性，从而减缓铵态氮向硝态氮转化的一类物质[1]。如吡啶、嘧啶、硫脲、噻唑等的衍生物，以及六氯乙烷、双氰胺等（表 2-2）。

由于铵态氮肥本身也可以快速被植物吸收利用，它本身不能延缓肥料的养分释放，更不能控制肥料的养分释放，因此，有人认为这类肥料不能称为缓控释肥料，常称之为稳定性肥料[3]。

表 2-2　硝化抑制剂主要品种

抑制剂品种	化学名	抑制剂品种	化学名
Nitrapyrin	西吡	DMPP	3,4-二甲基磷酸盐
DCD	双氰胺	Ammonium thiosulfate	硫代硫酸盐
CMP	1-甲基吡唑-1-羧酰胺	Potassium azide	叠氮钾
MP	3-甲基吡唑	Sodium azide	叠氮钠
Ethylene Urea	亚乙基脲	Coated calcium carbide	包被碳化钙
Terrazole	氯唑灵	2,5-dichloroaniline	2,5-氯苯胺
AM/AT/ATC	4-氨基三唑	3-chloroacetanilide	3-乙酰苯胺
Thiourea	硫脲	Toluene	甲苯
C2H2	乙炔	Carbon disulphide	二硫化碳
2-ethynnylpyridine	2-乙炔基吡啶	Phenylacetylene	苯乙炔
Sulfathiazole	磺胺噻唑	2-propyn-1-ol	2-丙炔-1-醇
Guanylthiourea	脒基硫脲	AOL	氨氧化木质素
1-amidino-2-thiourea	1-脒基-2-硫脲	Phenylphosphoro diamidate	苯乙偶磷基二酰胺

2.2　稳定性肥料的国内外进展

2.2.1　稳定性肥料的国内研究进展

稳定性肥料的核心技术是抑制剂，而抑制剂技术发展经历的过程是由单一型逐渐过渡到复合型，稳定性肥料由基础型过渡到专用型。20 世纪 60 年代，中国科学院南京土壤研究所李庆逵团队首先开始了硝化抑制剂的研究；70 年代中期，中国科学院沈阳应用生态研究所周礼恺研究员开始了以氢醌类为主的脲酶抑制剂的研究；80 年代初期（1983 年）辽河化肥厂、盘锦化肥厂、大庆化肥厂、浩良河化肥厂、安徽安庆、广西河池化肥厂为代表生产的以脲酶抑制剂为主的缓释尿素产品已应用到大田上（我国的东北、华北、华东等地区），并且同时开始了复合抑制剂和长效碳铵技术的研究；80 年代中期，首次将脲酶抑制剂应用到肥料生产中，长效尿素问世；80 年代后期，用褐煤代替脲酶抑制剂，效果较好（尿素 7% ~ 8% 即可），同时针对小氮肥生产中存在的碳酸氢铵性质中存在的问题，应用硝化抑制剂，解决了碳酸氢铵易挥发、结块及肥效短等问题；20 世纪 90 年代初，开始对日本 Chesso 公司的包膜及加抑制剂研究，广州氮肥厂与石家庄现代化研究所开发了涂层尿素。90 年代中期以后，抑制剂开始转向复合型，长效碳铵产业化，1998 年获得国家科技进步奖二等奖；90 年代中后期复合型长效尿素、缓释尿素诞生；90 年代末，中国科学院沈阳应用生态研究所推出硝化抑制剂肥隆。21 世纪初，中国科学院沈阳应用生态研究所研制的硝化、脲酶抑制剂的复合产品—— NAM、增铵系列开始产业化，并于 2008 年获得国家科技进步奖二等奖，并且牵头制定的《稳定性肥料》行业标准（标准编号：HG/T 4135-2010）2011 年 3 月 1 日正式实施，规范了相关定义术语，统一了检验方法，规范了稳定性肥料市场，标志着稳定性肥料产业的发展步入了一个新的阶段，奠定了中国科学院沈阳应用生态研究所在稳定性肥料产业领域的领先地位。截至目前，应用 NAM 生产的稳定性肥料占据了缓控释肥料市场份额的 85%，已有 50 余家化肥企业从事稳定性肥料生产和推广，出现了施可丰、华昌、倍丰、农家乐、中嘉等知名品牌，总产量已达到近 80 万吨/年，推广应用面积 3.57 亿亩，创造直接效益 118.13 亿元，减少化肥投入合 32.5 亿元，累计增收粮食 80.5 亿千克。目前，国内 20 余家科研单位从事稳定性肥料的研究，涌现出了一大批科研成果、专利、论文，国内稳定性肥料产业在自主创新和产业化方面取得了长足的发展。

2.2.2 稳定性肥料的国外研究进展

稳定性肥料在国外的研究也非常早，主要在美国、日本和西欧一些国家进行了大量硝化抑制剂和脲酶抑制剂的筛选和应用试验。

2.2.2.1 硝化抑制剂

硝化抑制剂的研究始于 20 世纪 50 年代中期，美国最早开展了这方面的研究。60 年代初美国道化公司研究的西吡［2-氯-6-（三氯甲基）-吡啶］效果显著。1975 年 N-serve 诞生。日本对硝化抑制剂也进行了深入的研究，应用较广的为 AM、MBT、ASU、ATC、DCS、ST。90 年代以来，硝化抑制剂的研究试验进入应用阶段，在世界肥料市场，许多硝化抑制剂申请了专利并被注册为商品在市场上流通，如前苏联、德国应用的 CMP、DCD，已研究的化合物有 150 种以上，但是国外真正商品化的只有 N-serve。

2.2.2.2 脲酶抑制剂

20 世纪 30 年代，Rotini 提出土壤脲酶存在；40 年代，Cornad 指出有些物质施入土壤可以抑制脲酶活性；60 年代开始脲酶抑制剂的研究，到 1971 年 Bromner 等从 130 多种化合物中筛选出效果较好的脲酶抑制剂为苯醌和氢醌类化合物，Bundy 等研究证明苯醌的效果最好；80 年代国际上已开发了近 70 种有实用意义的脲酶抑制剂，这 70 多种实用意义的脲酶抑制剂包括：醌类、多羟基酚类、磷酰胺类、重金属盐类。目前只有两种脲酶抑制剂已经得到实际应用并作为商品在市场流通。其中之一为美国 IMC-Agfico 公司以 Agrotain®为商标在市场上销售的产品。

2.2.2.3　稳定性肥料

《稳定性肥料》行业标准（标准编号：HG/T 4135-2010）出台之前，含有硝化抑制剂或脲酶抑制剂被称为长效缓释肥或长效肥，这种肥料无一例外的是用在大田作物和一些生长期长的蔬菜、果园。在美国，N-serve（主要含 Nitrapyrin）及相应肥料专门用在玉米（占 90%）、大豆、高粱、小麦、棉花上。含有硝化抑制剂的氮磷钾复合肥主要用在果园。全美国的脲酶抑制剂 AGROTAIN（主要含 NBPT）主要用于玉米，尤其是免耕和少耕农业系统。长效缓释肥的研究在国际上开展的较晚，目前已有的产品主要集中在德国杜塞尔夫公司，如 Plantacote Dcpot 和 Plant A cofe Mix 两个品牌十几个品种；BASF 公司生产的有以 Basacote、Mitrophos 等三个品牌的几个品种。另外海法公司的 Multicote 品牌和日本 Nutricot 品牌的产品也属于长效复合肥类[4]。表 2-3~表 2-6 列举了国外部分生产抑制剂和稳定性肥料的企业。

表 2-3　美国稳定性肥料知名企业

企业名称	产品类型	网址
DowElanco 公司	氮-吡啶“N-serve”	www. dowagro. com
IMC-Agrico 公司	AGROTAIN	www. imc-agrico. com
Vigoro 工业公司	1996 年开始销售	www. vigoro. com
Freeport-McMoRan 资源股份公司	含双氰胺氮肥，从中国、挪威和德国进口到美国	www. fcx. com

表 2-4　其他知名企业

企业名称	产品类型	网址
德国 SKW Trostberg 公司	DCD（Didin）制造商和双氰胺液体（DIDIN-liquid）以及 BASF 公司生产的 Alzon 商标含有双氰胺氮肥的分销商	www. skwp. de
德国维泰贝格市的 SKW Stickstoff werke Piesteritz 公司	1989 年以前双氰胺的生产商，只用在工业上。生产含有 DCD 和含有 CMP-/DCD 的肥料产品（PLADIN）	
德国 BASF Aktiengesellschaft 公司	Nitrophoska、Nitrophos Stabil、Basammon stabil	www. basf. com
挪威的 ODDA Smelteverk AS 公司	工业上和农业上使用的双氰胺的制造商	
以色列海法化学工业公司	主要是硝酸钾，完全溶水的氮磷钾肥，长效肥料（聚合物）	www. haifachem. co. il

表 2-5　美国硝化抑制剂和脲酶抑制剂生产企业

企业名称	产品类型
DowElanco 公司	氮-吡啶“N-serve”
IMC-Agrico 公司	AGROTAIN
Vigoro 工业公司	1996 年开始销售
Freeport-McMoRan 资源股份公司 Terra Nitrogen 公司	含双氰胺氮肥，从中国、挪威和德国进口到美国

表 2-6　西欧抑制剂生产企业

企业名称	产品类型
德国 SKW Trostberg 公司	DCD（Didin）制造商和双氰胺液体（DIDIN-liquid）以及 BASF 公司生产的 Alzon 商标含有双氰胺氮肥的分销商
德国维泰贝格市的 SKW Stickstoff werke Piesteritz 公司	1989 年以前双氰胺的生产商，只用在工业上。生产含有 DCD 和含有 CMP-/DCD 的肥料产品（PLADIN）
德国 BASF Aktiengesellschaft 公司	Nitrophoska、Nitrophos Stabil、Basammon stabil
挪威的 ODDA Smelteverk AS 公司	工业上和农业上使用的双氰胺的制造商

2.3　工艺与原理

稳定性复合（混）肥是在普通复合肥生产过程中添加少量增效剂（抑制剂）而制成。因此生产工艺不需做大的变动，只需在生产流程中增设抑制剂的添加工序。

2.3.1　稳定性尿素生产工艺

将固体尿素增效剂 NAM®与尿液按 1∶1.5～1∶2.0 加入到溶剂槽中，按尿素产量的 3.5‰～4.0‰确定添加 NAM®的量，以保证成品中 NAM®的量占缓释尿素成品质量的 3.5‰以上为准。可以根据管道中的尿素的流量计算 NAM®用量，通过调整溶解槽中加入的 NAM®量来匹配其加入的尿液或水量。利用尿素生产线一段蒸发器后面的尿液（含水约 5%）按 1∶1.5～1∶2.0 的 NAM®∶尿液比进行混合，溶解增效剂，在 100～120℃温度下进行溶解，所得含 NAM®尿素溶液，经泵送至二段蒸发分离器后，在熔融尿素泵前与熔融尿液一同送入造粒塔进行造粒（可以在熔融泵后面加入）。在尿液运行过程中使 NAM®分散均匀，达到合格产品（图 2-1）。

为了保证缓释尿素生产的正常进行，NAM®溶解槽要配置 2 个，一开一备。要确保增效剂溶解完全，以免颗粒冲刷影响泵的连续运转。

含有 5%水分的尿液如果按 NAM®∶尿液为 1∶2 的比例加入，则每吨将加入 7 千克含水 5%尿液，即含水 0.35 千克，即尿液中增加水分最高达 0.035%。如果产品中水分高可以将 NAM®：尿液的比例降到 1∶1～1∶1.5。为不造成尿液结晶，溶解槽和输送管

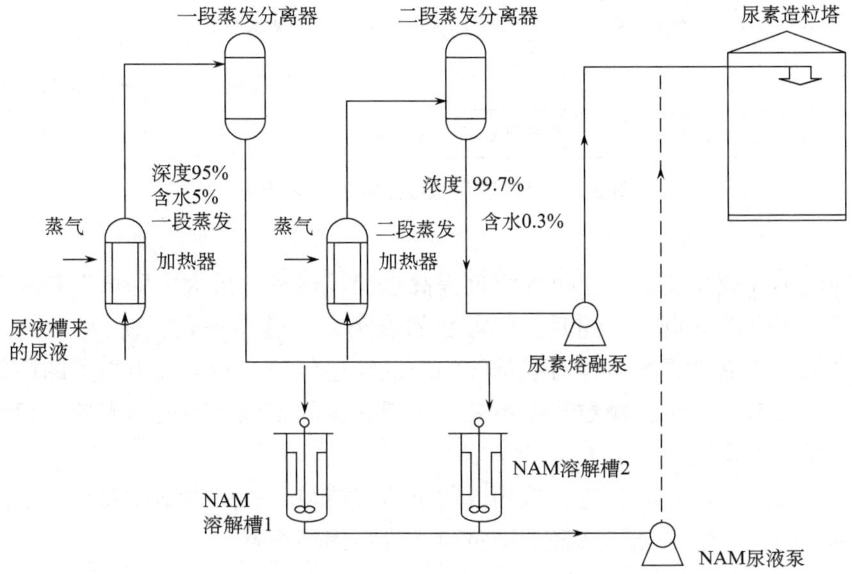

图 2-1　增效剂溶液加入尿素生产系统的工艺流程示意图

线都要加热保温，并在管内设有蒸气吹扫设施。

2.3.2　稳定性复合（混）肥的生产工艺

在复合（混）肥工业生产过程中，在原料中添加增效剂（抑制剂）或对复合（混）肥成品进行包膜处理，即可生产稳定性复合（混）肥，该种复合（混）肥料具有营养全面、肥效期长和肥料利用率高等特征，一次施用，不用追肥就能保证作物全生育期的养分供给，适用各种土壤和各种作物，省工、省力、降低肥料施用成本，提高效益，是极具发展潜力的一个肥料品种。

本节以国内大型复合肥生产中常用的尿素熔融喷浆造粒和氨酸法生产复合肥添加增效剂（抑制剂）工艺为例，将脲酶抑制剂、硝化抑制剂、磷素活化剂等增效剂通过进料器加入到配料系统，达到生产稳定性肥料的目的。

2.3.2.1　尿素熔融喷浆造粒工艺流程

颗粒尿素经连续计量后送入尿素熔融槽，计量系统根据尿素量自动调整水的配入量，以达到稳定尿素浓度的目的。同时，再根据设定的产量，复合肥的氮磷钾总量和各单元养分的含量，由计量控制系统自动调整尿液的流量。经熔融槽熔融的尿液经熔融泵加压后，通过特制的喷嘴喷到转鼓造粒机内（配料系统已计量过）物料上。干燥烘干后符合标准的即为成品（图 2-2）。

尿液喷浆造粒工艺是将熔融的尿液经加压后从喷嘴喷出，形成雾状的液滴，液滴遇冷后变成半液态半固态并带有黏性的造粒母球，该母球将黏附造粒机内具有磷、钾组分的粉状物料，在造粒机的连续转动下，逐渐长大并被球化成粒。雾状的液滴作为造粒的

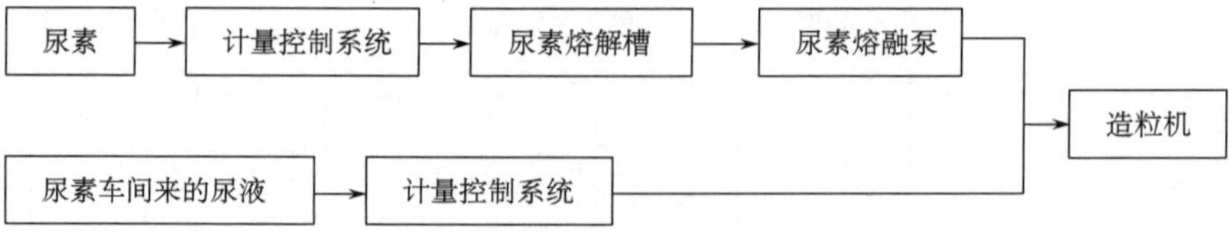

图 2-2　以尿液为来源路线的工艺方案

成球源，即使不加或少加蒸气也可大幅度提高造粒成球率，可大大降低造粒物料的含水率，也减轻了干燥器的负荷；同时，因雾状的液滴大小基本一致，使得造粒颗粒圆整、光滑，粒度均匀。更主要的是作为成球源的尿液经造粒后，始终处于壳里的内部，减少了受热熔融的几率，同时，颗粒间也不易产生因尿素的熔融而粘连的现象，稳定了工艺状况，增大了操作弹性。

工艺方案特点：以尿液为造粒液相取代了蒸气造粒，并可根据需要选择尿液。提高造粒成球率，降低造粒水分，减轻干燥负荷，进而提高产量。

2.3.2.2　氨化造粒工艺流程

氨酸法工艺是指在复合肥生产过程中通过在造粒机进口添加尿素、钾盐等原料与氨、酸反应生成的料浆混合团聚成颗粒，这类工艺技术也比较成熟，以硫基为代表（图 2-3）。

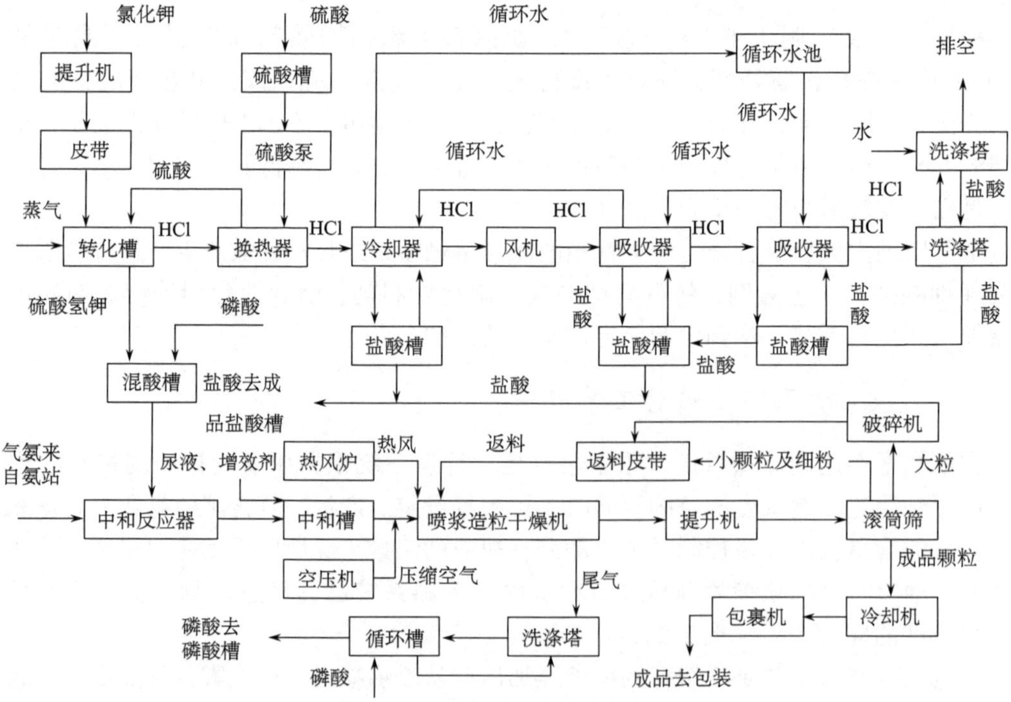

图 2-3　硫基氨化造粒工艺流程

1）转化工序

用泵输送来的浓硫酸经计量后同氯化钾在连续反应器中反应生成硫酸氢钾和 HCl 气体，HCl 气体用水吸收后作为合格盐酸成品。

2）中和工序

硫酸氢钾在混酸槽内和磷酸混合生成混酸，混酸在中和槽内与气氨发生中和反应生成中和料浆，中和料浆与尿液和 NAM®混合后进入复肥工序。

3）复肥工序

从中和工序来的中和料浆在喷浆造粒干燥机内进行造粒、烘干，然后经筛分、冷却成为合格的复合肥产品，筛分时不合格粒子返回造粒机重新造粒。

2.4　施用技术与效果

2.4.1　稳定性肥料技术的主要特性

稳定性肥料技术具有肥效期长（一次施肥，养分有效期可达 120 天）、养分利用率高（氮利用率提高 8.7%，减少氮淋失 48.2%，降排 N_2O64.7%；磷提高 4%，土壤磷活化率 13%，肥料磷有效率提高 28%）、平稳供给养分，增产效果明显（作物后期不缺肥，活秆成熟，作物平均增产幅度 10%～18%）；环境友好，降低面源污染（本产品对环境安全，无残留。当年降解率达 75%；只有 DMEG 标准 100 毫克/千克的 0.71‰）、成本低（成本增加只有普通复合肥的 2%～3%，可以广泛用于粮食作物）。

2.4.2　稳定性肥料的施用注意事项

（1）稳定性肥料含氮量高，利用率高，溶化速度快，比较容易烧种，在推广时，一定要保证种肥隔离不少于 7 厘米。

（2）稳定性肥料的施肥用量一定要结合当地种植结构及方式、常规用肥习惯进行推荐。常规用肥和稳定性肥料总含氮量上不能相差超过太多。

（3）明确当地的土壤条件，盐碱地和旱地上要谨慎施用稳定性肥料，因为很容易造成烧苗。砂土地由于保水保肥性差，漏肥严重，不建议使用稳定性肥料。如用稳定性肥料，很容易后期脱肥，造成减产。

总之，一定要与当地情况相结合，调查清楚当地的种植结构及方式、土壤的性质、施肥量、施肥的方式、所应用的农业机械等，因地制宜，进行推广。

2.4.3　作物施肥技术与效果

稳定性肥料已在东北、中原、西南、西北及长江流域等 22 个省进行了应用，生产的稳定性专用肥有 60 多个品种，应用作物涉及玉米、水稻、大豆、小麦、棉花等 30 多种。根据施可丰稳定性肥料全国示范网 2009～2011 年统计结果得出，平均增产 165.25 千克/亩，增产率达 14.7%，农民增收 188.35 元/亩。

2.4.3.1 大田作物

1）玉米

（1）玉米的需肥规律

玉米植株高大，需要养分多，尤其是需氮量大，全生育期吸收养分多少因种植方式、品种特性、产量高低、土壤条件等因素不同而不同。综合各地分析资料，每生产100千克玉米籽粒需吸收氮（N）2~4千克，磷（P_2O_5）0.7~1.5千克，钾（K_2O）1.5~4.0千克。春玉米氮磷钾吸收比例大约为1∶0.5∶1，夏玉米氮磷钾吸收比例大约为1∶0.45∶0.85。

（2）玉米的施肥技术及效果

一般玉米肥料施用分为基肥、种肥、追肥，分别占总施肥量的40%~60%、5%~10%、30%~60%。玉米追肥中拔节肥占20%~30%，穗肥占60%左右，粒肥占10%。玉米的施肥原则是：施足基肥，轻施苗肥，重施拔节肥，巧施粒肥。

稳定性肥料在东北地区可以做到采用“一炮轰”的方法，可以做到一次性施肥免追肥，在比常规施肥减少20%施用量的情况下，不减产，并且能“活秆成熟”。一般以25~55千克（东北一般30~40千克）做底肥一次性施入，需要注意的是要做到种肥隔离（7厘米以上）。

根据全国示范网2009~2011年数据可以得到，黑龙江，亩施40千克稳定性玉米专用肥比常规施肥显著增产38.13~54.46千克/亩，增产率5.97%~10.63%，农民增收80.15元。亩施32千克稳定性玉米专用肥仍比常规施肥处理增产。对于辽宁地区来说，稳定性玉米专用肥施用量为770.5千克/公顷可比常规施肥玉米株高及叶片数分别增加18.1%、9.6%，增产331.9~729.2千克/公顷，增产5.72%~10.18%，增收258.20~779元/公顷。安徽和重庆两个地区的夏玉米施用稳定性玉米专用肥比习惯施肥产量分别提高23.5%、7.7%。云南地区玉米施用稳定性玉米专用肥后，从农艺性状来看，生育期比常规施肥缩短7天，株高、穗位数、千粒重和穗行数也明显高于习惯施肥处理；从产量上看，增产率达到13.9%；从经济效益来看，每亩增收318.52元。河南地区玉米施用稳定性玉米专用肥株高、穗长、穗粗、穗粒数和百粒重均比常规施肥增加，而秃尖减少；穗粒数和百粒重分别比常规施肥增加14.8~38.8个、0.8~2.2克，产量分别增加11.9%、9.5%和13.4%，平均增产11.6%。甘肃地区玉米稳定性玉米专用肥施用量在78~86千克/亩为宜。稳定性玉米专用肥在陕西春玉米及关中灌区夏玉米上表现出较好的增产效果，增产率分别为5.99%~11.12%（平均8.87%）和7.20%~7.66%（平均7.43%）。内蒙古玉米施用稳定性玉米专用肥后比常规施肥分别增产150.5千克/亩、128千克/亩，增产率19.81%、17.47%。玉米棒鲜重（千克/亩），增长16%，秃尖长度降低27.7%，百粒重提高19%。

2）水稻

（1）水稻的需肥规律

水稻是需肥较多的作物之一，一般每生产稻谷100千克需氮（N）1.6~2.5千克、磷（P_2O_5）0.8~1.2千克、钾（K_2O）2.1~3.0千克，氮、磷、钾的需肥比例大约为

2∶1∶3。分蘖期氮的吸收量约占全生育期总吸收量的 30%，磷为 16%～18%，钾约为 20%。幼穗分化至抽穗，干物质积累量增多，吸收养分占总量的 50%。抽穗至成熟，根系活力减弱，吸收氮量占总吸收量的 16%～19%，磷为 24%～36%，钾为 16%～27%。氮的吸收高峰出现时间早、在分蘖前后；而钾和磷的吸收高峰出现时间迟，一般在拔节期前后。早施分蘖肥，这是符合早稻吸肥规律的。一般晚稻在后期养分吸收率高于早稻。

(2) 水稻的施肥技术及效果

水稻施肥原则在于重施基肥、早追蘖肥，巧用穗肥，补施粒肥。稳定性肥料在水稻上一般施肥量：早稻用量为 30～40 千克/亩，晚稻用量为 40～50 千克/亩，单季稻用量为 50～60 千克/亩，做底肥一次性施入，可根据实际情况进行追施返青肥。

黑龙江水稻亩施 40 千克稳定性肥料后可比常规施肥增收 98.15 元/亩，吉林水稻施 50 千克/亩稳定性肥料增产为 2.6%～16.2%，增收 1485～1513 元/公顷；辽宁水稻亩施 57.5 千克稳定性肥料，最终分蘖数比常规施肥增加 11.23%，株高比常规施肥高 7.73%，增产 63.3～208.1 千克/公顷，农民增收 628 元/公顷；河北水稻施用稳定性肥料的示范田投肥成本下降了 32～40 元/亩，缓苗期提苗速度快，增产幅度达 50～100 千克/亩，可增收节支 177～330 元/亩；湖北水稻稳定性肥料处理比推荐施肥增产 9.5%，稳定性肥料比常规施肥减量 20% 机施处理净收入最高，达到 18 345.41 元/公顷，氮肥农学效率（AE）也最高，达到了 16.88 千克/千克；湖南双季稻早稻翻耕+晚稻免耕全程一次性施肥技术研究表明，与常规处理相比，能使早稻收割后 NH_4^+-N 浓度明显增高，其产量基本持平，晚稻产量显著提高，双季稻总产量增加 10.0%。施用稳定性肥料添加剂 NAM 对减排温室气体甲烷 8.2%～57.3%，氧化亚氮 27.3%～30.1%，稳定性肥料减量 20% 的双季稻产量高于常规化肥，早晚稻产量分别比常规化肥增加 5.79% 和 12.45%，稳定性肥料施用在中稻上能增加一季中稻每穗粒数、每穗实粒数、结实率，千粒重增加 5.82%，增产 23.50%；在江苏，稳定性水稻专用肥以及稳定性水稻专用肥 20% 减量与常规施肥相比达到了显著的增产效果，增产幅度分别达到 19.4 千克/亩和 29.8 千克/亩；江西早稻一次性基施稳定性水稻专用肥处理产量最高，达 8444.5 千克/公顷，比常规分次施肥处理提高 1.3%，比优化施肥处理增加 3.8%。重庆水稻施用不同用量稳定性水稻专用肥对水稻生长和产量的效应不同，各处理的水稻植株农艺性状和产量均以施 55 千克/亩最高；云南水稻施用稳定性水稻专用肥后，稻谷产量比习惯施肥提高 47.7 千克/亩，增产幅度为 8.4%，增产 47.7%，增收 248.47 元/亩。

3）小麦

(1) 小麦的需肥规律

由于全国各地气候条件差异较大，小麦的生育期也不尽相同。冬小麦大多在 230～280 天，春小麦为 100～120 天。由于小麦生育期较长，需肥较多，大致每生产 100 千克小麦籽粒，需吸收氮（N）约 3 千克，磷（P_2O_5）1～1.5 千克，钾（K_2O）2～4 千克。氮、磷、钾的比例约为 3∶1∶3。氮、磷主要集中在籽粒中，占全株总含量的 76% 和 82.4%，钾主要集中于茎干中，占全株总量的 70.6%。

(2) 小麦的施肥技术及效果

在土壤条件较好的条件下，亩产千斤小麦需施用纯氮 15～25 千克，P_2O_5 7.5～10 千克，K_2O 15～20 千克。一般有机肥、磷肥全部作底肥，N 肥底肥应占总量的 30%～50%，2 千克/亩尿素作种肥。而稳定性肥料可结合耕地亩施有机肥 1000～1500 千克，以 50～60 千克/亩做底肥一次性施入。

河南驻马店、周口及商丘 3 个示范点冬小麦稳定性肥料处理的亩穗数、穗粒数和千粒重比常规施肥分别增加 2.0 万～5.6 万个、1.7～3.3 个、2.6～4.6 克，增产率达 12.4%、17.0%和 13.5%，减量 20%稳定性肥料施肥处理分别比对照处理增产 7.6%、8.5%和 10.6%，亩纯收入增收分别为 88.0、127.6 和 142.6 元/亩；安徽冬小麦施用稳定性肥料增产范围为 8.1%～97.4%，增收 28.6～495.7 元/亩；甘肃小麦施用稳定性肥料使小麦增产值 47.2 元/亩，施用量为 53 千克/亩可获得最大经济效益；陕西关中灌区冬小麦施用稳定性肥料后，比习惯施肥增产 4.12%～7.84%（平均 5.98%），稳定性肥料减少 20%用量的肥效与一次性施肥的习惯施肥基本相当。

2.4.3.2 经济作物

1）大豆

(1) 大豆的需肥规律

大豆的生长发育需肥较多，根上长有根瘤，具有固氮功能。据测定，每生产 100 千克大豆，需要氮（N）素 5～6 千克、磷（P_2O_5）1～1.8 千克、钾（K_2O）1.4～4.9 千克，与水稻、玉米相比，需氮多 1.5～2 倍，需磷钾多 0.5～1 倍。

大豆生育时期分为苗期、分枝期、开花期、结荚期、鼓粒期和成熟期。全生育期 90～130 天。大豆开花以前，氮素吸收量仅占全生育期总吸收量的 16.6%，磷（P_2O_5）占 2.4%～12.4%，钾（K_2O）占 25.6%。开花结荚期为大豆营养与生殖生长最旺盛的时期，大豆对养分的吸收达到高峰，充足养分供应可提高单株结荚率，明显提高大豆产量。到开花结荚期则分别吸收氮（N）73.4%、磷（P_2O_5）50%、钾（K_2O）82.1%。鼓粒期以后，根系对养分的吸收能力降低，吸收量明显减少。

(2) 大豆的施肥技术及效果

一般大豆施肥量为氮（N）3～4 千克/亩，磷（P_2O_5）6～8 千克/亩，钾（K_2O）3～8 千克/亩，结合耕翻整地亩施有机肥 1000～2000 千克，稳定性大豆专用肥 25～30 千克做底肥一次性施入。

黑龙江绥棱地区 2009～2011 年示范数据显示，亩施 25 千克稳定性肥料为最优施肥量，大豆初花期各项生育性状指标均高于常规施肥，大豆鼓粒末期株高、茎叶干重、荚干重及饱满籽粒数等各指标均高于常规施肥，增产 18.78～19.25 千克/亩，增产率 8.38%～12.23%，产量差异达到显著水平。

2）花生

(1) 花生的需肥规律

花生类似于大豆等豆科作物，最大的营养特性是根上长有根瘤，有共生固氮习性。花生每生产 100 千克荚果需纯氮（N）4.5～6 千克，磷（P_2O_5）0.8～1.3 千克，钾

(K_2O) 3~4.5 千克。花生的吸肥能力很强，除根系外，果针、幼果和叶子也都直接吸收养分。花生各生长发育阶段需肥量不同。苗期需要的养分数量较少，氮磷钾的吸收量仅占一生吸收总量的 5%~10%，开花期吸收养分数量急剧增加，氮的吸收占一生吸收总量的 17%、磷占 22.6%、钾占 22.3%；结荚期是花生营养生长和生殖生长最旺盛的时期，有大批荚果形成，也是吸收养分最多的时期，氮的吸收占一生吸收总量的 42%、磷占 46%、钾占 60%；饱果成熟期吸收养分的能力渐渐减弱，氮的吸收占一生总量的 28%、磷占 22%、钾占 7%。

(2) *花生的施肥技术及效果*

施肥原则：有机肥料与无机肥料配合施用。氮、磷、钾、微肥合理搭配，施足基肥、适当追肥。一般每亩施有机肥 2500~3000 千克，稳定性复合肥 40~60 千克，硼砂 1 千克，做底肥一次性施入，并精细整地。

由山东农科院在山东莒县寨里河乡穆家寨村进行的春花生（覆膜）试验结果显示，一次性施入 67.26 千克稳定性肥料不追肥比常规施肥的花生双果数、单果数和双果率高，更具有良好的商品性；文登市界石镇不覆膜夏直播花生示范结果显示，稳定性肥料处理较农民习惯施肥处理产量增加 25.7%（鲜果重）和 26.4%（风干重），增产效果十分显著。

3）棉花

(1) *棉花的需肥规律*

一般来讲，每生产百千克皮棉约从土壤中吸收氮 13.35 千克、磷 4.65 千克、钾 13.35 千克。棉花不同生育期吸收养分的数量是不同的。据研究，苗期吸收 N、P、K 的数量分别占全期总量的 5%、3%、3%左右，从现蕾到初花期分别为 11%、7%、9%，从初花期到盛花期达到高峰，分别是 56%、24%、36%，从盛花到始絮分别是 23%、52%、42%，吐絮后显著下降，分别为 5%、14%、10%。由此可看出，棉花一生中各生育期的需肥规律是：吸肥高峰期在花铃期，氮肥吸收高峰期在盛花期，磷钾吸收高峰在盛花期至吐絮期。

(2) *棉花的施肥技术及效果*

棉花施肥原则是“轻施苗肥，稳施蕾肥，重施花铃肥，补施盖顶肥”。一般结合整地亩施农家肥 1000~1500 千克，稳定性肥料 45~55 千克做底肥一次性施入。

河北棉花施用稳定性肥料后，与常规施肥相比，每株棉花结铃数平均多 4 个，而且棉铃明显大，叶绿素含量平均高 6.2 个 SPAD 值，平均亩增产 25 千克，增收 42.5 千克/亩；湖北省江汉平原地区棉花上施用稳定性肥料后效果很好，推荐使用的配方为（20-8-14）、（24-10-14）以及（16-10-18），施用量为 100 千克/亩，作为一次施用的肥料，最好使用（20-8-14），如果使用二次施肥的配方，选用（16-10-18）作为底肥施用，并在花铃期亩施 4 千克 N 作为追肥；湖南棉花施用稳定性肥料在减少养分用量的情况下，其增产幅度为 11.9%~18.2%，全年可增收节支 6240 元/公顷，经济效益显著；稳定性肥料在新疆棉花上的试验示范结果显示，平均增产率 8.56%，增收 126.2 元/亩，博乐棉花稳定性肥料处理比常规施肥产量增加 15.41%，增收 2782 元/公顷，玛纳斯县棉花稳定性肥料处理产量达到了 1767.5 和 4208.4 千克/公顷，分别增加了 181 和 432 千克/公顷，增加收益分别为 1762 和 3635 元/公顷，收益增长率为 4.70 和 9.69%，阿克苏棉花较常规施肥增产 355 千克/公顷，增产率达到了 9.16%，纯收益比常规施肥高出 3481 元/公顷，增加收益 8.24%。

4）茶树

（1）茶树的需肥规律

每生产 100 千克名优绿茶需施 N 12~15 千克，P_2O_5 3~4 千克，K_2O 8 千克。一般茶园施肥的氮、磷、钾比例为 3∶1∶2 为宜。此外，茶树需肥特点中还表现出喜铵，聚铝，嫌钙，低氯等特性，同时也表现出对铵态氮的偏爱。对幼年树，应提高磷钾比例；对青年树，也应提高磷的比例。

（2）茶树的施肥技术及效果

茶树施肥应有机、无机肥相结合，基肥、追肥相结合。茶树施肥氮、磷、钾比较合理的比例为 1∶0.3~0.5∶0.5~0.7，平均约为 1∶0.4∶0.6。在茶籽播种或茶苗定植前一般以有机肥和磷肥作底肥，每亩施厩肥或堆肥等有机肥 10 吨，增加茶园土壤有机质，改良土壤理化性质，促进土壤熟化，提高土壤肥力。稳定性肥料亩施用量约 150 千克，一年分两次施入。施入方法为，植株旁 15 厘米处开 10~15 厘米深的沟进行沟施。施肥时间 5 月上中旬一次，另一次施用时间一般在 11 月中下旬至 12 月上旬（以 20 年生茶树为参考）。

2009~2011 年福州市连江长龙华侨农场茶树试验示范结果显示，2009 年亩施 159 千克稳定性肥料处理和减量 20% 稳定性肥料处理的茶叶产量分别比传统施肥增加了 26.76% 和 24.31%；而 2010 年茶叶产量增产不明显，仅比传统施肥增加了 1.81% 和 0.11%，这可能与茶树受"倒春寒"有关；2011 年以 7.5‰NAM 处理芽头密度最高，比对照提高 11.75%，长龙华侨农场建红工区、芦峰工区和东方红工区共计示范推广 10.67 亩。

5）甘蔗

（1）甘蔗的需肥规律

甘蔗对氮、磷、钾的吸收量都很大，而且对钾的需要量大于氮、磷。以台糖 134 品种为例，每生产 5000 千克甘蔗吸收氮（N）2.3 千克、磷（P_2O_5）1.4 千克、钾（K_2O）2.7 千克。甘蔗一生可分为苗期、分蘖期、伸长期和成熟期 4 个阶段。在不同生长阶段吸收氮、磷、钾的状况不同，各个阶段的营养条件都会影响蔗茎产量、含糖率和蔗汁品质。发芽出苗阶段和分蘖阶段吸肥量很少，氮、磷、钾的吸收量都不到一生总吸收量的 1%；伸长阶段需肥量大大增加，吸收氮量为一生总吸收量的 50% 以上，吸收磷、钾多达 70% 以上。伸长阶段的始期是重点施肥期，而磷、钾宜适当提前施。成熟初期仍须增施肥料，该阶段氮的吸收量高达 40%、磷为 24%、钾为 15%。

（2）甘蔗的施肥技术及效果

底肥要以有机肥为主，与化肥配合使用，可为蔗芽迅速生发、根系伸长、分蘖早而壮创造良好条件。一般亩施充分腐熟的有机肥 1500~2000 千克，配以亩施纯氮磷钾67~80 千克。稳定性肥料基肥施用 35%、追肥施用 65%（5 月底），开沟施用后培土。施用基肥时肥料与土壤混合后，施入种植沟内，覆土下种。肥料不能直接与种茎接触，以免烧芽，追肥 N 占 70%，P 占 60%，K 占 70%。

2009 年在广东湖光农场柳秀队试验示范结果，稳定性肥料具有促进甘蔗分蘖、伸长及提高甘蔗叶片 SPAD 值的作用，并能节省肥料 16.7%~20.0%，减少施肥用工，能增加甘蔗蔗糖含量，增加产量 3.3%~4.5%，提高甘蔗蔗糖含量 2.1%~4.4%（相对值）。广东地区甘蔗最适合氮磷钾配比为 N：P_2O_5：K_2O=1：0.5~0.71：1.10~1.40，最适纯氮磷钾用量为 70~85 千克/亩。

2.4.3.3　蔬果类

1）马铃薯

（1）马铃薯的需肥特性

马铃薯需肥原则是：重农肥，增磷肥，合理用氮肥，补钾肥。每生产 1000 千克马铃薯，折合需纯氮（N）4.4~5.5 千克、磷（P_2O_5）1.8~2.2 千克、氧化钾（K_2O）7.9~10.2 千克，三者比例为 1：0.4：2，由此可见，马铃薯是典型的喜钾作物。马铃薯不同生育期对氮、磷、钾肥料的吸收量不同，幼苗期对氮、磷、钾肥料的吸收量分别为总吸收量的 6%、8% 和 9%，发棵期分别为 38%、34% 和 36%，结薯期分别为 56%、58% 和 55%。

（2）马铃薯的施肥技术与效果

施肥原则：以有机肥为主，施好马铃薯专用肥，以基肥为主，早施提苗肥。底肥：一般亩施有机肥 2000~3000 千克，稳定性肥料（16-8-18）80~120 千克，做底肥一次性施入。基肥的施肥方法，一般在耕地前，将肥料撒施地表，随耕地翻入土中，耕深以 20~25 厘米为宜。

2009~2011 年贵州农科院土壤肥料研究所马铃薯试验示范结果显示：稳定性肥料对马铃薯长势有明显的促进作用，并能明显增加叶片的叶绿素，有明显的增产作用，比常规施肥增产 141.0%，较自产专用肥增产 33.3%。

2）辣椒

（1）辣椒的需肥特性

辣椒为需肥量较多的蔬菜类型，每生产 1000 千克约需氮（N）5.19 千克、磷（P_2O_5）1.07 千克、钾（K_2O）6.46 千克。在各个不同生育期，所吸收的氮、磷、钾等营养物质的数量也有所不同，从出苗到现蕾、初花期、盛花期和成熟期吸肥量分别占总需肥量的 5%、11%、34% 和 50%，从初花至盛花结果是辣椒营养生长和生殖生长旺盛时期，也是吸收养分和氮素最多的时期，盛花至成熟期，植株的营养生长较弱，这时对磷、钾的需要量最多；在成熟果采收后，为了及时促进枝叶生长发育，这时又需大量的氮肥。

（2）辣椒的施肥技术与效果

施肥原则：以有机无机相结合和稳氮控磷增钾为主。亩施有机肥 3000~5000 千克作底肥，稳定性肥料亩施用量为 120 千克，一次性施入。

海南施用稳定性肥料处理辣椒产量达到 2400 千克/亩，增产率达到 26%，亩增收 1500 元。贵州辣椒施用稳定性肥料与习惯施肥相比，能增产 14.02%，与专用肥相比，能增产 10.22%，增产潜力在干旱年份仍能体现，并且对辣椒 Vc 有明显的促进作用。

3）胡萝卜

（1）胡萝卜的需肥规律

一般每生产 1000 千克胡萝卜，需氮（N）2.4~4.3 千克，磷（P_2O_5）0.7~1.7 千克，钾（K_2O）5.7~11.7 千克。其吸肥规律表现为：生育初期迟缓，中后期根系开始膨大时生长急速增加，养分吸收也随着生育量的加大而增加。在播种后的两个月内，各要素的吸收量不大，随着根部的膨大，吸收量显著增加，吸收量以钾最多，其次是氮、钙、磷和镁，依次减少。胡萝卜对氮的要求以前期为主，在播种后 30~50 天，适量追施氮肥很有必要。胡萝卜对磷的吸收较少，约为吸氮量的 1/3。当土壤中有效磷含量少时，增施磷肥的效果明显，随着施肥量增加，产量亦有增加的趋势。钾对胡萝卜的影响主要是使肉质根膨大，生产中应重视钾肥的施用，防止土壤缺钾，特别是在肉质根膨大期，要保证钾肥的供给。

（2）胡萝卜的施肥技术及效果

一般亩施腐熟有机肥 1000 千克和稳定性肥料 50~60 千克，作基肥一次性施入，施肥后深耕细耙。

2009~2011 年河北农业大学在保定进行的胡萝卜试验示范结果显示，施用 60 千克/亩的稳定性肥料可增产 23.0%。

4）加工番茄

（1）加工番茄的需肥规律

加工番茄是一种产量高、需肥多的作物，加工番茄每形成 1000 千克果实需吸收 N 2.144 千克，P_2O_5 0.486 千克，K_2O 3.479 千克。从番茄整个生育期的需肥情况来看，各个阶段需肥量是不同的，番茄植株干物质积累主要在盛果期，前期需肥少。在保证苗期肥料供应的同时，要特别注意氮、钾肥的中后期追施。

（2）加工番茄的施肥技术及效果

施肥原则是重施基肥，基肥以农家肥为主，增施磷、钾肥。当目标产量 4000~6000 千克/亩时，施用纯氮（N）14~16 千克/亩，磷（P_2O_5）6~8 千克/亩，钾（K_2O）8~10 千克/亩。一般亩施优质的腐熟有机肥 5000~6000 千克和稳定性肥料 60~70 千克，作底肥一次性施入。

2009~2011 年新疆农科院玛纳斯试验站加工番茄试验示范结果显示，一次性施用添加 NAM 的稳定性肥料可以增强加工番茄移栽后的健壮株型，起到了节肥近 20% 的效果，加工番茄在优化施肥量基础上添加 NAM 比常规施肥增加了 4035 千克/公顷，增加果实中番茄红素的含量，提高氮吸收利用率 29.45%，磷吸收利用率 12.53%。

5）苹果

（1）苹果的需肥规律

苹果树的需肥规律：根据对亩产 5000 千克以上的苹果园调查，氮磷钾比例 2∶1∶2，一般每生产 1000 千克果实需氮（N）4~7 千克，磷（P_2O_5）2~3.5 千克，钾（K_2O）4~7 千克；前期以氮为主，中后期以钾为主，对磷的吸收全年比较平稳。

(2) 苹果的施肥技术及效果

基肥：当年苹果采收后，施入农家肥。不同树龄的果实施肥量不同，亩产 1000 千克苹果，农家肥施用 1000 千克；亩产 2000 千克苹果，施用 2500~3000 千克农家肥；亩产 3000 千克苹果，施用 3000~5000 千克农家肥。同时施入稳定性肥料 30~40 千克。

追肥：可在土壤化冻后至苹果发芽前（3 月 10~30 日）施用，亩施稳定性肥料50~60 千克。

西北农林科技大学在渭北旱塬进行了苹果稳定性肥料的试验结果显示，稳定性肥料比习惯施肥增产 25.2%~27.7%，示范试验增产率 16.6%~24.4%，7 厘米以上大果率提高 17.4%~19.7%。稳定性肥料减少 20%施用量处理比习惯施肥增产 5.7%~12.0%。

6）龙眼

(1) 龙眼的需肥规律

龙眼是多年生常绿果树，定植后，根系不断地从土壤中长期地有选择性地吸收某些营养元素，容易造成某些营养元素亏缺，这在生产上就需要不断补充。据分析，每产 100 千克鲜果全年施氮（N）量 2.0 千克，五氧化二磷（P_2O_5）1 千克，氧化钾（K_2O）2 千克，氮、磷、钾比例（N：P_2O_5：K_2O）以 1：0.5~1：1~1.5 为宜。全年的施肥量可分若干次施入。通常花前肥约占全年施肥量的 10%；壮果肥约占 20%；采前肥约占 20%；采后肥约占 20%；冬肥约占 30%。

(2) 龙眼的施肥技术及效果

施用稳定性肥料可减少施肥次数，在 2 月份（鱼籽期前）利用断根沟施用 50 千克/株鸡鸭粪的底肥，5 月底（幼果期）施入稳定性肥料 1.2~1.4 千克/株。9 月中旬（采果后）再次施入 1.2~1.4 千克/株（以 20 年生为依据）。

福建省农科院土壤肥料研究所田间试验示范结果表明：100%、90% 和 80% 稳定性肥料处理龙眼产量分别比传统施肥高 28.68%、28.03% 和 13.56%，70% 稳定性肥料处理的龙眼产量与传统施肥的相等，且稳定性肥料对龙眼产量的影响随施用时间的延长有累积的效果，肥效较长；所有添加 NAM 处理的龙眼产量均高于传统施肥，增产幅度在 12.20%~24.92%，其中以配施 8‰NAM 处理的龙眼产量最高，为 20.59 千克/株。

7）菠萝

(1) 菠萝的需肥规律

菠萝的生长需要大量的氮，较多的钾和少量的磷。一般每生产 1000 千克时，需吸收氮（N）3.79 千克、磷（P_2O_5）1.1 千克、钾（K_2O）7.4 千克。三者的比例为 1：0.28：1.92。菠萝的营养生长期需氮多，氮磷钾的比例为 17：10：16；在开花结果期需钾多，磷次之，氮较少，比例为 7：10：23，因此施肥时，从吸芽萌生到花芽分化开始的营养生长阶段，以氮为主，配合适量的磷钾肥；在吸芽萌生后施入，以满足苗株生长，为结果打好植株基础。花芽分化至果实成熟的生殖生长阶段，以钾为主，磷第二，氮第三。

(2) 菠萝的施肥技术及效果

施肥原则：坚持氮磷钾配合施用，前期勤施、薄施，中期重施，后期补施，特别是前期多施氮磷肥、后期施重钾肥，不施或少施氮肥。

施肥方式：根部追肥（沟施和穴施，撒施）；根外追肥，主要是叶面肥。

施用量：当亩产1000~2800千克时，每亩氮、磷、钾三要素的施用量（按纯量）：氮（N）为35~60千克、P_2O_5为14~40千克、K_2O为13~50千克，

建议菠萝使用稳定性肥料90~130千克/亩，其中30%基施，70%追施。

2009~2011年广东茂名地区稳定性肥试验示范结果显示，在节省氮、磷、钾20%的情况下，稳定性肥料处理的菠萝D叶宽度增加10.9%，重量增加19.4%，明显促进了巴厘品种的生长发育，使叶片更宽、更重，从而有利于结大果，提高巴厘菠萝产量、单果重和商品果率，分别提高7.4%、7.2%、5.7%。

8）香蕉

（1）香蕉的需肥规律

香蕉茎叶庞大，生长迅速，生长量大，产量高，决定了其需肥量大的特点。据统计，每生产1000千克香蕉吸收氮（N）5.9千克，磷（P_2O_5）1.1千克，钾（K_2O）22千克，矮秆香蕉吸收氮（N）4.8千克、磷（P_2O_5）1.0千克、钾（K_2O）18千克。香蕉是典型的喜钾作物，不同香蕉品种全生育期氮、磷、钾养分吸收比例大致相同，平均为1∶0.2∶3.5~4.5。香蕉全年不同生育阶段对氮、磷、钾吸收比例大致相同，平均也大体为1∶0.2∶3.5~4.5。香蕉各生育阶段氮、磷、钾吸收量，第一造以孕蕾期>果实发育成熟期>营养生长期；第二造以果实发育成熟期>孕蕾期>营养生长期。

（2）香蕉的施肥技术及效果

香蕉在其生长年周期中，需要多次施肥，全年约为10~15次。根据2009~2011年稳定性肥料在海南儋州和澄迈的试验示范结果表明：亩施80~100千克稳定性肥料具有显著促进生产的效果。澄迈地区的单株香蕉产量为24千克/亩，常规施肥的为21千克/亩，增产率为14.3%；儋州地区的产量为22.5千克/亩，常规施肥的为19千克/亩，增产率为18.4%。从经济价值分析，以每亩160株香蕉计，以每千克香蕉3.5元计，则澄迈地区增收为1680元/亩，儋州地区增收为1960元/亩。同样从投肥次数上而言，稳定性肥料比常规施肥少7次，每次仍以50元计算，则投肥成本节约了350元。澄迈和儋州地区两地增加收入分别为2030元/亩和2310元/亩。

2.5 标准与检测

《稳定性肥料》行业标准已于2011年3月正式开始实施，作为世界上首个稳定性肥料国家级标准，此标准的实施，使得稳定性肥料的质量检验有法可依，标志着稳定性肥料的发展步入了一个新的阶段。

2.5.1 稳定性肥料标准

2007年前后我国缓控释肥料年产量已达到近40万吨，其中近90%是含有抑制剂的稳定性肥料，包括长效缓释复合肥、缓释尿素和长效碳酸氢铵，在农业生产中已得到广泛应用。但此时制定的氮肥抑制剂及稳定性肥料标准均是企业标准，无统一标准，造成市场的混乱，致使抑制剂和稳定性肥料的生产比较紊乱，质量参差不齐，执法部门无法

可依，给管理带来了很大难度，使消费者蒙受了巨大损失，同时影响了稳定性肥料的发展。

为了保证新型市场的发展，保证产品品质，保护农民的利益，使脲酶抑制剂和硝化抑制剂能为我国的农业经济发展，保证为良好的生态环境做出应有的贡献，需要制定稳定性肥料行业标准，规范此类产品的生产、销售、使用和质量监督，保证市场的健康发展。

根据发改办工业【2008】1242 号《国家发展改革委办公厅关于印发 2008 年行业标准计划的通知》，《稳定性肥料》被正式列入 2008 年行业标准项目计划。中国科学院沈阳应用生态研究所自 20 世纪 90 年代以来，一直从事抑制剂及稳定性肥料的研究，取得多项研究成果，具备了承担稳定性肥料标准制定的技术优势。因此联合国家化肥质量监督检验中心（上海）起草，山东施可丰化工股份有限公司、黑龙江爱农复合肥料有限公司和郑州大学等单位参入，共同完成该标准的制定工作。

2.5.2　标准指标的确定原则和指标检测方法

2.5.2.1　确定标准的检测指标

稳定性肥料的核心-脲酶抑制剂和硝化抑制剂的种类繁多，并不断有新的产品被开发出来，如果采用检验抑制剂种类和含量的方法，则需要检验的指标过多，会造成新出现的抑制剂品种无法被检验的问题。因此借鉴国际上包膜肥料标准采用检验产品的使用效果为衡量标准，即几种条件下的溶出率，以评价产品质量。《稳定性肥料》行业标准采用一个科学合理的检验方法，即检验脲酶抑制剂和（或）硝化抑制剂的作用效果，而非检验抑制剂的量来评价产品是否合格。

脲酶抑制剂的作用在于延缓尿素水解，一定时间后一定条件下，稳定性肥料中尿素存留量比同基质肥料中尿素的存留量要大，因此采用两者的差异大小评价脲酶抑制剂的效果；同理硝化抑制剂的作用为减缓硝态氮的形成，在一定时间后一定条件下，稳定性肥料中硝态氮的存留量要比同基质肥料中硝态氮的存留量要小，采用两者的差异大小评价硝化抑制剂的效果，所以评价指标定为尿素残留差异率和硝化抑制率。抑制剂在基质肥料中的添加量很低，对于基质肥料的性状影响可以忽略不计，因此其他指标如水分含量、粒度、氮含量等只要符合基质肥料指标即可。

2.5.2.2　确定标准检测指标的测定方法

计算尿素残留差异率以及硝化抑制率，需要测定某个时间点处理中尿素含量和（或）硝态氮含量。尿素的测定方法也较多，最终借鉴了标准 GB/T18204.29-2000《游泳水中尿素测定方法》，硝态氮的测定使用农化分析中的经典方法——紫外比色法。

2.5.2.3　检测指标条件和值的确定

温度：尿素残留量的测定采用 40℃下水浴培养。由于脲酶的活性在 60℃左右之内随着温度的升高而加大，进行试验条件筛选时进行了 25℃、35℃、40℃、50℃等几个温度的试验，温度较低时反应较慢，温度较高时水分的损失较大。确定 40℃后进行了一系列的单独试验，比较稳定，40℃也接近于土壤中微生物的最高活性点 37℃。而亚硝化细菌菌株的培养温度为 30℃，美国 ATCC 提供的资料培养温度为 26℃，生长过程缓慢，查阅了一定的资料后，进行适当的提高，使用土壤测定 NO_3^- 的过程。

培养基：活化亚硝化细菌菌株采用的 1 号培养基为美国 ATCC 官方指定的培养基。在测定样品中使用的 2 号培养基在 1 号培养基中减除了氮源硫铵。

缓冲液：缓冲液的配制方法采用了 GB/T8622-1988 大豆制品中尿素酶活性测定方法中的缓冲液的配制方法，并且配置了几个浓度。加 100 毫升下进行了 1 倍、2 倍、2. 5 倍、3 倍的浓度试验。结果表明在 2. 5 倍时，效果显示最好，最适合于尿素的水解以及氨态氮的转化。

氮量的添加：使用土壤脲酶的和硝化细菌的试验中氮的使用量和土量经过一系列的筛选试验组合，如果肥料过多，而土量过多，尿素或者氨态氮的转化较慢，需要的时间较长；如果肥料过少，土量过多，肥料中含有的抑制剂不能够抑制土中的脲酶活性或硝化细菌的活性。最后确定 10 克±0. 46 克纯氮（如果为尿素类，使用 1 克尿素）。使用亚硝化单胞菌菌株的试验中氮的添加量按美国 ATCC 提供的培养基中添加的氮量按比例换算而来。

检测指标的值：标准中规定尿素残留差异率≥25%，硝化抑制率≥6%是通过根据大量大田实验来确定的，以保证产品的农业生产效果，同时又不会因为指标过高限制了企业的产品进入和市场的发展。

该标准 2009 年 12 月 2 日至 5 日在云南省景洪市召开了全国肥料和土壤调理剂标准化技术委员会 2009 年年会暨标准审查会会议。2011 年 3 月 1 日《稳定性肥料》(HG-T 4135-2010)行业标准正式颁布实施。

2. 6　发展趋势与展望

“十一五”期间经过科研单位、大学、企业及国家农技部门的研究、实践和推广，稳定性肥料技术逐渐成熟，并逐步得到了企业和农民的认可，成本优势也已经得到了体现。在“十二五”期间，国家节能减排政策的进一步深入，农业劳动力的流失，农业面源污染压力加大等因素必将推动稳定性肥料的加快发展。作为一个新的高科技化肥产品和新技术，稳定性肥料的发展必须有后续的技术升级作为后盾，同时与基质化肥的发展紧密结合，才能为农业丰收、节省资源、环境保护等起到更大的作用。稳定性肥料的未来发展主要集中在以下几方面：

筛选更高效的脲酶抑制剂和硝化抑制剂，应用到稳定性肥料生产中，节约成本。稳定性肥料与包膜肥料和脲醛类肥料相比，成本已具有一定优势，为了进一步降低成本，需要筛选更高效的硝化抑制剂和脲酶抑制剂。

更多地应用到环保领域。由于脲酶抑制剂对于降低氨挥发的作用，硝化抑制剂对于降低硝酸盐对地下水及地表水的污染和农田温室气体排放的显著作用，脲酶抑制剂和硝化抑制剂除了农业上的应用，也将被应用到环保领域（如氮肥增效抑污剂）用于降低氮肥过量施用造成的不良环境影响。相关的产品将被研发生产。

脲酶抑制剂和硝化抑制剂不是作用于化肥本身，而是作用于土壤酶及微生物，土壤酶和土壤微生物的活性受土壤类型及气候条件的影响。我国土壤类型种类较多，从南至北，气候变化多样。所以需要研究适合不同土壤类型及气候区域的产品，将抑制剂的使用量进行细分。结合测土配方施肥和作物需肥规律，确定稳定性肥料的养分含量及抑制剂的使用类型及使用量。

化肥的种类及生产工艺在日新月异的发展和提升，新的化肥产品不断涌现，生产工艺不断提升和改进。脲酶抑制剂和硝化抑制剂如何与新产品结合，应用到新的工艺上，是稳定性肥料保持生命力的基础。

将稳定性肥料多功能化。稳定性肥料作为一个载体，添加其他一些生产资料，如杀虫剂、杀菌剂、除草剂等。使其具有多种功能，对于节省劳动力、生产成本、物流成本等具有积极的意义。

稳定性肥料与其他一些新型肥料产品的结合，如包膜肥料、多肽肥料、聚氨基酸类肥料等。探索稳定性肥料与之间是否存在协同作用，更好地提高养分利用率，更好地提高作物品质。

稳定性肥料由于本身的技术和成本优势，必将在我国农业生产中得到更大规模的应用。对于降低农业成本投入，节省劳动力，保护环境等方面起到越来越重要的作用。需要相关科研单位及生产企业加大对稳定性肥料的升级研发及推广力度，使稳定性肥料对于降低农业成本投入，节省劳动力，保护环境等方面起到越来越重要的作用。同时引领我国化肥及农业生产资料的整体发展和升级换代。

参考文献

1　HG-T 4135-2010
2　石元亮等. 长效复合肥的发展现状与前景预测. 中国科技成果，2004，13：4-8
3　罗斌等. 我国缓控释肥料的研究现状与展望. 化肥设计，2010，48（6）：58-60
4　石元亮等. 缓释长效肥的现状与前景. 第二届中国农资发展论坛论文集，2008，71-76
5　武志杰等. 缓释/控释肥料——原理与应用. 北京：科学出版社，2003
6　段立松. 氨酸法工艺在复合肥料生产中的应用. 磷肥与复肥，2009，24（1）：53-55

第3章 水溶性肥料

3.1 概念、范畴与国内外进展

3.1.1 水溶性肥料的概念范畴

水溶性肥料（Water Soluble Fertilizer，WSF），顾名思义，是指可以完全溶于水的单质化学肥料或多元复合肥料，经水溶解或稀释，可以用于灌溉施肥、叶面施肥、无土栽培、浸种蘸根等用途的液体或固体肥料。水溶性肥料因为能完全溶解于水中，所以更容易被作物吸收利用，速溶、无残渣、吸收率高、见效快、施用方便等是水溶性肥料的显著优点，而且通过应用于喷、滴灌等设施农业，可以实现水肥一体化，达到节水、省肥、省工的效果。因此，它在全世界得到广泛应用，被广泛用于温室蔬菜、花卉、各种果树与大田作物的灌溉施肥，以及园林景观绿化植物与高尔夫球场，甚至家庭绿化植物的养护。

水溶性肥料可以含有作物生长所需要的全部营养元素，如氮、磷、钾大量元素以及钙、镁、硫、铁、锰、铜、锌等中、微量元素，也可以加入溶于水的有机物质（如腐植酸、氨基酸、植物生长调节剂等），而且可以根据土壤养分丰缺状况与供肥水平以及作物对营养元素的需求来确定养分的种类和配比，配方灵活多变，肥料类型也多种多样，包括一些传统的单质肥料和部分含两种养分的水溶性化学肥料，如硫酸铵（含N、S）、尿素（含N）、硝酸铵（含N）、磷酸铵（包括磷酸一铵、磷酸二铵，含N、P）、氯化钾（含K、Cl）、硫酸钾（含K、S）、硝酸钾（含N、K）、氯化铵（含N、Cl）、碳酸氢铵（含N）、磷酸二氢钾（含P、K）和具有国家标准的单一微量元素肥等肥料，以及其他配方水溶性肥料产品和改变剂型的单质微量元素水溶性肥料等。对于复合型水溶性肥料，为了识别其不同组成成分，一般用$N\text{-}P_2O_5\text{-}K_2O+TE$或者$N\text{-}P_2O_5\text{-}K_2O+ME$来表示水溶性肥料中的不同配比，其中，TE（trace element）或者ME（micronutrient element）是表示肥料中含有微量元素，如20-20-20+TE，则表示这个配方的水溶性肥料中的总氮含量是20%，五氧化二磷20%，氧化钾20%，并含有微量元素，或者用具体的中、微量元素符号和含量来表示含有某种中、微量元素及其量。由于中、微量元素溶解性低而且易与其他养分形成沉淀，一般采用螯合态，既可以提高中、微量元素的浓度，还利于提高作物对中、微量元素的吸收利用，而且还可以提高水溶性肥料的混配性，避免与其他养分混配时出现沉淀反应。

与常规肥料相比，施用水溶性肥料具有以下一些特殊的优点：

(1) 养分吸收快，肥效好，效率高。水溶性肥料完全溶解于水中，养分呈离子态，作物可以直接吸收利用，而且通过叶面喷施或滴灌施肥，养分直接施于作物叶片或根部，被叶片和根系直接吸收利用，缩短了养分到植物体的运输距离，减少了养分在土壤中的吸附固定、淋溶和生物降解等的损失浪费，提高了养分利用率，可显著降低肥料使用量。如叶面施肥，将养分直接喷施于作物叶面，各种营养物质可直接从叶片进入植物体内，直接参与作物的新陈代谢和有机物质的合成，故其速度和效果都比土壤施肥的作用来得快。研究表明，肥料叶面喷施要比施于根部土壤养分吸收得快，作物叶片对养分的吸收速率远大于根部，效果显著。生产实践也证实了这一点，如：尿素施于土壤要经过 4~6 天才见效，叶面喷施数小时即可达到养分吸收高峰，只需 1~2 天就能见效[1]；叶面喷施 2% 浓度的过磷酸钙浸提液，经过 5 分钟后便可转运到植株各个部位，而通过根部土壤施用过磷酸钙 15 天后才能达到此效果。表 3-1 列出了几种常见的作物叶片对喷施养分吸收 50% 所需的时间[2]。由此可见，叶面施肥可以在短时间内补充植物所需养分，及时满足植物生长对养分的需求，从而能够保证作物的正常生长发育。生产实践证明，利用水溶性肥料施肥，是目前最高效的施肥方法，可以成倍地提高肥料利用率，一般常规土壤施肥当季肥料利用率平均为 30%～40%，而灌溉施肥肥料利用率可达到 60%～70%，叶面喷施则可高达 80%～90%，因此，水溶性肥料养分利用率差不多是常规复合肥料的 2~3 倍。

表 3-1　作物叶片对喷施养分吸收 50%所需的时间

喷施养分	作物	吸收 50% 养分的时间/小时	喷施养分	作物	吸收 50% 养分的时间/天
N（尿素）	黄瓜、玉米、番茄	1~6	P	扁豆	6
	芹菜、马铃薯	12~24		苹果	7~11
	烟草	24~36		甘蔗	15
	苹果、菠萝	1~4	K、Ca	扁豆、甘蔗	1~4
	咖啡	1~8	Mn、Cl、Zn	扁豆	1~2
	柑橘	1~2	S	扁豆	8
	香蕉、可可	1~6	Fe	扁豆	1（吸收 8%）
			Mo	扁豆	1（吸收 2%）

（2）满足作物特殊性需肥，针对性强，可以及时有效的矫正作物缺素症。水溶性肥料可以实现为解决作物某种生理性营养问题或对某种肥料的特殊需要而进行施肥。根据土壤养分丰缺状况、土壤供肥水平以及作物对营养元素的需求来确定养分的种类和配方，通过叶面喷施或灌溉施肥及时补充作物缺乏的养分，有效地改善或矫正作物的缺素症状，特别是微量元素缺素症，通过叶面喷施补充微量元素具有一些根部施肥无法比拟的优点（表 3-2）[3]，可以解决农业生产中的一些特殊问题，如葡萄缺镁而引起的颈部枯萎和果实凋落，只有叶面喷施镁肥才有效。

（3）用于喷施和灌溉施肥，实现水肥一体化。水肥一体化（fertigation）是将灌溉（irrigation）与施肥（fertiliziation）融为一体的农业新技术。因水溶性肥料完全溶解于水中，不会堵塞灌溉设备的过滤器和滴头，可保障灌溉系统安全运行，是灌溉施肥系统最好的肥料，在所有肥料中成为水肥一体化的首选肥料。通过不同灌溉方式将肥料和灌溉水一起施到根系周围土壤，采用水、肥同施，以水带肥，发挥肥水协同效应，使肥料

表 3-2　叶面喷施和土壤施用 $CuSO_4$ 对小麦产量及其产量组成因子的影响

施用方式	施用量/(千克 $CuSO_4$/公顷)	穗数/m^2	粒数/穗	籽粒产量/(克/平方米)
土壤施用	2.5	28.8	2.3	1.0
	10.0	58.5	2.9	2.3
叶面喷施 2%（拔节时施 1 次）	2	63.8	17.1	14.0
叶面喷施 2%（拔节及抽穗期各施 1 次）	2	127.4	52.7	79.7

和水分的利用效率都明显提高。利用水溶性肥料与喷灌、滴灌相结合，可以做到只给作物施肥、喝水，而不是给土壤，不仅实现了水肥一体化，而且可以做到施肥少量多次，还可以结合防治病虫害与化学药剂混合施用，既提高了施肥效率，也可以减少施肥总量、降低环境污染的风险、节约劳动力、促进作物高产优质，一举多得。因此，施用水溶性肥料具有节水、节肥、省工、高效、环保、高产、优质的优点，是一种高效、节能、环保的施肥方式。

（4）养分全面、配方灵活，施肥方便，不受作物生育期影响。一般而言，水溶性肥料可以含有作物生长所需要的全部营养元素，如，大量元素（N、P、K）、中量元素（Ca、Mg、S）以及各种微量元素（Fe、Mn、Cu、Zn、B、Mo）等，而且这些元素养分的种类、配比及浓度可以根据土壤养分供应状况、作物生长的需肥规律与营养需求特点以及作物不同长势及不同生育期对各种营养的不同需求来设计，根据实际需要随时进行调整，因此，水溶性肥料配方非常灵活。利用水溶性肥料实施水肥一体化，随水施肥，在作物整个生育期的任何时期都可以实施，尤其是在作物植株长大封垄后，给传统的根部土壤施肥带来不便，而叶面喷施和滴灌施肥基本不受植株高度、密度等的影响，施肥方便。

3.1.2　国内外研究进展

国际上，水溶性肥料的研究与应用首先是以叶面施肥的方式发展的，早在世界古代农业生产实践中就有对作物进行营养喷施的经验，例如，古希腊应用废水淋洒作物，在中国古代也有运用尿液喷浇作物叶片的记载，但真正作为科学研究与肥料产品应用则是始于近代。早在 20 世纪 20 年代，前苏联和美国等发达国家就开始研制叶面肥，但最早报道利用水溶养分进行叶面施用可以纠正植物营养失调现象的研究者是 19 世纪 40 年代的法国植物学家 E. Gris，他通过把 $FeSO_4$ 溶液涂抹在葡萄叶片上实现了缺铁黄化现象的纠正。到 1940 年，美国开始应用尿素进行根外追肥，20 世纪 60 年代，日本和西欧相继出现了商品叶面肥，我国于 20 世纪 80 年代初也开始研制叶面肥。随着世界水资源日益匮乏和由于施肥不合理带来的环境风险加大的情况下，滴灌、喷灌等具有显著节水功能的新型灌溉方式在世界范围内得到重视和推广，水溶性肥料得以迅猛飞速的发展，世人也逐渐认识到水溶性肥料的重要性。

3.1.2.1　国外的发展

从施用技术的发展历史来看，国外水溶性肥料研究与应用大致可划分为三个阶段[4]：

第一阶段，20 世纪 20~60 年代，为第一代叶面肥料发展阶段，肥料组分主要选用溶解性及配伍性好的无机盐类，配制技术相对简单，养分种类少、浓度低，作物吸收及应用效果不稳定。

第二阶段，20 世纪 60~80 年代，叶面肥料产品养分种类增多，在产品中添加中微量元素，以螯合态微量元素为主，在肥料配方中加入了螯合剂和表面活性剂等助剂，提高了养分浓度与吸收效率，并开始有一些作物专用的配方叶面肥料，同时，对叶面营养机理也进行了大量研究，叶面肥料的应用效果有了很大程度的提高；特别是自 20 世纪 60 年代以色列创造了滴灌技术以来，世界多国相继推广应用。随滴灌技术在国际上的推广应用与发展，配方水溶性肥料配合微灌溉系统应用越来越广泛，水溶性肥料的研究也越来越深入。

第三阶段，20 世纪 80 年代以后，水溶性肥料开始向综合化发展，产品中除了含有多种养分外，还加入了氨基酸、生长调节剂、黄腐酸等大量有机活性添加物，并可与农药配施，既可直接提供作物养分，又具有刺激生长、改善养分吸收、防治病虫害的作用，水溶性肥料走向多功能化。

近年来，随着人们对环境与食品安全问题的重视，水溶性肥料的研究向高效、环保、安全的方向发展。

为了提高水溶性肥料的应用效果，国外的研究与应用强调提高产品的有效浓度，降低陪伴离子的含量等，因为提高肥料的有效养分含量，就意味着有害副离子含量下降，有利于提高水溶性肥料的施肥效果以及施肥的安全性。因此，美欧等发达国家比较重视产品有效养分的含量与吸收效率的研究，重视化学原料的配伍性能以及提高养分的吸收效果，在提高产品有效成分含量以及开发高效表面活性剂、螯合剂等助剂研究方面做了大量工作。

在养分形态、比例选择方面，应用一些新的化工原料，如氮肥在尿素［$(NH_2)_2CO$］与硝酸铵（NH_4NO_3）合理比例的基础上，添加甲醛，以增加叶片吸收氮的数量；磷肥、钾肥采用了聚磷酸盐、焦磷酸钾、乙酸钾、甲酸钾、丁二酸钾等新的养分形态；再如，聚磷酸铵是一种低氮高磷复合肥，有溶解性、分散性好等优点，可以与中、微量元素发生螯合反应，能与氮溶液、尿素、氯化钾等原料配制多种复合肥，其盐析温度可达 0℃以下，有些可达-18℃，便于寒冷地区贮藏，肥料性能良好。而对中、微量元素水溶性肥料，则研发应用新的化合物来提高养分浓度和水溶性，如开发高含量硼肥，采用八硼酸钠（$Na_2B_8O_{13}.4H_2O$，含硼 21%）和八硼酸钾（$K_2B_8O_{13}.4H_2O$，含 B 19.6%，K_2O 20%），与传统硼肥硼砂（B 含量为 10.8%）和硼酸（B 含量为 17%）相比，其二者的硼含量以及水溶性都大幅度提高，而且八硼酸钾还含有 20% 的 K_2O，大大提高了施肥效果[5]。

在养分助剂的研发中，重视小分子有机物质的应用，如糖醇钙肥料，由于采取了小分子糖醇类（如山梨糖醇、甘露糖醇等）作为螯合剂，可以显著提高钙元素在植物体内的运输能力。根据不同作物的叶片特点，提高肥液的叶面铺展与渗透能力，如在叶面肥料产品中加入有机硅表面活性剂（Silwet 系列），可以将喷施液表面张力降低到

23 毫牛顿/米左右，显著增加肥液在大多数作物叶片表面的润湿，提高养分的吸收效率[5]。

通过开发生产新工艺和优化生产线来提高肥料产品的养分浓度，例如，采用悬浮技术生产锌、铁、锰等微量元素肥料，部分产品氧化锌悬浮液其有效锌的含量可达到70%以上。

在国际上由于一些工业国家对肥料产业投入研究较早，其国内的化学制剂业、化工机械业的配合，特别是在一些工业比较发达的国家，随着喷/滴灌等节水农业措施的迅猛发展，再加上设施化、机械化、自动化等现代化农业、高附加值农业种植和管理模式与技术的发展，水溶性肥料产业化及产品的生产与推广应用均已相当成熟，如在美国，液体肥料占总肥料量的38%，液体肥料生产企业近3000家，全国25%的玉米、60%的马铃薯、32.8%的果树均采用水肥一体化技术；在以色列，由于灌溉施肥全面普及，肥料产品90%都是水溶性肥料，80%的水浇地运用水肥一体化系统，所有的温室作物的施肥全部通过灌溉系统来完成，全国水肥一体化应用比例高达90%以上，其水溶性肥料以液体肥料为主，大概占整个肥料产品的80%~90%，全国液体肥料工厂生产400多个配方，满足全国各地各种作物不同生长阶段的需求，以色列海法化学工业公司在20世纪70年代初即开始水溶性肥料的研究和推广，其产品远销世界各地。

目前国际上比较有知名度的一些水溶性肥料生产企业主要包括：全球最大的水溶性肥料——智利化学矿业公司（SQM），挪威雅冉（YARA）公司，英国欧麦思（Omex）公司，以色列海法（Haifa）公司，德国圃朗特（Planta）公司，美国施可得（Scotts）、果茂（Grow More）、护绿（Greencare）和Plant-marvel公司，加拿大植物产品（Plant-prod）公司等，这些企业在水溶性肥料生产方面在国际上都已走在了前面。

3.1.2.2 国内的发展

虽然我国叶面肥使用历史悠久，早在清代就有农民用河泥粪施在水稻叶面上可促进水稻生长的记载，但由于我国化肥工业发展较晚，对水溶性肥料的研究与应用也较其他国家晚。在发达国家，水溶性肥料因具有使用方法简单、方便安全、肥效快、养分利用率高、施肥量易于调控等特点，被广泛用于温室中花卉以及大田作物的灌溉及叶面施肥，园林景观绿化植物和高尔夫球场的养护，甚至应用于家庭绿化植物的养护等。而在我国，由于受肥料生产工艺的限制、进口肥料价位高及传统施肥习惯的影响，水溶性肥料的发展和应用较为缓慢，在相当一段时间内仅以叶面喷施应用较广。后来，由于中国花卉产业的飞速发展及市场对高品质花卉的需求，水溶性肥料也开始逐步被广大国内专业种植者所接受，用于盆花、草花、鲜切花种植和高尔夫球场养护等方面；特别是近年来，随我国节水灌溉的发展与推广应用，水溶性肥料作为与之匹配的肥料也迅速发展起来。

纵观我国化肥发展史，历时不足80年，最先发展的是氮肥工业，最早是在1935年和1936年分别在南京和大连各建成一套硫酸铵生产装置，进行硫酸铵的生产与应用；1956年，氮肥工业设计院编制设计了建设年产5万吨合成氨的省级厂、年产1万吨合成氨的区级厂和年产2000吨合成氨的县级厂；1958年，我国自建的第一套小氮肥实验装置在上海化工研究院建成，之后，我国化肥工业得到了迅速发展，先后经历了硫铵、小氮肥碳酸氢铵、尿素、过磷酸钙、磷酸一铵、磷酸二铵、氯化钾、硫酸钾、低浓度复合肥、高浓度复合肥、BB肥的不同阶段，而我国真正将水溶性肥料叶面喷施应用于农业生产是始于20世纪50年代。

与国际水溶性肥料发展历程相似，我国水溶性肥料的发展同样也是首先以叶面肥料的形式开始应用和发展起来，其发展历程也大概划分为三个阶段[5]：

第一阶段，20世纪50~70年代，叶面肥料发展初始阶段，主要是应用单一无机盐，简单溶解用于农业生产，如对大田作物喷施尿素和草木灰浸泡液等以促进作物生长、提高产量，对果树喷施硫酸锌和硫酸亚铁溶液以改善和矫正锌、铁缺素症状，叶面喷施磷酸二氢钾来提高小麦籽粒产量和抗干热风等。然而，那时既没有专业术语“叶面肥料”和“叶面施肥”，也没有相当的科研关注和投入，当然也没有规模化的叶面肥料产业。直到70年代末，随着国外少许叶面肥料产品的流入，国人逐渐关注叶面肥料的研究和应用，始有少量小企业进行投资生产叶面肥料。

第二阶段，20世纪80~90年代，我国叶面肥料发展较迅速，产品由单一无机盐的简单混溶体系发展为养分、助剂等组成的复合体系，研究、生产与应用得到发展，出现了以广西喷施宝公司为代表的一批叶面肥料生产企业，极大地促进了我国叶面肥料应用与研究的发展。但各种叶面肥料的应用效果不同，特别是早期的叶面肥料品种比较单一，且大多以大量元素为主，由于主要是用于叶面喷施，而作物对大量元素的需求较大，叶面喷施肥料用量较少，因此叶面施肥增产效果不十分明显，主要应用于作物各种缺素症状的防治和矫正。

第三阶段，20世纪90年代后，经过几十年的更新发展，我国叶面肥料也已有数千种产品，叶面肥料的开发和应用发展迅猛，在品种和功效方面迅速增长，产品功能向综合化发展，含有多种养分和大量植物生长活性物质，并可与农药配施，具有刺激生长、改善养分吸收、防治病虫害等多功能性，市场需求也加大，一些国外产品也逐渐大量进入我国市场。特别是随着节水灌溉技术的发展，叶面肥料也改称为水溶性肥料，其产品种类和应用面也得以极大程度拓宽，灌溉施肥技术促进了多元水溶性肥料的生产和肥料类型的更新，因此，水溶性肥料的发展与应用取得了很大的进展，施用效果（增产）也越来越明显。

但相比国际发展，我国的水溶性肥料发展与应用方面和其他发达国家的差距还较大。我国自20世纪70年代引进滴灌技术，但水肥一体化技术应用发展较慢，主要原因有：①我国农业生产以散户为主，缺乏规模化农场，不利于应用节水灌溉系统；②灌溉设备和水溶性肥料价格较高，一度被称作“昂贵技术”，仅用于部分高附加值的经济作物；③灌溉设备和水溶性肥料产品技术不配套，灌溉设备生产技术发展滞后，水溶性肥料产品质量较差；另外，还有我们对灌溉施肥的发展应用重视不够等；这些都是限制我国水肥一体化技术和水溶性肥料发展应用的影响因素。因此，一直以来我国对水溶性肥料的应用局限于叶面喷施，对可以与节水灌溉相结合、实现水肥一体化的水溶性肥料的研究开发和应用在技术上、规模上都远落后于发达国家。

进入21世纪以来，水资源的匮乏，促进节水农业的迅猛发展，引导施肥方法、施肥设备、肥料品种、肥料结构以及肥料市场发生重大变化，水溶肥料符合节水农业对肥料的新要求，随着我国设施灌溉技术的发展与推广应用，水溶性肥料成为我国迅速发展的新型肥料之一，产品向多功能、专用系列发展，水溶性肥料的应用也逐渐成为我国集约化农业生产中促进高产优质的一项重要技术措施，在农业领域得到推广应用。

近年来，随着我国水溶性肥料市场的快速发展，水溶性肥料产品种类也逐渐丰富，品种名目繁多，新产品不断涌现。据农业部国家化肥质量监督检验中心（北京）产品登记记录，1990 年叶面肥料登记仅有含氨基酸叶面肥料、含腐植酸叶面肥料和微量元素叶面肥料三大类，到 2005 年登记产品类型已扩增为大量元素水溶性肥料、微量元素水溶性肥料、中量元素水溶性肥料、含氨基酸水溶性肥料、含腐植酸水溶性肥料、含海藻酸水溶性肥料以及有机水溶性肥料等 7 大类（2010 年，产品登记类型调整为大量元素水溶性肥料、微量元素水溶性肥料、中量元素水溶性肥料、含氨基酸水溶性肥料、含腐植酸水溶性肥料和有机水溶性肥料 6 大类）。其中，以微量元素水溶性肥料和含氨基酸水溶性肥料的产品数量最多。2001 年，农业部登记新型产品为 8 个，2002~2005 年，每年新登记产品约为 50 个，主要增加的是含中量元素、海藻酸水溶性肥料和有机水溶性肥料等，在登记肥料新产品中，近九成是含腐植酸水溶性肥料、微量元素水溶性肥料、含氨基酸水溶性肥料和大量元素水溶性肥料[4]。

我国水溶性肥料产品不仅种类丰富，而且近年来产品数量也增长迅速。据农业部国家化肥质量监督检验中心（北京）的记录，2000 年以前，产品登记数量增长相对平稳，1990 年仅有 10 个产品获得登记，1999 年也仅有 52 个产品获得临时登记，但于 2002 年产品登记数量激增至 359 个[4]，以后逐年增长，至 2005 年获得农业部临时登记证的产品达到了创历史记录的 516 个，期间特别是微量元素叶面肥料和含氨基酸叶面肥料登记数量增长迅速，至 2010 年，登记产品数量已累计达 5000 多个，比 2005 年登记数量已翻了一番多（表 3-3）。

表 3-3 农业部水溶性肥料登记统计表（2005~2010 年）

年度	大量元素	中量元素	微量元素	含氨基酸	含腐植酸	含海藻酸	有机	累计
2005	45	22	203	180	63	9	10	2145
2006	37	14	177	136	40	6	7	2562
2007	39	5	157	127	64	7	10	2971
2008	58	5	137	128	87	7	12	3405
2009	109	9	180	170	256	5	13	4147
2010	124	4	210	190	308	5	17	5005
合计	602	109	1719	1393	1010	69	103	—
百分比（%）	12.0	2.2	34.3	27.8	20.2	1.4	2.1	100.0

注：数据来源于国家化肥质量监督检验中心（北京）。

近年来，我国涌现出大批水溶性肥料生产企业，据不完全统计，我国涉及水溶性肥料生产的企业公司达到 3000~4000 多家，水溶性肥料市场竞争相当激烈。2010 年，全国水溶性肥料的产量约为 40 万~60 万吨，比上一年增长 50% 以上，而 2011 年，全国水溶性肥料产量则达到 60 万~80 万吨，产能较大的省份分别是山东、广东、江苏等。水溶性肥料产品的主要品种是大量元素水溶性肥料、微量元素水溶性肥料和含腐植酸类水溶性肥料。目前水溶肥料的市场价格是 5000~10000 元/吨，其利润空间比较广阔，平均利润达到 100%~300%，高回报的利润也促进了水溶性肥料行业迅猛发展。随节水灌溉的推广，我国水溶性肥料进入快速发展期，市场呈现出一片欣欣向荣之景象。表 3-4 为我国当前市场上常见的水溶性肥料产品。

表 3-4　我国农资市场主要水溶性肥料类型

肥料类型	肥料品种
传统大量元素	磷酸二氢钾、粉状尿素、硝酸钾等
硼	硼酸、硼砂、八硼酸钠、八硼酸钾等
铁	硫酸亚铁、螯合铁（Fe-EDDHA、Fe-EDTA、Fe-FA、Fe-An 等）
锰	硫酸锰、硝酸锰、氯化锰、螯合锰（Mn-EDTA 等）
铜	硫酸铜、硝酸铜、螯合铜等
锌	硫酸锌、硝酸锌、氧化锌（悬浮锌）、螯合锌
钼	钼酸铵、钼酸钠、液体钼肥
钙	硝酸钙、氯化钙、螯合钙（柠檬酸、氨基酸、糖醇、EDTA 等）
镁	硫酸镁、氯化镁、螯合镁等
硅	硅酸钾、硅酸钠、液体硅
大量元素水溶肥料	含氮、磷、钾两种或两种以上
微量元素水溶肥料	含铁、锰、铜、锌、硼、钼含两种或两种元素以上
含氨基酸水溶肥料	包括大、中、微量元素
含腐植酸水溶肥料	包括大、中、微量元素
其他新型产品	含海藻类、糖醇螯合类以及各种新型单一元素类叶面肥料等

受我国节水灌溉（喷灌、滴灌）在农业中推广应用的限制，目前我国市场中的水溶性肥料仍以叶面肥料为主，尽管种类名目众多，但产品质量参差不齐，部分产品技术含量低，质量不达标，常发生有效成分沉淀、絮凝或养分吸收率低等现象，施用效果差等。近些年，虽然冲施肥市场得到快速发展，但此类肥料主要是低端产品，从严格意义上来说，无论在有效养分含量、产品质量、肥效、对植物安全性等各方面均难达标，因此，目前国内市场上一些称为“冲施肥”、“水冲肥”的肥料是不能称为“水溶性肥料”的。而真正的高质量水溶性肥料生产目前规模很小，在肥料市场的占有率仍不高。

目前，我国水肥一体化应用比例按全国灌溉面积 8 亿亩算尚不足 5%，若考虑复种指数，按播种面积算，水肥一体化应用比例小于 2%，因此，相对美国 25% 的玉米、60% 的马铃薯、32. 8% 的果树以及以色列农业 90% 以上采用水肥一体化技术，我国水肥一体化技术相对滞后。但随着我国农业的集约化、规模化发展，水资源的进一步匮乏，以及大型农场不断涌现，滴灌、喷灌节水设施农业面积迅速扩大，已经有越来越多的政府部门、专家学者、技术推广、农业从业者认识到水溶性肥料和水溶性肥料产业的重要性。水溶性肥料是符合更加环保、更加可持续发展的新一代肥料，也是我国肥料工业和产业未来的重点发展方向之一。

3.2 工艺与原理

我国水溶性肥料的商品化一般认为是从20世纪80年代开始的，当时是以叶面肥料的形式进入市场的，经过近30年的发展，叶面肥料的生产得到巨大的发展，肥料名称从叶面肥料扩展为水溶性肥料，肥料成分也从简单元素复配发展到多种成分复合，包含了大量营养元素、微量元素、有益元素以及多类型的植物活性物质，从简单的营养补充，发展到通过叶面营养调控和灌溉施肥，在强化作物自身抗逆性能的同时实现水肥一体化，提高水肥利用率、增加产量、提高作物品质。

近些年来，我国在水溶性肥料生产和应用方面得到了迅速发展，市场中水溶性肥料名目多样，种类繁多。产品涉及以大、中、微量营养元素为主成分以及含不同活性物质的类型，产品形态包含了粉剂、颗粒、清液、悬浮等多种剂型，产品功能也各有特点。对市场上众多的水溶性肥料品牌名称，目前尚没有统一的分类标准和类型划分规定，但作为水溶性肥料，至少应具备以下几个条件：①肥料中的所有成分应充分溶于水中或在环境因素的作用下可短期内完全溶解，保证其可以进行叶面喷施和喷/滴灌；②对作物、环境有害的物质含量在可控范围内，稀释液化学性质温和，正常使用条件下，不引起叶面伤害和堵塞灌溉设备；③其主要成分是营养元素，相配合的植物活性物质只起辅助作用[5]。因此，水溶性肥料主要强调水完全溶解性及目标作物对养分的高效吸收性。为了提高肥料的完全水溶解性和作物对养分的吸收效率，所使用原材料的形态、溶解度、速溶性配比以及有效成分含量等均是水溶性肥料生产中需考虑的重要环节。虽然不同厂家生产的水溶性肥料名称或种类有所不同，但是水溶性肥料的生产原理基本一致，不同品牌水溶性肥料效果的差异主要体现在配方的组成、原料的选择等生产工艺上。

3.2.1 水溶性肥料产品原料选择与配方原则

单一元素类水溶性肥料原材料的选择，从早期的简单无机盐筛选，逐渐向新化合物的合成、使用螯合物质以及合理应用植物活性物质等方向发展。这类肥料产品的有效成分高、副成分含量低，其溶解性能以及适用性都显著增加，有效提高了养分的吸收效率。如水溶性硼肥，早期主要应用硼砂、硼酸等低含量无机盐，近几年，水溶性更好、含量更高的八硼酸钠、八硼酸钾成为叶面硼肥的主流，为提高硼的吸收效率，与醇胺、糖醇等小分子有机物进行复合的液体硼也逐渐进入市场。

复合型的多元成分水溶性肥料在我国水溶性肥料市场中占有重要地位，其配方原料选择是生产复合水溶性肥料的重要环节。因此，农业部和国家新型肥料、水溶性肥料与植物生长调理剂标准化委员会制定了若干水溶性肥料的国家标准，农业部也建立了水溶性肥料商品的严格登记制度。复合水溶性肥料配方的选定首先要遵循我国已制定的有关不同类型的水溶性肥料的国家标准，因此，任何企业生产出的水溶性肥料中营养成分都必须符合国家标准的规定，这是确定水溶性肥料配方以及原料选择的原则之一。

另外，还要因地制宜调整配方与使用方法，因为我国地域辽阔，气候条件差别较大，土壤类型较多，不同土壤中养分状况各不相同，所以水溶性肥料中各种元素含量或配比要根据一定地区的作物和土壤条件的不同而有变化，对目标施用地区和主要作物，应及时收集可靠的有关土壤特点、养分水平和多种应用物质的肥效资料，据此确定水溶性肥料或复合营养液的配方，因此，水溶性肥料中营养元素的含量与配比对使用地区和作物对象要有针对性，此为确定水溶性肥料配方选择的原则之二。

水溶性肥料配方选定后，经实验室配制、试验，确证配方可行后方可正式着手配制。下面重点介绍国内一般水溶性肥料企业生产水溶性肥料通常采用的生产工艺。

3.2.2　水溶性肥料生产工艺简述

水溶性肥料包括单一元素类和复合型水溶性肥料，单一元素类由于养分元素种类的不同，其生产工艺有很大变化[6,7]，在此不作赘述，而仅对多元素复合型水溶性肥料的一般生产工艺流程作相应的简要介绍。

在水溶性肥料的生产中，可以选择多种成分进行复配，如养分、有机活性物质、调节剂、农药等，生产出具有不同功能特性的复合型产品。按加工剂型分类，复合水溶性肥料产品主要有固体型（包括粉剂、颗粒）和液体型（包括清液和悬浮剂）两大类，这里分别对固体型（如粉剂）和液体型（如清液型）水溶性肥料的生产工艺进行简单介绍。

固体粉剂类水溶性肥料包装与运输比较方便，一般强调高养分含量，肥料纯度高、水溶性比较好，但大部分产品存在有效成分低、杂质高、溶解性能不良等缺点。在生产、储存与运输中，还要注意产品的吸潮与结块现象，以免造成产品质量下降。此类水溶性肥料的生产加工常采用混配工艺，一般以粉碎后混合加工为主，生产工艺过程比较简单，需要的设备也较少，主要有粉碎机和搅拌机。生产工艺流程一般是先将各种原料在粉碎机中粉碎，然后按照配方要求把各种原料用计量工具准确称量，放入混合槽中进行搅拌，搅拌均匀后直接称量、分装，即可得成品。固体粉剂类水溶性肥料生产工艺流程见图 3-1。

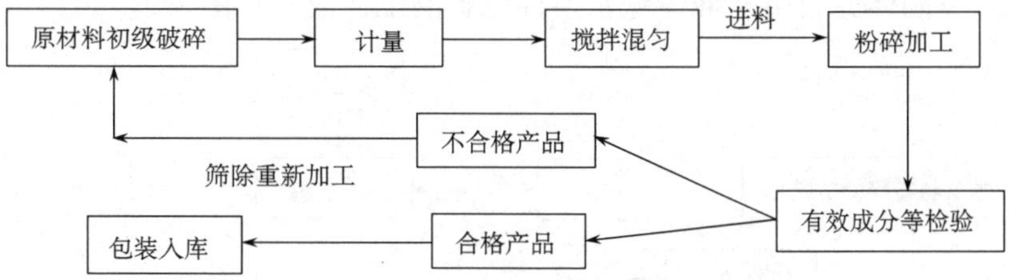

图 3-1　固体型水溶性肥料生产工艺流程

质量合格的固体粉剂类水溶性肥料产品必须具有以下几个特性：①水溶解性能好，溶解速度快，不产生沉淀或悬浮物质；②与农药、调节剂等有一定的相容性，减少作业次数；③对作业器具要求低，适合多种喷洒工具和滴灌设备；④具有明显的施肥效果，施肥用量少，成本低，效益显著；⑤无毒、无副作用，对环境（生态）无任何污染等。

限于国内生产工艺技术条件，我国固体水溶性肥料产品通常存在的突出问题有：

（1）结块板结。成品贮藏一段时间后即易出现结块板结。引起肥料结块板结的原因是多方面的，原料的吸潮性、含水量（或结晶水）及堆压重量、包装材料的吸水性等都是造成肥料产品易结块板结的因素。许多厂家通常采取添加抗结块剂来解决这个问题，但是，由于水溶性肥料产品对水不溶物有限量要求，因此，用于常规复合肥中的抗结块剂因水溶性差而通常不能用于水溶性肥料，这也就成为当前利用混配工艺生产水溶性肥料难以解决的生产难题之一；

（2）包装袋胀气。包装后的产品放置一段时间后，特别是在夏天，包装袋即鼓起或胀破。其解决方法之一即是采用透气包装材料；

（3）包装材料腐蚀。一些配方水溶性肥料产品容易对包装材料造成腐蚀破坏。采用耐腐蚀包装材料为其有效解决措施。

液体型复合水溶性肥料是现阶段我国叶面肥料市场的主流产品，包括清液型、悬浮型等类型。其养分配比可根据作物生育时期与营养需求特点及土壤养分状况，进行按需配方和应用，所以，其配方具有很好的灵活性，能满足不同作物的生长需要。液体型水溶性肥料的生产工艺一般是将各种养分、助剂、活性物质等成分溶解到水中，加工成液体剂型，生产方法主要采取溶解、混合等简单工艺，主要生产设备有粉碎机、反应釜、储存罐、包装设备等。

液体型复合水溶性肥料的生产比固体水溶性肥料相对复杂，生产设备也较多，有时还需要加热和保温。但是，以液体形态混合生产的水溶性肥料营养成分比较均匀，产品质量比较稳定，容易与各种植物活性物质以及表面活性剂等进行复合。

复合液体水溶性肥料生产工艺根据原料形态的不同而有所差别。以固体原料为主的液体水溶性肥料，根据生产要求，需要将固体原料分别进行称量、粉碎后，按照一定的顺序加入到溶解槽中进行溶解，溶解槽中事先加有一定数量的水溶液，然后送入贮存罐，再从贮存罐输送到混合槽；以液态原料为主生产液体水溶性肥料时，根据配方要求，只需将液体原料分别计量后，按序加入或直接从原料贮存罐中输入到混合槽中，搅拌混匀即可。以固体原料生产液体型水溶性肥料的工艺流程见图 3-2。

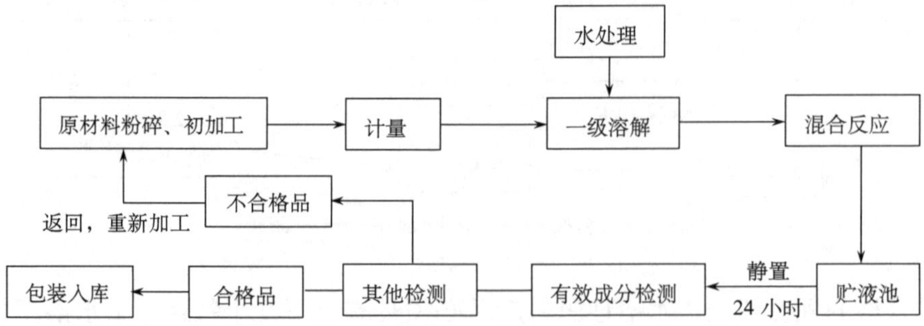

图 3-2　液体型水溶性肥料生产工艺流程

一般，清液型复合水溶性肥料生产具有耗能低、加工方便、生产成本低等特点，适合众多中小企业进行生产。但由于要求所有成分溶解于水中，清液型复合水溶性肥料养分含量受到很大限制，对包装要求也较高，需要注意防止产品出现洒漏、涨气等问题，以免影响产品质量。

生产既有固态原料又有液态原料的液体型水溶性肥料时，先将液态原料按照配方计量加入混合槽中，再将固态原料粉碎后按配方计量好，然后依一定顺序加入到混合槽中混合。为了增加养分溶质在水溶性肥料原液中的溶解度，防止原液产生沉淀或浑浊，通常需要调节原液的酸碱度。在搅拌溶解过程中，有时需要通入蒸气加热，以利于某些成分的彻底溶解，同时再加入配方所规定有的植物活性物质、表面活性剂等附加或辅助成分，充分搅拌均匀，待混合液冷却后，过滤，进行计量包装，即可得液体型水溶性肥料成品。

与固体型水溶性肥料相比，液体型水溶性肥料具有以下优点：①在生产、施用、运输中不会出现粉尘、烟雾，污染少；②产品不存在吸湿和结块问题；③可与杀虫剂、杀菌剂、除草剂等农药混配施用；④不会像固体肥料在储运过程中产生离析而使产品质量参差不齐。尽管如此，液体型水溶性肥料仍存在以下问题：

（1）结晶沉淀。通常在液相环境下，肥料产品中养分元素处于过饱和状态，遇外界条件的改变极易产生结晶，结晶体有快速生长和缓慢生长的区别，因此，一个液体新配方要观察半年至一年；

（2）絮凝分层。悬浮液型肥料产品经一段时间的放置，出现分层现象，原因主要是溶质粒子大小不均匀导致的沉降速度不均匀。解决办法是使粒子直径尽可能小，使用合适的悬浮剂；

（3）储存过程中液体黏度增加，流动性变差。液体型肥料为养分饱和溶液，在高盐浓度下，当温度降低时，悬浮肥料液黏度升高，产品流动性将会显著降低；

（4）包装胀气。无论是瓶装还是袋装都存在这个问题，这也是液体肥料包装中最严重的问题。解决办法有增加包装瓶的抗压强度、调整肥料的酸碱度（偏碱性有利于减少气胀）、减少尿素的使用量、采用透气瓶盖和透气包装材料等。

在水溶性肥料生产过程中，可能所用原料化学肥料质量较差，也可能由于有些化肥原料，特别是中微量元素肥料原料（如铁、铜、锌、锰盐等原料）杂有一定量的有害元素，或在某些工艺中的设备器具（如金属容器）中配制酸性水溶性肥料原液时，有可能会溶解出某种有害元素，致使水溶性肥料产品有害元素含量较高，因此，水溶性肥料配制中需要严格控制有害元素的含量，农业部在新型肥料登记中对水溶性肥料有害元素含量都有相应的指标规定（表 3-5），参见《水溶肥料汞、砷、镉、铅、铬的限量要求》NY1110-2010。

上述固体型和液体型水溶性肥料的生产工艺和方法是我国目前复合型水溶性肥料的主要生产方式，大都是采用磷酸一铵、硫酸钾、尿素等初级化肥原料直接进行简单的物理混配，采用这种简单混配工艺和方法生产出的产品，固体产品外观较差，各种原料的形状和粒度、色泽等均参差不齐，产品的水不溶物含量达不到要求，往往是由于原料本身水不溶物含量就较高，因此，混配生产的产品常难以达到完全水溶的标准，在使用中

表 3-5　水溶性肥料有害元素含量指标

有害元素	含量指标
镉（以 Cd 计）含量（毫克/千克）	≤10
砷（以 As 计）含量（毫克/千克）	≤10
铅（以 Pb 计）含量（毫克/千克）	≤50
铬（以 Cr 计）含量（毫克/千克）	≤50
汞（以 Hg 计）含量（毫克/千克）	≤5

容易堵塞喷/滴灌系统的管道和喷/滴头，而且产品易结块，给使用带来困难；液体产品体系不稳定，容易产生絮凝、沉淀、分层现象。因而，采用简单的物理混配工艺生产出的水溶性肥料产品品质难以保障，是难以生产出高品质的复合型水溶性肥料的，这也是我国水溶性肥料产品品质差的主要原因。

高品质的产品需要高技术的生产工艺，由化学合成法可以生产出高品质的水溶性肥料产品，即采用化学合成工艺可提高水溶性肥料产品的品质，但其要求的工艺技术水平也较高。通过化学反应合成的复合型水溶性肥料具有外观好、品相一致、结晶均一、全水溶性好、不溶杂质含量低、不易结块等优良品质，但由于复合型水溶性肥料含有两种或两种以上元素，采用化学反应合成工艺生产，必须在生产系统的液相中进行化学反应，而两相、三相甚至更多相的循环溶液在低温冷却结晶的过程中会出现共结晶现象，即产品在析出过程中会形成较为复杂的复盐，这将直接导致产品中各养分含量出现波动，难以按照设想的配比结晶析出获得产品，此为化学合成法生产复合型水溶性肥料的技术难点，目前我国几乎没有企业掌握化学合成法生产复合型水溶性肥料的工艺技术，这也是我国国内高品质复合型水溶性肥料产品少的主要原因之一。

与国外同类企业生产相比，目前我国水溶性肥料生产中存在的主要问题有以下几方面：

（1）企业规模小，生产工艺简单，技术落后。与国外水溶性肥料企业相比，国内水溶性肥料企业多为中小型企业，大多数企业研发资金和技术人员投入严重不足，生产工艺简单，技术相对落后，生产设备极其简陋。不少企业仅仅是将尿素、硝酸钾、硫酸钾、磷酸铵等原料肥料进行简单混配，生产车间没有吸湿设备，染色及防结块技术不过关，生产出的肥料产品往往出现潮解、板结、染色不均、杂质过多、水溶性差等现象，导致水溶性肥料在农民心中的信誉度不高；在全国范围内有影响力的企业很少，缺乏知名品牌。这些都严重影响我国水溶性肥料的发展与应用。

（2）肥料配方制定随意性大，产品配方不合理。许多水溶性肥料生产企业在确定产品配方与养分浓度时，不考虑作物、土壤、种植制度的差异等因素，也不根据不同作物以及作物生长时期的养分需求确定养分配比和含量，产品中养分种类与比例设计不科学，常常是一个配方打天下，一个产品用多年，而且过度依靠生长调节剂和激素类物质对作物生长的刺激作用，追求短、平、快的经济效益，甚至部分企业为方便登记随意制定配方，导致产品使用后效果不理想。同时，一味追求养分高浓度而盲目生产高养分含量的水溶性肥料，既浪费了资源，又不能为中低养分含量的水溶性肥料产品留出发展空间。

(3) 假冒伪劣产品多。由于水溶性肥料生产工艺简单且利润高，一些生产厂家和不法商人为了牟取暴利，以次充好，以假乱真，如以硫酸镁代替磷酸二氢钾、硼肥等，以硫酸镁、硫酸锌等低价肥料添加激素，甚至采用一些简单的成品肥料经染色无法辨别其原材料后，冒充高效复合水溶性肥料，坑农害农，并牟取高额利润。

(4) 过分强调植物生长调节剂的应用。生产厂家为了追求叶色浓绿、生长加快等外观效果，轻视营养元素的使用，过分使用植物调节剂和激素类物质，干扰了作物正常生长进程，甚至引起作物病害加重、减产、品质下降等问题。近年来，由于滥用生长调节剂和激素带来的问题逐渐引起人们的重视，农业部在 2011 年“西瓜爆炸事件”之后，强调肥料登记机关要加强对水溶性肥料产品标签的审核，禁止在水溶性肥料产品标签上标注具有植物生长调节剂等农药功效、夸大宣传产品功能等内容，对违规者，按照《农药管理条例》和《肥料登记管理办法》的有关规定，对生产企业和经营者严肃查处。

(5) 产品包装标识混乱。水溶性肥料包装标识比较混乱，多数企业不按等级内容设计包装标识，包装设计五花八门，随意夸大宣传的现象比比皆是。有的企业甚至违规套证，存在“一证多用”现象，把一个登记证号印在几个，甚至十几个不同的产品标签上，混淆产品类别，无视农民的利益，缺乏诚信。

3.3　施用技术与效果

对作物养分的施肥调控不是一个简单的问题，生产中科学合理地施肥往往受到作物种类、土壤性质、天气状况、肥料性质、施肥技术等条件的影响，随着我国农业生产技术的发展，我国的农田施肥技术也从起初的单一施用氮肥和其后的氮、磷配合施用与增施磷肥，发展到氮、磷、钾肥配合施用、补充微量元素营养的阶段，农田施肥的观念也从缺啥补啥的校正施肥，发展为依据作物高产、优质需要各种营养元素的均衡供应的平衡施肥，这标志着我国农业的施肥技术逐步科学合理[8,9]。长期的生产实践证明，针对作物需求和土壤养分供应的特性，实行“总量控制”和“分期调控”的原则，实现“少量多次”的施肥方式，可以极大地提高水、肥利用效率。水溶性肥料作为一种与节水灌溉、立体高效栽培、高产优质栽培技术相配套产生的一类新型肥料，具有提高肥料利用率、节能环保、节水、省肥、省工、增产、增质的特点，是发展现代农业的优良产品，也是未来肥料发展的重要方向之一。

水溶性肥料与传统普通肥料相比，不但配方灵活多变，施用方法也非常灵活多样，可以叶面喷施，也可以与节水灌溉相结合进行灌溉施肥，还可以应用于无土栽培。

利用水溶性肥料进行叶面施肥，可使营养物质通过叶片吸收直接进入作物植株体内，参与作物植株体的新陈代谢与有机物的合成过程，缩短养分运输距离，因而比土壤施肥更为迅速有效。在施肥时，还可以按作物各生育期以及苗情和土壤的供肥实际状况进行分期喷洒补施，充分发挥叶面施肥反应迅速的特点，以保证作物在适宜的肥水条件下，进行正常的生长发育，达到高产优质的目的。科学合理的应用水溶性肥料进行叶面施肥，不仅可以提高肥料的吸收利用率，而且在防治矫正作物缺素症、增强作物抗逆性、改善作物品质和增加产量方面具有良好的效果。实践证明，叶面施肥是肥效迅速、养分利用率高、肥料用量少的高效施肥技术之一[2,4,5,8,10-12]。

水溶性肥料叶面喷施作为一种向作物快速提供养分的方法，尽管其具有诸多优点，但与根部土壤施肥供应养分相比较，在应用中也存在一些不足与问题，具有一定的局限性，主要表现在以下几个方面[1-5,8-13]：

（1）相对根部土壤施肥供应养分来说，叶面喷施供应养分的效果比较短暂；

（2）养分进入叶肉组织的渗透率较低，尤其是对那些叶片角质层较厚的植物，如柑橘、咖啡、甘蓝等；

（3）由于叶片表面的疏水性，喷施到叶片表面的养分溶液易于滑落流失；

（4）受气候条件影响较大，易于发生雨水冲洗而导致养分流失；

（5）喷施液于叶片表面迅速干燥，阻碍了叶面养分的吸收；

（6）叶面一次喷施所能提供的养分总量有限，特别是对大量养分氮、磷、钾的供应；

（7）某些矿质元素，尤其是移动性差的元素，从吸收部位（主要是成熟叶片）向作物其他部位的转移率较低（如钙）；

（8）容易发生叶片损伤，如枯斑和“灼伤”。喷施养分种类或养分浓度不适宜（一般是养分浓度过高），所造成的叶片伤害是叶面施肥中一个严重而常见的实际问题，这主要是因叶组织局部养分不平衡所引起的，而且叶面施肥效果在很大程度上依赖于作物的类型和叶面积的大小，对作物幼苗期和叶面积较小的作物，施用效果较差。

可见，虽然利用水溶性肥料进行叶面施肥有许多优点，但是由于受叶片吸收特点的限制，叶面吸收养分只占作物所需营养的一部分，所以，叶面施肥只是农业生产中用以提高农产品产量和改善品质的众多措施中的一种，是解决某些特殊问题而采用的辅助性措施。在生产实践中，叶面施肥可以作为根部土壤施肥的补充，但不能完全取代，农作物营养主要还是依靠土壤施肥，尤其是大量营养元素氮、磷、钾，更应是以土壤施肥为主，叶面喷施可以作为快速高效的养分补充手段。在苗期或生长后期根系吸收养分能力弱的时候，可以通过叶面喷施来补充一些养分。但对于微量元素，往往是叶面施肥要优于土壤施肥，这主要是因为作物对微量元素需要量少，而且微量元素的有效性极易受土壤条件的影响而成为作物无效养分，如钼，作物需要量很少，且价格较贵，土壤施肥操作不便，所以一般采取拌种或叶面喷施；而 Fe^{2+}、Mn^{2+} 等一些化合价易变的微量元素养分，施入土壤后易氧化成高价的 Fe^{3+}、Mn^{4+}，成为作物不能吸收利用的养分形态而无效，叶面喷施则可很好地解决这个问题。因此，水溶性肥料叶面喷施是土壤施肥的重要补充措施，常常作为及时治疗作物缺素症的有效措施，而试图用叶面施肥代替根部施肥的做法是不符合科学的，类似的宣传也是不负责任的[2-5]。

利用水溶性肥料与节水灌溉（包括喷灌、滴灌等方式）相结合进行施肥，采用水肥同施，让植物根系同时全面接触到水肥，以水带肥，发挥肥水协同效应，使肥和水的利用效率都明显提高，减少了施肥总量。因此，水溶性肥料与灌溉结合施肥，实现了水肥一体化，既节约了水，又节约了肥料，而且还节约了劳动力，这在劳动力成本日益高涨的今天使用水溶性肥料的效益是显而易见的。近年来水溶性肥料的发展异常迅速，成为化肥生产、供应和消费中的一个重要肥料种类。

水溶性肥料不仅配方灵活，而且施用方法简便、经济多样，但施用技术与方法是影响和制约水溶性肥料应用效果的有效因素之一，因而，在施用过程中，要结合水溶性肥料的特点，采取科学的施肥方法和正确的施肥技术，才能获得最佳的应用效果。

3.3.1　水溶性肥料品种的选择

3.3.1.1　根据肥料性质选择水溶性肥料种类

肥料是调节作物营养的重要物质，不同的肥料有着不同的性质，同一营养元素的肥料而不同的品种被作物叶片吸收的速率是不同的，如钾肥叶片吸收的速率为氯化钾>硝酸钾>磷酸二氢钾；氮肥叶片吸收的速率为尿素>铵盐>硝酸盐[14]；硼肥叶片吸收的速率为硼砂>硼酸；锌肥叶片吸收的速率为硫酸锌>氯化锌；铁肥叶片吸收的速率为硫酸亚铁>硫酸亚铁铵。通常无机盐类比有机盐类吸收速率快。因此，在叶面喷肥时应依据肥料的特性，科学合理地选用水溶性肥料种类，在同一养分元素的肥料中尽量选用叶片吸收速率快的品种，以发挥肥料叶面喷施的最大效果[4,5]。

3.3.1.2　根据土壤养分状况选择水溶性肥料种类

作物植株主要是从土壤中吸收营养元素的，土壤中养分的含量对植物体的生长起着决定性作用。因此，在确定选择水溶性肥料种类前要先测定土壤中养分的含量及土壤酸碱性，有条件的也可以测定植物体中营养元素的存在情况，或根据缺素症的外部特征，确定水溶性肥料的种类及用量。一般认为，在基肥施用不足、作物脱肥的情况下，可以选择氮、磷、钾为主的水溶性肥料；在基肥施用充足时，或土壤微量元素有效性低、出现微量元素缺素症时，可以选用以微量元素为主的水溶性肥料。也可以根据作物的长势和长相来决定水溶性肥料种类的选择，若作物生长缓慢，瘦弱、矮小，叶色发黄，属于缺氮，叶面喷施的肥料应以氮为主，搭配少量磷、钾肥；反之，若植株叶大、嫩绿，节间长，氮素营养充足，叶面喷施就应改为以磷、钾肥为主。

3.3.1.3　根据施肥的目的而选择水溶性肥料品质

作物的生长发育及营养状况或作物对养分的不同需要决定水溶性肥料的组成成分与品种。各种作物都有自己的营养特性，对养分都有各自的营养要求，即使同一种作物在不同的生育阶段中，也因不同器官、环境条件有所差别，表现出对营养元素的种类、数量和比例等方面有不同的要求，因此，水溶性肥料成分要根据作物具体实际情况来确定：在作物生长初期，为促进其生长发育，应选择调节型水溶性肥料；若作物营养缺乏或生长后期根系吸收能力衰退，应选用营养型水溶性肥料；麦苗由于土壤原因致使根系发育不良而造成三类苗，喷磷可促进根系发育使麦苗升级；棉花落蕾落铃与硼营养不足有关，在现蕾期叶面喷施硼肥 2~3 次，可以防止落蕾落铃；芹菜的“裂茎病”也是缺硼所引起的，可以喷施硼砂或硼酸防治；番茄筋腐病与缺钾有关，可在座果后 15~20 天喷施磷酸二氢钾 2~3 次；水稻、玉米喷施锌可以防止水稻僵苗、玉米白苗病；应用芸苔素可使蔬菜提前成熟上市，降低纤维素含量，改善口感，提高糖度。在北方石灰性土壤上植物容易发生缺铁，喷施硫酸亚铁溶液可矫正作物的缺铁黄化症状；南方酸性土壤种植的花生、大豆喷施含钼肥料可以提高含油率和蛋白质含量[2-5]。因此，要根据肥料性质、土壤与目的作物的特点以及施肥目的等来选择水溶性肥料，这样施肥才能做到“对症下药”、“有的放矢”。

在选购水溶性肥料时，应注意包装标明的水溶性肥料的类型和功能，使施肥的目的与肥料的功能一致；还应注意产品有无农业部颁发的水溶性肥料登记证号及产品标准证号，以确保叶水溶性肥料的质量和施用效果。

3.3.2 水溶性肥料的施用技术

3.3.2.1 叶面施肥

虽然叶片与根系吸收的养分在利用上是一样的，但毕竟叶片的主要功能不是吸收养分，不是养分的主要吸收器官，其在养分吸收特性上与根系是不同的，在进行叶面施肥时应结合叶片的特点科学合理的进行养分喷施，才能更好的实现水溶性肥料的喷施效果。

1）水溶性肥料叶面喷施浓度

利用水溶性肥料进行叶面喷施，由于养分是直接喷施于作物茎叶部的表面，与根部施肥不同，土壤的缓冲作用没有了，因此，一定要掌握好肥料的喷施浓度。

不同的水溶性肥料有不同的使用浓度，在一定浓度范围内，喷施养分浓度越高，叶面吸收效果越好，但养分浓度过高往往会灼伤叶片而造成肥害，尤其是微量元素肥料。各种作物能忍受的养分浓度也不同，不同作物对不同肥料具有不同的浓度要求，即使同一种肥料在不同的作物上喷施浓度也不尽相同，不同的生育期作物对养分的要求也不一样，因此，应根据作物种类和作物生育期而定养分的喷施浓度，浓度过高，易灼伤叶片造成肥害，浓度过低，既增加了工作量，又达不到补充作物营养的要求。因此，在作物叶片正常不受肥害的情况下，适当增大养分浓度可以提高叶面施肥的效果，但温度较高时，在适宜浓度范围内，原则上应把握“就低不就高”。一般来说，大量元素（氮、磷、钾）浓度为 0.1% ~0.5% 为宜；而微量元素（硼、锰、铁、铜、锌等）则以 0.05% ~0.2% 比较合适[2,5,8,10]。

特别地，对于含有生长调节物质的水溶性肥料，使用浓度适宜会对作物生长有促进作用，但浓度过高则会抑制作物的生长；如浓度为 0.5~1.0 毫升/升的三十烷醇能促进种子萌发，但浓度超过 1.0 毫升/升就会对种子发芽产生抑制作用。

而且不同作物，在不同生育时期，对不同肥料耐受能力有很大差别。一般双子叶植物，如棉花、豆类、油菜、叶菜类蔬菜等，叶面积较大，角质层较薄，溶液中的养分易通过叶表面被植物吸收；水稻、小麦等单子叶植物，叶面积较小，角质层较厚，吸收溶液中的养分较双子叶植物困难，应加大叶面喷施的浓度来增加植物吸收。因此，对于同一种肥料，在允许浓度范围内，双子叶植物喷施的浓度要适当低些，单子叶植物喷施的浓度要适当高些。在作物的不同生育期养分喷施浓度也不一样，在植物苗期，叶片组织幼嫩，一般苗期喷施的浓度要适当低些，生育中、后期喷施的浓度可适当高些。农作物的营养状况也影响养分的喷施浓度：生长正常时，浓度应低一些，出现脱肥缺素症时，浓度要适当高一些。其中，微量元素肥料喷施的浓度宜低一些，常量元素肥料的浓度可适当高一些。一般情况下养分喷施浓度不得随意加大，以免造成肥害，如尿素，在水稻、小麦等禾本科作物上适宜浓度为1.5%～2.0%，在萝卜、白菜、甘蓝、黄瓜上为1.0%～1.5%，在马铃薯、西瓜、茄子上为0.5%～0.8%，苹果、梨、葡萄、茶叶上浓度为0.5%，葱、番茄、温室黄瓜上浓度为0.2%～0.3%；苗床育苗期的幼苗喷施浓度不能高于0.2%[2,5,8,10]。

当前水溶性肥料的剂型主要有二种——固体和液体。特别是固体粉状的水溶性肥料溶解的较慢，放入喷雾器中，加入水后，要充分搅拌，使它完全溶解了才可喷施，否则，若溶解不完全，一会儿喷的浓度低，一会儿浓度高，浓度低了效果差，浓度高了有时会烧苗。液体肥料在稀释时应严格按照说明书上的要求操作。因此，在应用水溶性肥料进行叶面喷施时，一方面要根据产品说明书的要求进行浓度配制，另一方面要进行小面积试验确定有效的施用浓度。另外，在配制叶面肥时应注意将喷雾器清洗干净，有些叶面肥可以与农药混合喷施，而有些则要求单独喷施，因此，要首先看清说明书上的要求。

2）水溶性肥料叶面喷施时期

作物不同的生育阶段对肥料的吸收和利用不同，为了发挥肥料叶面喷施的最大效益，应根据不同作物的生长情况选择最关键时期进行肥料叶面喷施，以达到最佳施用效果。在作物营养临界期和最大效率期这两个关键时期进行叶面喷施肥料，将起到很好的作用。例如，在作物生长后期，由于根系衰老，吸收功能下降，此时正是籽粒充实阶段，及时叶面施肥，能提高产量，改善品质。另外，当根系受到伤害，吸收力下降，及时叶面施肥，可以起到良好作用。

（1）根据作物的生育时期选择适宜的叶面施肥时期

各种作物在不同的生育阶段对营养条件都有不同的要求，因此，不同的作物和不同的作物生育期，叶面施肥效果是不一样的，有的作物适合于生育前期进行叶面施肥，有的作物适合于生育中、后期叶面施肥，有的作物生长前、后期都要叶面喷施，适时而恰当地满足其各生育期对养分的需要，才能获得高产优质。一般情况下，蔬菜苗期、始花期或生育中、后期等需肥关键期是叶面施肥的最佳时期，小麦、水稻、玉米等禾本科作物于拔节孕穗、扬花、灌浆期叶面喷施为好；西瓜坐果期喷施可以减少落花、落果，提高西瓜坐果率；大豆、蚕豆、油菜、花生等作物宜在始花、结荚期叶面施肥；棉花在花铃期喷施为优；甘薯、马铃薯在薯块成长期喷施为宜；芝麻在现蕾至始花期喷施为佳。从多数试验结果看，生育前、中期喷施的效果要好于后期，但在小麦、水稻、玉米等禾本科作物生长后期易发生根系吸收能力减弱，此时叶面施肥可以补充营养，增加粒数和粒重，提高产量。

最好不要叶面施肥的时期：①花期，因花朵娇嫩，易受肥害；②幼苗期。

（2）根据作物种类选择最佳的叶面肥施用时期

不同的农作物有不同的最佳叶面施肥时间，喷施早了，苗小叶窄，吸收少，浪费多，效果不理想；喷施迟了，叶片褪黄、老化，吸收功能降低，有些作物还会造成贪青晚熟，影响产量和降低品质。以采收籽粒为对象的作物，如大豆、水稻、玉米、油菜等，以始花期至灌浆期叶面施肥为宜，此期植株生长旺盛，需肥量大，叶片吸收能力强，叶面施肥效果较好；以采收茎叶为对象的，如芹菜、大蒜等，应在上市前25~30天为好；瓜、球、荚果类作物，以膨大期叶面施肥效果为佳。在最佳时期内叶面施肥，能有效地提高肥料利用率，达到增产增收的目的。

(3) 根据水溶性肥料的种类选择适宜的叶面施用时期

含有植物生长调节剂的水溶性肥料具有增加植株的细胞分裂数量从而达到提高作物产量的作用，应在生长前期喷施；硼肥和锌肥则宜在植物初花期喷施效果最好，如，油菜等作物花蕾期和始花期喷施含硼的微量元素肥料，可防止“花而不实”，提高结荚率；钼肥宜在植物开花前喷施，如豆科作物在始花期和始荚期喷施钼肥，可提高产量和改善品质。

(4) 根据农业生产实际需要和作物生长环境与条件进行叶面施肥

根据水溶性肥料的特点和叶面施肥的优缺点，在一些特殊时期或情况下进行叶面施肥，更能发挥水溶性肥料叶面喷施的效果、获取更大收益，如作物遭遇病虫害时，进行叶面施肥有利于提高植株抗病性，使作物尽快恢复生长；作物生长地块土壤条件不好，如土壤偏酸、偏碱或盐度过高，不利于植株吸收营养，作物易出现或已经出现某种缺素症状，叶面施肥可有效防治作物缺素症；作物盛果期，叶面喷施专用肥料利于果实的膨大、着色和成熟；作物遭遇气害、热害或冻害以后，选择合适的时间进行叶面施肥有利于缓解症状；遭受洪涝灾害后，作物根系长势不好，或作物底肥不足，后期明显脱肥，叶面施肥可及时补充作物生长所需营养，可有效保障作物的产量；欲求获得高产、高效的作物，如中药材、花卉、水稻、玉米、油菜制种等，叶面施肥将有独到的良好效果。

3）水溶性肥料叶面喷施时间

由于叶面施肥效果容易受环境因素的影响，因而水溶性肥料叶面喷施效果的好与差，与施用时的天气、温度、湿度、风速、时段有一定的关系。

叶片吸收养分需要一定的温度和湿度。气温影响叶片气孔的张开度和细胞质膜的透性，正常情况下，气温在15~25℃时，叶片气孔张开度好，细胞质膜透性平和，不仅有利于叶片养分的吸收，而且还能提高肥液的利用率。因此，水温、气温过低都会影响叶面喷肥效果，一般喷肥时以气温25~30℃、液肥水温20~28℃为最佳。同时，叶面施肥时叶片吸收养分的数量与溶液湿润叶片的时间长短有关，湿润时间越长，叶片吸收养分越多，效果越好，一般情况下，保持叶片湿润时间在30~60分钟为宜。可见，肥料的叶面喷施效果受气温、光照强度、雨水等因素的影响，因此，叶面施肥的时候要注意天气、温度和湿度的变化，应尽量使肥液较长时间地附着在叶面上，供作物充分吸收。空气湿度大的时候，肥料溶液喷到叶面以后不容易干，肥液湿润叶片的时间就长，被叶片吸收的养分也就多，喷施效果较好，但雨天或雨前不要喷，以免喷施后养分被雨水冲洗淋失，起不到应有的作用。所以，叶面喷施最好在无风的阴天或多云天，亦可在无风的晴天傍晚或大雾天下午进行，以增加溶液与叶片的接触时间，防止肥液很快被吹干。如在湿度小时喷施，溶液浓度要适当降低。为了保持肥液在叶片的湿润状态，当前各种叶面肥料产品均不同程度的加入了各种“湿润剂”和表面活性剂，以延缓肥液的干燥时间和降低溶液的表面张力，延长肥料溶液在叶片上的黏着时间。

因此，叶面施肥一般在晴天的上午 9 时以前、下午 4 时以后，最适宜的是在下午 4 时以后进行，水分蒸发减弱，有利于作物吸收，喷施较好；在有露水的早晨或刚刚雨后喷施叶面肥，叶片上的露珠或水珠会降低溶液的浓度，影响施肥效果。一定要避免晴日正午、特别是高温烈日和风速过大的天气，避免肥液在短时间内挥发，否则，不仅肥液挥发浪费多，而且肥液喷施后很快变干，叶片难以吸收，会使肥料利用率降低，有时还会因叶片上的肥液水分蒸发过快、浓度迅速增高而造成“烧叶”。若喷施叶面肥后 3~4 小时内遇大雨，待晴天时应再补喷一次，但浓度要适当降低。

4）水溶性肥料叶面喷施部位

喷施到叶片的养分是通过气孔或透过角质层进入叶表皮细胞，最后通过质膜而进入叶肉细胞内。作物叶片背面气孔数量较多，且叶背面溶液干得慢，所以吸收的更好。因此，喷施叶面肥时要注意叶面的正反面都要喷到，雾滴细小，喷均匀，尤其要注意喷洒生长旺盛的上部叶片和叶的背面，因为新叶比老叶、叶片背面比正面吸收养分的速度快，吸收能力强。根据叶片代谢的生理、嫩叶的养分吸收率比老叶高 60% 左右、叶片背面养分吸收率比正面高 4 倍左右的原理，生产上叶面肥喷施以嫩叶为主，且以叶子背面为好。对双子叶植物尽量多喷背面，对单子叶植物两面都喷，并以正面为主，特别是对于桃、梨、柿、苹果等果树，叶片角质层正面比背面厚 3~4 倍，更应注意喷洒叶片背面，以利吸收。在果树上喷洒肥液，应着重喷洒于新梢和上部叶片，既要喷树冠外围，更要喷内膛的枝叶；既要喷上部叶片，更要喷中下部的叶片，因为内膛枝叶和中下部叶片不易从地下根系中输入的营养中获取营养，如果是小面积喷施可喷于叶背面，因为叶背面对养分的吸收速度快于叶表面。

另外，养分喷施部位要根据营养元素在作物体内移动速度来确定。各种养分在作物体内移动的速率是不尽相同的，一般而言，氮、钾是属于移动性强的元素，磷是属于能移动但不太活跃的元素，铁、铜、钙、硼等是属于移动性差或难移动的元素。磷元素要在植株上部或中部喷洒；对在作物体内移动性差的铜、铁及难移动的硼、钙等元素，主要喷在植株上部新叶上，并适当增加喷施次数，才能收到良好效果；由于氮和钾在作物体内移动性强，可在植株上部或中部或下部喷洒，可比磷、硼等元素喷施次数少一些。

喷洒叶面肥溶液时雾点要匀、细，作物叶面受肥液程度以肥液将要从叶面上流下但又未流下时最好。

5）水溶性肥料叶面喷施次数

叶面施肥喷施次数要适当，不应过少，且应有间隔。作物叶面施肥的浓度一般都较低，每次的吸收量是很少的，与作物的需求量相比要低得多。因此，叶面施肥的次数一般不应少于两次。全生育期短的作物，一般喷施 1~2 次；生育期长的可喷 2~3 次。根据苗情、地力也可适当多喷 1~2 次。在同一生育期内连续喷施，每次应间隔 10 天左右，尤其是微量元素肥料，喷施次数不可过多，浓度不可过大，否则，不仅起不到增产效果，反而会造成植物微量元素中毒。

氮肥、钾肥被叶面吸收后，运输迅速，能较快到达作物各个部位，因此，在需肥关键期喷施 1 次即可。对于在作物体内移动性小或不移动的养分，如铁、硼、钙、磷等，更应注意适当增加喷洒次数，一般要喷施 2~3 次，每隔 5~10 天喷 1 次，才能有较好的效果，如微量元素铁的移动性较差，在果树上喷施含铁肥料以 3~4 次为宜，间隔 5~7 天喷 1 次。在喷施含调节剂的叶面肥时，应注意间隔期至少 7 天或以上，但喷施次数不宜过多，防止因调控不当而造成危害。

6）水溶性肥料叶面施肥要与土壤施肥相结合

因为根部比叶部有更大更完善的吸收系统，对量大的营养元素，如氮、磷、钾等，据测定要进行 10 次以上叶面施肥才能达到根部吸收养分的总量。因此，叶面施肥不能完全替代作物的根部施肥，必须与根部施肥相结合。

我国叶面施肥应用广泛，全国各地的蔬菜、果树等经济作物种植中几乎都应用水溶性肥料叶面喷施，在我国北方，大田作物应用也较普遍，通常结合农药进行喷施，如东北的大豆、玉米、水稻等大田作物，大概有 80% 以上应用叶面施肥，华北超过 70% 的作物（如小麦、花生）应用叶面施肥，西北地区，由于干旱缺水，叶面施肥应用率达 95% 以上。

3. 3. 2. 2　灌溉施肥

由于水溶性肥料的施用方法是随水灌溉，水肥同时施用，水分和养分同时输送到作物根部，作物根系可以同时吸收水分和养分，不仅施肥极为均匀，而且水肥利用率都得到大幅度提高。由于水溶性肥料的配方可以根据作物的生育时期和养分需求以及土壤的养分供应状况而灵活调节，可以做到养分均衡供应，而且水溶性肥料一般杂质较少，电导率低，使用浓度也十分方便调节，所以水溶性肥料即使对幼嫩的幼苗也是安全的，不用担心引起烧苗等不良后果，这些都为提高作物的产量和品质奠定了坚实的基础。因此，水溶性肥料与节水灌溉相结合的水肥一体化技术是目前生产中最节水、节肥又高效、环保的农业措施。

尽管利用水溶性肥料实现水肥一体化有诸多优点和优势，但在实际应用中，只有充分发挥了这些优点和优势，才能获得更好的应用效果。

（1）避免直接冲施，需采取二次稀释法。由于水溶性肥料有别于一般的复合肥料，所以应用时就不能够按常规施肥方法，否则，容易造成施肥不均匀，出现烧苗伤根，苗小苗弱等现象，采用二次稀释，保证水溶性肥料完全溶解和安全施用浓度，随水喷施或灌溉，保证水溶性肥料施肥均匀，提高肥料利用率。

（2）严格控制施肥量。水溶性肥料比一般复合肥养分含量高，用量相对较少。而且由于其速效性强，难以在土壤中长期存留，所以要严格控制施肥量。如果单次使用稍多，就会造成肥料流失，既降低施肥的经济效益、达不到高产优质高效的目的，还会造成水环境污染，不利于可持续发展。因此，施用水溶性肥料要采用少量多次施肥法，以满足植物不间断吸收养分的特点，避免肥料流失，提高施肥经济效益，实现高产、优质、高效。

（3）注意防止喷/滴头堵塞。水溶性肥料与节水灌溉相结合实现水肥一体化，推广应用面临的最大问题就是喷/滴头堵塞，尤其是采用物理混配工艺生产的水溶性肥料产品中，由于肥料原料中含有不同程度的钙镁杂质，在加上各应用地区水的硬度不同，硬度高的地区水中的钙镁物质含量很高，产品溶解在水中后，水溶液 pH 的改变将会产生沉淀，因此，水溶性肥料产品的酸碱度及钙镁等杂质含量的多少是影响节水灌溉系统是否易于堵塞的关键因素之一。

与传统的施肥、灌水浇地方式相比较，利用水溶性肥料与节水灌溉（喷灌、滴灌）相结合实现水肥一体化具有一些独特的优势：

（1）明显提高水、肥利用效率，平均节水 70% 以上，节肥 30% 左右。目前，我国在棉花、马铃薯、玉米、柑橘、葡萄、草莓、加工番茄、黄瓜、香蕉、西瓜等作物上应用水肥一体化技术面积较大，特别是在新疆和东北地区应用较多。应用实践证明，蔬菜、果树等经济作物采用水肥一体化技术，可提高肥料利用率 50% 以上，节肥 30% 以上。蔬菜、果树、棉花、玉米、马铃薯分别增产 15%～28%、10%～15%、10%～20%、25%～35% 和 50% 以上。

（2）配方灵活，养分均衡，施肥均匀。随水施肥时，可以根据作物不同生育期的养分需求特点和土壤养分供应状况，灵活调整水溶性肥料配方，控制养分浓度和形态，实现按需施肥，做到养分均衡供应，为提高作物的产量和品质奠定了良好基础。

（3）施肥时间灵活掌握，采用喷施和滴灌施肥，不受作物生育期的限制，在作物生长期间任何时期都可以随水施肥，做到少量多次，满足作物整个生长期对水肥的持续需求。

（4）水肥一体化，可以做到施肥、浇水、用药相结合一次完成，减少劳动力和能源投入，省水、省肥、省工。

（5）利用滴灌施肥，一方面，将水肥直接输送到作物根部，水肥不接触作物地上部，使作物地上枝叶保持干爽，减少病虫害的发生，减少了农药的应用；另一方面，水肥只限量供应到作物根部周围土壤的有限空间，而作物行间因为缺少水肥的供应，杂草难以生长，从而减少了除草剂的使用。

3.3.2.3　无土栽培

水溶性肥料可以提供最适宜数量的植物生长所需的全部营养，包括各种大量元素和中、微量元素。氮磷钾的配比能适合作物无土栽培或半无土栽培上全生育期使用；微量元素含量高，能满足大部分植物在无土栽培条件下对微量元素的需求，特别适合各类穴盘苗、盆栽花卉及易出现微量元素缺素症作物的日常施肥；氮素以硝态氮为主，使作物即使在不良光温条件下也能获取到足够的氮素营养。因此，水溶性肥料可应用于基质（即无土栽培介质，如泥炭）栽培生产种苗或穴盘苗生产以及温室中水培植物等无土栽培。

在无土栽培中，施用肥料不仅是为了促进植物生长，而且还为了使其达到最好的状态，如，有时是为了促使其开花，有时则是为了使植物克服并不适宜其生长的环境，以便其健康生长。由于其全水溶性和配方的灵活性，使得其更易实现养分的精确控制和施肥均匀。

（1）根据栽培水质选择水溶性肥料。水质情况是决定无土栽培施肥计划的基础和选择水溶性肥料酸碱性配方的依据，因此，水质是进行无土栽培必须首先要了解的，否则将没有依据制定一个适宜的施肥方案。如果水中含有较高的钙、镁、锰、铁或碳酸根等离子时，易于造成水溶性肥料溶解沉淀；当水中矿物质含量较低时，在选择肥料时就应该注意选择含有中、微量元素的肥料。

（2）根据植物所处的生育期选择合适的水溶性肥料配方。植物在不同生育期对养分的需求也不相同，合理的养分供应能有效促进植物完成正常的生长发育阶段。因此，可以根据植物不同生育阶段调整水溶性肥料配方，选择不同的水溶性肥料专用配方，如育苗水溶性肥料配方、生长期水溶性肥料配方、开花期水溶性肥料配方、通用水溶性肥料配方、促根水溶性肥料配方及各种针对特种作物或特别种植形式的专用水溶性肥料配方等。

3.3.2.4 水溶性肥料混配使用

将两种或两种以上的水溶性肥料进行合理混用，可节省施肥时间和用工，其施肥效果也会更加显著。但混用时要遵循肥料混合后必须无不良反应或不降低肥效的原则，否则达不到混用目的。另外，肥料混合时要注意不同混配溶液的浓度和酸碱度，防止沉淀、絮凝和离子拮抗。

在作物发生病虫害时，根据作物的需肥规律和害虫发生情况，将农药和肥料科学配制巧施在叶面上，不但能有效杀灭或抑制害虫，还能起到追肥作用，促进作物生长发育，提高产量。而且还因为药、肥由分次使用变为一次使用，从而减少了用工、降低了药肥成本，在一定程度上也有利于保护环境。

水溶性肥料之间以及肥料与农药的混配能起到一施多效的作用，但混配要注意肥料之间或肥料与农药混配不能产生肥害或药害。由于大多数农药是复杂的有机化合物，与肥料混合必然带来一系列化学的、物理的、生物的反应和变化问题，所以也并不是所有肥料和农药都能混合施用的。进行混配前应先弄清楚肥料的性质和农药的性质，若性质相反，决不可混配。酸碱不同的农药和肥料不可混用，如各种微肥不能与草木灰、石灰等碱性肥药混合；锌肥不能与过磷酸钙混配；尿素为中性肥料，则可以和多种农药混施。

采用混配这一技术要掌握三个原则：一是不能因混合而降低药效或肥效；二是对作物无毒害；三是农药要适宜叶面喷施或水溶灌溉。因此，肥药混用时，必须要注意二者是否可以混用。在以下四种情况决不可药、肥混用：

（1）碱性肥料（如氨水、石灰氮、草木灰等）不能与敌百虫、乐果、甲胺磷、速灭威、托布津、井岗霉素、多菌灵、叶蝉散、菊酯类杀虫剂等农药混用，混用会降低药效。

（2）碱性农药（如石硫合剂、波尔多液、松脂合剂等）不能与碳酸氢铵、硫酸铵、硝酸铵、氯化铵等铵态氮肥和过磷酸钙等化肥混用，混用会使氨挥发损失，降低肥效。

（3）含砷的农药（如砷酸钙、砷酸铝等）不能与钾盐、钠盐类化肥混用，会产生可溶性砷而发生药害。

（4）化学肥料不能与微生物农药混用。化学肥料挥发性、腐蚀性都很强。若与微生物农药（如杀螟杆菌、青虫菌等）混用，易杀死微生物，降低防治效果。

肥料与农药混用前先将肥药各取少量溶液放入同一容器中，若无混浊、沉淀、冒气泡等现象产生，即表明可以混用，否则不能混用。肥肥或肥药混配时，一定要搅拌均匀，现配现用，一般先将一种肥料配成水溶液，再把其他肥料或农药按用量直接加入配好的肥料溶液中，溶液摇匀后再喷。

3.4　标准与检测

目前市场上销售的水溶性肥料既有单一养分种类的产品，也有由多种养分元素混合配制而成的复合营养型水溶性肥料。我们国家对不同类型水溶性肥料的养分元素含量均有相应的标准规定，但水溶性肥料不实行生产许可证管理，根据农业部《肥料登记管理办法》的规定，实行登记管理，由农业部负责审批、发放登记证。

对经农田长期使用、采用国家或行业标准的产品免予登记，主要是一些传统的单质肥料和部分含两种养分的化学肥料，如硫酸铵（含氮、硫）、尿素（含氮）、硝酸铵（含氮）、氰氨化钙（含氮、钙）、磷酸铵（包括磷酸一铵、磷酸二铵）（含氮、磷）、氯化钾（含钾、氯）、硫酸钾（含钾、硫）、硝酸钾（含氮、钾）、氯化铵（含氮、氯）、碳酸氢铵（含氮）、磷酸二氢钾（含磷、钾）以及具有国家标准的单一微量元素肥等肥料不需要登记，达到国家标准即可以销售，供农业生产应用；而其他产品以及改变剂型的单质微量元素水溶性肥料则需要登记[15]。

关于登记肥料品种，含强制性标准 4 类，为农业部直接审批的肥料品种，包括大量元素水溶肥料、微量元素水溶肥料、含氨基酸水溶肥料和含腐植酸水溶性肥料。其他类型产品为需评审审批的肥料新品种，如含中量元素水溶肥料、有机水溶性肥料等，采取厂家制定企业标准、农业部肥料评审委员会专家评审的制度。

2010 年农业部将上述 4 类肥料产品的登记强制性标准在原标准的基础上进行了修订，新标准自 2011 年 2 月 1 日起执行。与旧标准相比较，主要区别如下：

（1）大量元素水溶性肥料：与旧标准（NY 1107-2006）相比较，增加了产品类型，将大量元素水溶性肥料分为微量元素型和中量元素型；增加了产品应至少包含两种大量元素的要求；修订了最低单一大量元素含量不低于 4.0% 或 40 克/升的要求；增加了中量元素型技术指标（中量元素含量≥1.0% 或 10 克/升）；微量元素含量指标修订为 0.2%~3.0% 或 2~30 克/升，并要求微量元素型产品应至少包含一种微量元素；增加钼元素含量不高于 0.5% 或 5 克/升；pH 由 3.0~7.0 修订为 3.0~9.0；增加质量证明书的载明内容要求；修订单一大量元素测定值与标明值负偏差要求；设定单一中量元素测定值与标明值负偏差要求；增加硫、氯、钠元素含量和 pH 的标明值的要求；增加固体产品销售包装和分量包装净含量要求。

大量元素水溶性肥料新的执行标准（NY 1107-2010）详见表 3-6 和表 3-7[15]。

表 3-6 大量元素水溶肥料（中量元素型）产品登记技术指标（NY 1107-2010）

项目		固体指标/%	液体指标/(克/升)
大量元素含量[a]	≥	50.0	500
中量元素含量[b]	≥	1.0	10
水不溶物含量	≤	5.0	50
pH（1∶250 倍稀释）		3.0~9.0	
水分（H_2O）,%	≤	3.0	/
汞（Hg）（以元素计）	≤	5	
砷（As）（以元素计）	≤	10	
镉（Cd）（以元素计）	≤	10	
铅（Pb）（以元素计）	≤	50	
铬（Cr）（以元素计）	≤	50	

a 大量元素含量指总 N、P_2O_5、K_2O 含量之和。产品应至少包含两种大量元素。单一大量元素含量不低于 4.0%（40 克/千克）。

b 中量元素含量指钙、镁元素含量之和。产品应至少包含一种中量元素。含量不低于 0.1%（1 克/千克）的单一中量元素均应计入中量元素含量中。

注：养分、水不溶物固体单位:%；养分、水不溶物液体单位：克/升；有害元素单位毫克/千克。下同。

表 3-7 大量元素水溶肥料（微量元素型）产品登记技术指标（NY 1107-2010）

项目		固体指标/%	液体指标/(克/升)
大量元素含量[a]	≥	50.0	500
微量元素含量[b]	≥	0.2~3.0	2~30
水不溶物含量	≤	5.0	50
pH（ 1∶250 倍稀释）		3.0~9.0	
水分（H_2O）,%	≤	3.0	/
汞（Hg）（以元素计）	≤	5	
砷（As）（以元素计）	≤	10	
镉（Cd）（以元素计）	≤	10	
铅（Pb）（以元素计）	≤	50	
铬（Cr）（以元素计）	≤	50	

a 大量元素含量指总 N、P_2O_5、K_2O 含量之和。产品应至少包含两种大量元素。单一大量元素含量不低于 4.0%（40 克/升）。

b 微量元素含量指铜、铁、锰、锌、硼、钼元素含量之和。产品应至少包含一种微量元素。含量不低于 0.05%（0.5 克/升）的单一微量元素均应计入微量元素含量中。钼元素含量不高于 0.5%（5 克/升）。

（2）微量元素水溶肥料：与旧标准（NY 1428-2007）相比较，修订微量元素种类由至少两种改为至少包含一种微量元素；pH 由 3.0~7.0 修订为 3.0~10.0；增加质量证明书的载明内容要求；修订单一微量元素测定值与标明值正负偏差要求；增加硫、氯、钠元素含量和 pH 的标明值的要求；增加固体产品销售包装和分量包装净含量要求。

微量元素水溶性肥料产品登记新的执行标准（NY 1428-2010）[15]详见表 3-8。

表 3-8　微量元素水溶肥料登记技术指标（NY 1428-2010）

项目		固体指标/%	液体指标/(克/升)
微量元素含量[a]	≥	10.0	100
水不溶物含量	≤	5.0	50
pH（1∶250 倍稀释）		3.0~10.0	
水分（H_2O）,%	≤	6.0	
汞（Hg）（以元素计）	≤	5	
砷（As）（以元素计）	≤	10	
镉（Cd）（以元素计）	≤	10	
铅（Pb）（以元素计）	≤	50	
铬（Cr）（以元素计）	≤	50	

a 微量元素含量指铜、铁、锰、锌、硼、钼元素含量之和。产品应至少包含一种微量元素。含量不低于 0.05%（0.5 克/升）的单一微量元素均应计入微量元素含量中。钼元素含量不高于 1.0%（10 克/升）（单质含钼微量元素产品除外）。

（3）含氨基酸水溶肥料：与旧的登记标准（NY 1429-2007）相比较，增加中量元素型产品，增加镁元素；修订微量元素型产品应至少包含一种微量元素；pH 由 3.0~7.0 修订为 3.0~9.0；增加质量证明书的载明内容要求；设定单一中量元素测定值与标明值负偏差要求；增加硫、氯、钠元素含量和 pH 的标明值的要求；增加固体产品销售包装和分量包装净含量要求。

含氨基酸水溶肥料产品登记新的执行标准详见表 3-9 和表 3-10[15]。参见《含氨基酸水溶肥料》NY1429-2010 和《水溶肥料汞、砷、镉、铅、铬的限量要求》NY1110-2010。

表 3-9　含氨基酸水溶肥料（微量元素型）登记技术指标（NY 1429-2010）

项目		固体指标/%	液体指标/(克/升)
游离氨基酸含量	≥	10.0	100
微量元素含量[a]	≥	2.0	20
水不溶物含量	≤	5.0	50
pH（1∶250 倍稀释）		3.0~9.0	
水分（H_2O）,%	≤	4.0	/
汞（Hg）（以元素计）	≤	5	
砷（As）（以元素计）	≤	10	
镉（Cd）（以元素计）	≤	10	

续表

项目		固体指标/%	液体指标/(克/升)
铅（Pb）（以元素计）	≤	50	
铬（Cr）（以元素计）	≤	50	

a 微量元素含量指铜、铁、锰、锌、硼、钼元素含量之和。产品应至少包含一种微量元素。含量不低于 0.05%（0.5 克/升）的单一微量元素均应计入微量元素含量中。钼元素含量不高于 0.5%（5 克/升）。

表 3-10 含氨基酸水溶肥料（中量元素型）登记技术指标（NY 1429-2010）

项目		固体指标/%	液体指标/(克/升)
游离氨基酸含量	≥	10.0	100
中量元素含量[a]	≥	3.0	30
水不溶物含量	≤	5.0	50
pH（1∶250 倍稀释）		3.0~9.0	
水分（H_2O），%	≤	4.0	/
汞（Hg）（以元素计）	≤	5	
砷（As）（以元素计）	≤	10	
镉（Cd）（以元素计）	≤	10	
铅（Pb）（以元素计）	≤	50	
铬（Cr）（以元素计）	≤	50	

a 中量元素含量指钙、镁元素含量之和。产品应至少包含一种中量元素。含量不低于 0.1%（1 克/升）的单一中量元素均应计入中量元素含量中。

（4）含腐植酸水溶性肥料：与旧的执行标准（NY1106-2006）相比较，将腐植酸原料明确为“矿物源腐植酸”；取消大量元素型的Ⅰ型和Ⅱ型，修订腐植酸含量和大量元素含量指标；增加大量元素型产品应至少包含两种大量元素要求；修订最低单一大量元素含量不低于 2.0% 或 20 克/升要求；修订微量元素型产品应至少包含一种微量元素；钼元素含量不高于 0.5 %；pH 由 4.0~9.0 修订为 4.0~10.0；增加质量证明书的载明内容要求；修订单一大量元素测定值与标明值负偏差要求；单一微量元素测定值与标明值正负偏差要求；增加硫、氯、钠元素含量和 pH 的标明值的要求；增加固体产品销售包装和分量包装净含量要求。

含腐植酸水溶性肥料产品登记新的执行标准详见表 3-11 和表 3-12[15]。参见《含腐植酸水溶肥料》NY1106-2010 和《水溶肥料汞、砷、镉、铅、铬的限量要求》NY1110-2010。

2012 年 12 月 24 日，农业部颁布农用中量元素水溶肥料行业标准（NY2266-2012）（表 3-13），标准自 2013 年 6 月 1 日实施。

虽然国家制订了部分水溶性肥料种类的指导标准，但由于地域条件、生产工艺、生产成本等方面的原因。各厂家生产的叶面肥料品种繁多、成分复杂，产品归类比较困难，对农户应用而言，根据当地农业生产条件选择合适的水溶性肥料种类，才能发挥应用水溶性肥料的最大效果。

表 3-11　含腐植酸水溶性肥料登记技术指标（大量元素型）（NY 1106-2010）

项目		固体指标/%	液体指标/(克/升)
腐植酸含量	≥	3.0	30
大量元素含量[a]	≥	20.0	200
水不溶物含量	≤	5.0	50
pH（1∶250 倍稀释）		4.0~10.0	
水分（H_2O）,%	≤	5.0	/
汞（Hg）（以元素计）	≤	5	
砷（As）（以元素计）	≤	10	
镉（Cd）（以元素计）	≤	10	
铅（Pb）（以元素计）	≤	50	
铬（Cr）（以元素计）	≤	50	

a 大量元素含量指总 N、P_2O_5、K_2O 含量之和。产品应至少包含两种大量元素。单一大量元素含量不低于 2.0%（20 克/升）。

表 3-12　含腐植酸水溶性肥料登记技术指标（微量元素型）（NY 1106-2010）

项目		固体指标/%
腐植酸含量,%	≥	3.0
微量元素含量[a],%	≥	6.0
水不溶物含量,%	≤	5.0
pH（1∶250 倍稀释）		4.0~10.0
水分（H_2O）,%	≤	5.0
汞（Hg）（以元素计）	≤	5
砷（As）（以元素计）	≤	10
镉（Cd）（以元素计）	≤	10
铅（Pb）（以元素计）	≤	50

a 微量元素含量指铜、铁、锰、锌、硼、钼元素含量之和。产品应至少包含一种微量元素。含量不低于 0.05% 的单一微量元素均应计入微量元素含量中。钼元素含量不高于 0.5%。

表 3-13　中量元素水溶性肥料登记技术指示（微量元素型）（NY 2266-2012）

项目		固体指标/%	液体指标/（g/L）
中量元素含量[a]	≥	10. 0	100
水不溶物含量	≤	5.0	50
pH（1∶250 倍稀释）		3.0~9.0	

续表

项目		固体指标/%	液体指标/（g/L）
水分含量（H_2O），%	≤	3.0	/
汞（Hg）（以元素计）	≤	5	
砷（As）（以元素计）	≤	10	
镉（Cd）（以元素计）	≤	10	
铅（Pb）（以元素计）	≤	50	
铬（Cr）（以元素计）	≤	50	

a 中量元素含量指钙含量或镁含量或钙镁含量之和。含量不低于 1.0%（10 克/升）的钙或镁元素均应计入中量元素含量中。硫含量不计入中量元素含量，仅在标识中标注。

若中量元素水溶肥料中添加微量元素成分，微量元素含量应不低于 0.1% 或 1（克/升），且不高于中量元素含量的 10%。（注：微量元素含量指铜、铁、锰、锌、硼、钼元素含量之和。含量不低于 0.05% 或 0.5 克/升的单一微量元素均应计入微量元素含量中。）

3.5 发展趋势与展望

由于水溶性肥料具有诸多常规固体复合肥料不可比拟的优点，如利用水溶性肥料进行叶面施肥具有养分吸收快、可及时纠正作物营养失调现象、配方设计灵活等优点，并可实现水肥一体化，达到节水、节肥、省力等功效，因此，水溶性肥料逐渐受到世人的重视。特别是随着世界水资源的匮乏和温室效应的加剧，水溶性肥料将成为农业可持续发展的重要措施。水溶性肥料产品与施用技术符合“低碳节能、高效环保”的要求，发展前景十分广阔。

由于地域类型、作物种类等条件的差异，水溶性肥料使用效果会有一定的变化，所以，追求养分、功能全面，一种配方就解决问题的想法是不必要的，应充分考虑作物、土壤、气候等条件的差异，以研制出针对性强、养分吸收效率高的专用水溶性肥料。目前水溶性肥料的研发与应用开始向多元化、针对性、环保型等方向发展，产品的发展具有高浓度化、系列化、多功能化的趋势[5,13]。

（1）产品高浓度化。叶面肥发展初期，一般采用传统肥料进行加工生产，养分浓度低，应用效果不稳定，近年来，各国通过对养分形态及剂型的开发，大幅度提高了有效养分的浓度，降低杂质以及有害成分的含量，增加施肥效果与应用安全性。

（2）产品系列化。由于各地土壤条件与作物种类的差异，靠一个配方打天下的生产模式越来越难以得到用户的认同，众多厂家认识到必须根据不同地域和作物选择合理的养分种类与比例，单一元素类水溶性肥料的生产也获得厂家的重视，形成了根据土壤、作物、环境选择不同养分为组分的系列产品。

（3）产品多功能化。在肥料开发与施肥技术的研究方面，已经不仅仅限于简单的研究“缺什么元素补什么”，“怎样使大量肥料溶解进入溶剂”，或是“肥料溶液怎样才能更持久的保留在叶片上”等问题，施肥调控越来越与提高作物抗病、抗旱、抗盐碱等抗逆能力以及增加果实着色、风味等品质结合起来。水溶性肥料的研发开始重视黄腐酸、水杨酸、海藻酸、低聚糖、糖醇等生物活性物质的应用，提高施肥的效果。

水溶性肥料的开发是一项技术性强、学科跨度大的应用性研究。不仅需要土壤与植物营养学、植物生理学、作物栽培学、作物化控、农药和化肥、精细化工和产品加工等多学科的理论基础知识，而且只有将这些学科中的最新科研成果综合应用于生产之中，才可研制出令人满意的产品。近年来，我国水溶性肥料的开发与应用均取得了明显的发展，新型肥料的开发以及农田应用面积逐年扩大。但是，对水溶性肥料的施肥技术基础性研究不够，肥料配方的筛选方面存在随意性，养分种类、比例和含量等还不能根据作物、土壤、环境等条件制定，因此，针对性比较差，严重影响了施肥效果。为促进我国水溶性肥料的良性发展，必须加大科研力度，促进我国水溶性肥料的发展，使之将走上正规化、科学化的轨道，在农业生产中发挥愈来愈大的作用。

通过对国外水溶性肥料技术的检索分析，其主要特点是：十分重视肥料本身的绿色环保、安全性，多采用从各种植物中提取的各种天然活性物质，如风化煤中的黄腐酸、海藻中的海藻酸等作为水溶性肥料中的植物生长调节剂；在强调施肥的基本作用的同时，注重突出该类产品的针对性，注重突出对作物某一特殊营养物质的补充作用；对于微量元素，基本上是全部采用螯合形态，以增强微量元素的稳定性和吸收效果；比较强调肥料的定期施用性。

为促进我国水溶性肥料技术与国际接轨，今后在水溶性肥料的开发与应用研究上应注重以下几方面：广泛研究和采用各种植物生理活性/营养物质；促进水溶性肥料有效成分的高效吸收，如新型螯合剂及湿润剂、渗透剂等助剂的综合应用；增强作物自身抗逆性能的研究等。

因此，我国水溶性肥料在今后的发展与应用中应重视以下几方面：

（1）加强叶面营养吸收机理和喷施理论研究。长期以来，叶面施肥理论的研究落后于农业应用。虽然自 Griss 将 $FeSO_4$ 溶液涂抹于葡萄叶片用于矫正缺铁黄化病以来，进行了大量的植物叶面营养吸收机理以及应用技术的研究，在增加养分吸收、提高作物品质、减少环境污染等方面取得了巨大进展，但在叶面施肥应用机理研究方面相对落后，相应的产品开发科技投入不足。与国外研究相比，我国对叶面营养机理的研究还有一定的差距，这对于我国水溶性肥料叶面施用技术的长期发展是不利的。

（2）提高产品养分浓度和施肥效果。目前我国大多数水溶性肥料产品养分含量低、无效副成分与有害杂质含量过高，严重影响了施肥效果的发挥。因此，在以后的研究中应针对作物营养特点，筛选合适的养分形态与剂型，降低无效成分含量，提高施肥效果。另外，提高有效成分可以降低包装、运输成本。

（3）加强高效助剂和有机活性物质的研究。因为水溶性肥料中使用的助剂一般是沿用了农药应用种类，存在喷施吸收效率低、各成分间相溶性差等问题，严重影响肥料的喷施效果。由于不同助剂具有协同效应及多种有机活性物质（如黄腐酸、氨基酸等）具有提高喷施效果、增强作物抗逆性等作用而逐渐成为水溶性肥料生产不可缺少的重要组分，也成为水溶性肥料研究的关注热点。随着对水溶性肥料要求的提高，具有多功能特点的有机活性物质开发日益受到重视。因此，在今后的水溶性肥料研究中，应加强对作物叶片及养分吸收特性的研究，利用表面活性剂的协同效应，研制高效复合型助剂及应用多功能有机活性物质以提高水溶性肥料的施用效果，这是推进水溶性肥料产品研发的技术重点。

(4) 重视络（螯）合物质的开发

螯合类养分，尤其是螯合类微量元素在提高作物吸收效率，降低养分损失等方面具有无机养分不可比拟的优点，在水溶性肥料的生产与施用中得到广泛的应用。但部分螯合剂存在成本高、分子质量大、容易引起作物植株伤害等问题。因此，开发高效、环保型小分子螯合剂，如糖醇类物质，成为水溶性肥料开发的一个重要发展方向。

(5) 强化专用水溶性肥料的研究。这是提高水溶性肥料施用效果的有效途径之一。由于施肥效果受地域、作物类型等因素的影响，所以，针对不同作物、不同土壤类型、不同目标作物的营养特性及环境因素，研制针对性强、养分吸收效率高的专用型水溶性肥料是提高水溶性肥料施用效果的有效途径。随着人们对环境问题与食品安全问题的重视，水溶性肥料的研究应向高效、环保、安全的方向发展。

(6) 建立规范化的水溶性肥料标准，优化和推广施用技术。目前，由于缺乏统一的、规范化的标准，我国水溶性肥料品种、功效繁多杂乱，令使用者无所适从而盲目使用，急需建立规范化的水溶性肥料标准；同时，由于缺乏施用技术的培训和宣传，使用者在使用技术方面不规范操作，导致达不到应有的施用效果，因此，明确水溶性肥料有效应用的地区、作物范围，优化其施用技术并加强培训和示范推广，成为推进水溶性肥料应用与发展的一条重要途径。

虽然我国水溶性肥料较国外发展较晚，但其发展与应用潜力巨大。我国是全球人均水资源最贫乏的国家之一，而且农业季节性、区域性缺水问题突出，长期以来肥料施用不科学而造成的肥料利用率低，环境污染风险等问题日益引起人们的关注，提高水、肥利用率，节约资源成为我国农业可持续发展的保障之一。水溶性肥料作为新型环保肥料，使用方便，可喷施、冲施，并可和喷滴灌结合使用，在提高肥料利用率、节约农业用水、减少生态环境污染、改善作物品质以及减少劳动力等方面有明显优势。因此，水溶性肥料施用技术作为作物施肥技术的一个重要方面，有很大的发展前景。随着现代农业的发展，施用技术也正在逐渐趋于合理化，水溶性肥料已成为农业生产中一项不可缺少的生产物资。

根据全国应用的发展现状，我们相信，在不远的将来，我国的蔬菜、水果等经济作物将逐步采用微灌和水肥一体化技术，这意味着，现在用肥总量的近一半都将通过微灌系统施用，因此，适用于微灌系统的水溶性肥料市场在我国前景无限广阔，特别是随着水溶性肥料品种的不断更新，生产成本和肥料价格的下降，水溶性肥料施用技术的不断发展和普及，水溶性肥料必将在我国农田中出现大范围、大面积的推广应用。

参考文献

1 Sarandon S J, Gianibelli M C. Effect of foliar urea spraying and nitrogen application at sowing upon dry matter and nitrogen in wheat (*Triticum aestivum* L.). Agronomy Journal, 1990, 10: 183-189

2 奚振邦. 现代化学肥料学. 北京：中国农业出版社，2003

3 H. Marschner. 李春俭等译. 高等植物的矿质营养. 北京：中国农业大学，2001

4 李燕婷，肖艳，李秀英等. 叶面营养机理与叶面肥应用研究进展. 中国农业科学，2009，42（1）：162-172

5　李燕婷，肖艳，李秀英等. 作物叶面施肥技术与应用. 北京：科学出版社，2009
6　李春花，梁国庆. 专用复混肥配方设计与生产. 北京：化学工业出版社，2001
7　徐静安. 复混肥和功能性肥料生产新工艺及应用技术丛书——生产工艺技术. 北京：化学工业出版社，2000
8　褚天铎，林继雄，杨清等. 化肥科学使用指南（修订版）. 北京：金盾出版社，2002
9　黄照愿. 科学施肥（第二次修订版）. 北京：金盾出版社，2007
10　黄照愿. 配方施肥与叶面施肥. 北京：金盾出版社，2004
11　徐静安. 复混肥和功能性肥料生产新工艺及应用技术丛书——施用技术与农化服务. 北京：化学工业出版社，2001
12　张志明. 复混肥料生产与利用指南. 北京：中国农业出版社，2000
13　张福锁，张卫峰，马文奇等. 中国化肥产业技术与展望. 北京：化学工业出版社，2007
14　Yamada Y, Wittwer S H, Bukovac M J. Penetration of organic compounds through isolated cuticular membranes with special reference to 14C urea. Plant Physiology, 1965, 40 (1): 170-175
15　国家化肥质量监督检验中心 http：//www.fernet. cn

第4章　功能型肥料

肥料的功能通常是提供作物养分，而功能型肥料主要指一般营养功能以外的新功能，如保水、防病、除草等功能，也包括对特定农艺性状有突出调控作用的功能，如促根、抗倒等功能。新功能拓展是肥料科技发展的重要方向。本章重点介绍具有改善水分利用率的保水肥料，可直接施用至根际环境的根际肥料，以及具有防病、抗倒伏功能的肥料等。

4.1　保水型功能肥料

4.1.1　概念、范畴与国内外进展

保水肥是在我国几十年水肥耦合技术成果的基础上发展起来的，把水、肥两者的调控（耦合）技术操作物化为产品，集保水与供肥于一体，可更加方便实现水肥一体化调控。保水肥依养分元素不同，可分为保水氮肥、钾肥和磷肥或保水复合肥，依其剂型不同可分为粒状、粉状或液状，最近我国还研制成功一种新保水肥——构型保水肥[1]。

保水肥研制的首要条件是保水剂，其农业应用始于20世纪70年代美国农业部北部研究中心（NRRC），将保水剂在西部干旱地区推广，保水和增产效果明显。保水剂按其来源分为三大系列：天然保水剂、合成保水剂和半合成保水剂。天然保水剂是生物产物，如蛋白质、淀粉、纤维素、果胶类、藻酸类等，能够吸收超过自身质量十倍到数十倍的水，吸水量较低，但易于降解，成本也较低。合成保水剂是通过聚合反应合成的高吸水性树脂，可吸收超过自身质量数百倍至千倍的水量，如聚丙烯酰胺、交联聚丙烯酰胺、聚丙烯酸钠及交联聚丙烯酸钠等。半合成保水剂是用化工有机单体接枝天然高分子物质或与无机矿物共聚或混聚得到的聚合产物，如聚丙烯腈接枝淀粉共聚物、羧甲基纤维素接枝丙烯腈水解产物、聚丙烯酰胺单体与无机矿物合成的有机-无机保水剂等。

保水剂与天然生物材料或无机矿物如磷矿粉、钾长石、硅藻土等共聚或共混研制复合（混）保水剂，可降低成本20%~40%，还可提高耐盐性能，易于与肥料混合使用。最近研究显示保水剂与无机矿物共聚或共混还可活化矿物中的P、K、Mg等养分，提高矿物中养分的有效性[2,3]。

保水剂主要农用方式是在土壤中直接施用，如撒施、沟施、穴施、喷施等。蘸根以及拌种或种子包衣应用较少，植物幼根往往容易受到丙烯酸与钠离子的隐性伤害，需要注意采取预防措施，这方面的研究已有重要进展[4]。

我国保水型功能肥料大多处于研发阶段。近年来对其水肥调控效应的研究进展较快，在保水剂中加入某些矿物、腐植酸和作物养分制成有机-无机复合保水肥等[5,6]。但是，中国保水肥产品不多，甚少有形成品牌效应的产品。国外保水型功能肥料的生产和

销售已有少量品牌，如 Fertisorb®、Hydrogel®、Watersorb®等，多用于盆栽观赏植物、高尔夫球场及特种草坪种植等方面，产量不大。

限制保水剂农用的主要技术瓶颈是成本高，一般每吨价格约 2 万元，是肥料价格的十倍以上。开发保水肥使原来保水剂单一的保水功能扩展为“保水又保肥”的双重功效，使成本分摊于两个功能，通过扩大功能而提高性/价比。另一个技术瓶颈是保水剂吸水性能受到肥料盐效应影响而大幅降低。采用无机矿物材料与保水剂共混或在保水剂合成过程中添加磷矿粉、钾长石等无机矿物，研制的有机-无机复合保水剂不仅能降低成本，而且在耐盐性能方面有较大的改善，为保水肥的研发提供了更广的物质基础[2,7]。

4.1.2 原理与工艺

4.1.2.1 保水肥的原理

保水肥的技术原理主要有三方面：水肥耦合、水肥齐调及其物化以及通过构型而获得托水性能。

1） 水肥耦合

水肥调控（耦合）技术是总结我国北方旱农几十年研究经验得出的科学成果。在不增加施肥量和灌水量的情况下，肥料利用率可提高 5% 以上，作物增产超过 10%，水分利用效率可提高到 1 千克粮食/立方米水，甚至更高[8]。保水肥根据水肥耦合的原理，充分发挥水肥这一对相互作用因子的协同效应，从而提高作物的抗旱能力和水肥利用效率。进一步研究表明，在水肥这一对因子中，水是主导因子。因肥随水动，保水即能保肥。研究表明，加有聚丙烯酸酯类、聚乙烯醇类、淀粉类保水聚合物、高聚物-矿物复混保水剂的肥料与相应对照肥料相比，氮养分的扩散和释放减慢，在保水的同时，还可以显著减少淋出液体积，降低氮磷钾的淋溶率[2,7]，相应试验表明，施用复合保水剂能够显著提高作物的生物学产量和肥料利用率[3,9]。

2） 水肥一体化调控及其物化

水肥耦合的实施，是通过各种技术手段对水、肥在不同时间和空间（土体）的分别调控。而通过保水肥这一技术载体，则转变为同一时空（保水肥本体）下的一体化调控，更为简捷。它改变了保水剂直接施于土壤的传统方式，作用范围由土壤的“面”缩小到肥料的“点”，用量降低了，且水肥齐调，效果更好。保水肥具有以水控肥的缓释功能[10]，而且，其保肥对肥效的贡献不亚于、甚至大于保水[3,11]，这为保水剂的应用开拓了新思路。通过保肥性能的叠加，保水剂性能/价格比得以提高，因而明显促进了保水剂的应用推广。通过保水肥这一技术载体，保水剂不仅干旱时能保水，雨季时则保肥，并非水多时无用，突破了保水剂应用季节和地域的原有时空框架。一年之中四季皆可用，西北和东南、旱区及沿海都可发挥作用。

保水肥集成了“农艺节水技术中水肥调控（耦合）技术”、“化学制剂保水节水技术”和“肥料控释技术”的优越性，将水肥耦合技术复杂的农艺措施物化到肥料中，更有利于推广应用。保水肥技术的开发潜力相当广阔，不仅对保水剂技术研发，而且对肥料控释的创新都有重大意义。

3）保水剂的构型与托水力

保水剂在土壤的施用，尚未注意到其空间构型的保水效果。而最近研究发现[1]，保水材料通过空间构型而可获得托水能力，它是保水构件的空间构型对土层水分运动的阻截作用（主要是对水分向下运动而产生的承托作用）而产生的保水能力。通过构型，保水剂的保水力获得了一条新的提升途径——托水力。其保水力有两个来源：吸水力加托水力。它与现有保水剂的保水效果仅源于唯一的吸水力不同，是一种新的保水机理和技术研发思路。与普通保水剂相比，构型保水剂（肥）在效果和低成本方面有明显的优势。托水能力的开发为提高保水力提供了新的研发方向，开拓了利用吸水倍率低的材料制备高保水力构件的新技术途径，可明显提高保水（肥）效果。如图 4-1 所示，片状及碗状构件较对照有显著的托水效果，碗状构件的效果更优。

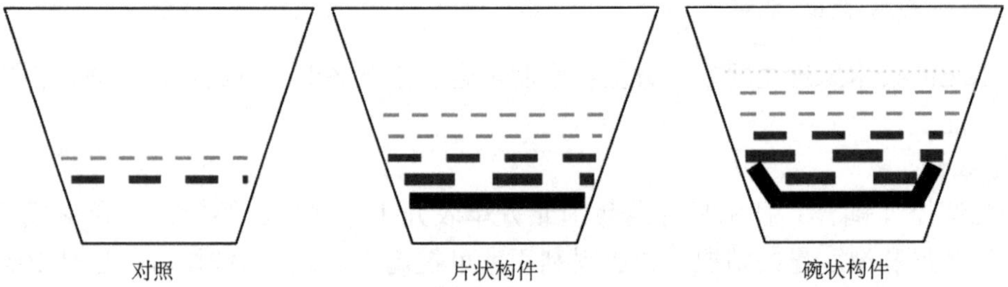

图 4-1　片状及碗状构件较对照有显著的托水效果

4.1.2.2　保水肥的生产工艺

保水型功能肥料从保水剂与肥料复合工艺来分类，包括如下 4 种类型：

1）物理吸附型

即将保水剂加入到肥料溶液中，让其吸收溶液形成水溶胶或水凝胶，或者将其混合液烘干成干凝胶。如保水剂添加到硝酸铵-尿素溶液制成黏液肥。也可用吸附有肥料养分的富营养保水剂作为栽培基质[12]。在保水剂中加入一定量的腐植酸混合其效果更好[6]。物理吸附型利用成品保水剂作为养分吸附载体，制备工艺简单，可在田间现配现用。如果将其干燥固化为凝胶，既可方便运输，还有利于“种-肥同播”的机械作业。

2）包膜型

保水剂具有“以水控肥”的功能，故可作为控释材料用于包膜控释肥生产，国内外均有研究。交联聚丙烯酰胺具可作为肥料的包膜材料制备缓释肥料早有报道，最近有新的进展。杜建军等[13]以不同类型的高吸水性树脂为包膜材料，以大颗粒尿素和改性矿物包膜尿素为原料肥料，研制出高吸水性树脂单层及复式包膜尿素系列产品。结果表明高吸水性树脂包膜尿素水中 24 小时氮素溶出率在 18.22%～83.87%之间，土壤中 4 周氮素累积淋出率在 40.91%～65.38%之间，较尿素降低 5.21%～40.68%（图 4-2、图 4-3）。最近，利用化学聚合反应在尿素表面直接反应制成保水包膜尿素肥料的新技术已获成功，工艺简捷[14]。

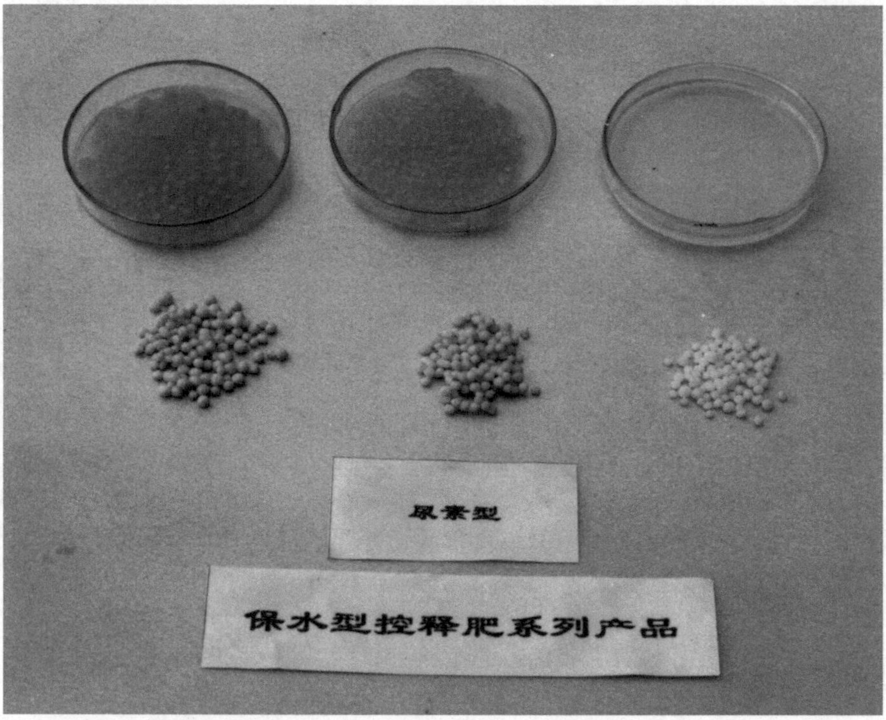

图 4-2　保水型尿素（左，中）吸水后膨胀，普通尿素吸水后溶解（右）

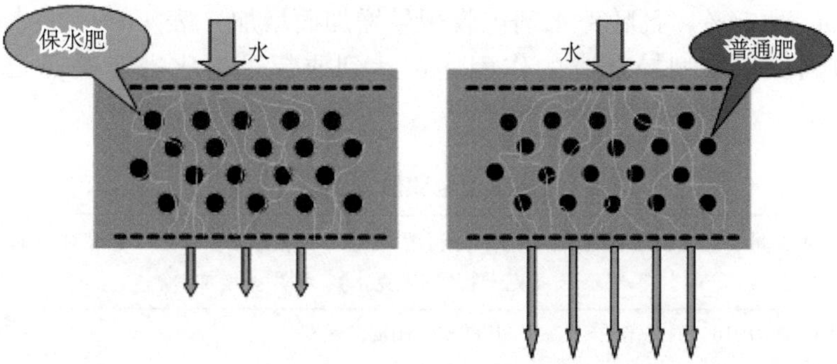

图 4-3　保水型肥料保水保肥效果示意图

3）混合造粒型保水肥

通过挤压、圆盘及转鼓等各式造粒机将一定比例保水剂和肥料混合制成颗粒，即可制成各种保水长效复合肥 。由于大多数肥料为电解质，其盐效应将对保水剂产生不利影响，因此，混合造粒时需要消除或减弱这一不利影响，为此可把保水剂与尿素（非电解质）混合造粒，而磷钾肥等电解质类肥混合造粒，然后制成混合型（非包膜）肥；另一个途径是把离子型肥料先与沸石等矿物添加剂混合搅拌以吸附其离子，然后再混合造粒，这样可减少其对保水剂的影响。

4）构型保水肥

这类肥料多为片状、碗状、盘状产品。这类肥料因其构型而具有托水力，与保水材料原有的吸水力共同作用，使其保水力更大，保水保肥效果更明显。该肥有两种应用方式，可在工厂生成片状、碗状、盘状产品使用，也可在现场临时混配成浆状铺于树抗底或沟底使用。

保水肥研制的首要条件是保水剂，新型复混（合）保水剂用于构件型保水肥可进一步降低成本，提高保水效果。

复混（合）保水肥的添加材料相当广泛，可选用廉价的磷矿粉、钾长石、菱镁矿、膨润土、硅藻土等矿物以及纸泥、污泥、纸浆、谷壳、棕榈垫 、禽畜粪便等工农业有机废弃物，进行单一及多组分优化组合获得良好效果。其中20%磷矿粉复合保水剂的吸水/保水效果最好，略优于商用保水剂。复混（合）加工工艺简捷，尤其是混合型保水剂，无需高温强酸、在合适比例下搅拌加工即可制成。研究发现，采用超声波加工可明显提高反应效率。进一步研究还发现复混（合）保水剂中矿物的某些养分元素如磷、钾、镁、钙等有效性得以提升，使其不仅具有良好的保水性能，还具有独特的养分增效性能[2]。

4.1.3 施用技术与效果

4.1.3.1 固体（粒、粉状及基质）

保水剂具有“以水控肥”的功能，故可作为控释材料用于包膜控释肥生产。近年来国内的研究有较大进展。杜建军等[13,15]研究显示，水分胁迫条件下，保水剂包膜尿素的生物量、水分利用效率和氮肥利用率较尿素均显著提高，增幅分别达13%~17%、15%~26%和38%~74%，且随保水剂包膜用量增加而增加（表4-1）。保水剂用量为6：100和9：100时，保水型控释肥的作用均可达到或超过参比进口控释肥（Osmocote）的效果。

表4-1 保水型包膜尿素的增产效果

肥料名称或编号	生物量/(克/盆)	较尿素增产/%	水分利用率（克干物质/千克水）	较尿素水分利用率增加/%	氮肥利用率/%	较尿素提高/%
对照	19.47±0.101d		1.89±0.010g			
尿素	23.76±0.186c		2.17±0.017f		17.56g	
BJ保水剂	27.91±0.194a	17.5	2.67±0.019a	23.0	30.55a	74.0
ZJ保水剂	27.61±0.411ab	16.2	2.74±0.041a	26.3	20.76c	18.2
BD保水剂	26.99±0.076b	13.6	2.50±0.007b	15.2	24.27b	38.2

注：表中数据为平均值，其后为标准差；具有相同字母者表示经DMRT法检验差异不显著。

保水剂混合型（非包膜）复合肥较相应复合肥的肥效也有一定提高，但其肥效远不及保水剂包膜复合肥，这与肥料盐效应对保水剂的不利影响有关。在混合型肥料中因为肥料与保水剂的接触面远远大于包膜复合肥，所产生的盐效应更大，因而不利的影响更加明显。

上述研究是改善水分和营养状况的共同结果，为了说明保水因子的效果，特别设计无养分淋失条件试验，以研究轻度和中度水分胁迫条件下保水型控释肥的肥效。结果显示，水分中度胁迫和轻度胁迫下，各类保水型控释肥较尿素的生物量、水分利用效率、氮肥利用率均有提高[15,16]。各类保水型控释肥在两种水分胁迫水平下，较尿素处理和相应的非保水型控释肥处理的氮肥利用率均有大幅度提高，在水分中度胁迫时水分利用效率高于轻度胁迫处理，其效果更明显[15]。

在营养基质土中加入保水剂可制成保水型营养基质，同样也有很好的保水、保肥效果。基质中加入保水剂后渗出液总体积、渗出液总氮量明显减少，并随保水剂用量的增加效果更为显著[12]。其中85%水肥+0.5%保水剂处理的渗出液总体积比对照的减少了26.2%，而渗出液总氮量比对照减少了44.7%，产量增加，改善品质。水、肥供应为正常量85%时，黄瓜、西瓜产量甚至超过正常供水、供肥处理的产量。可溶性固形物、可溶性糖、维生素C含量增加或与正常供水、供肥时持平，硝酸盐、游离酸含量下降[12,17]。

保水剂加入栽培基质加工成营养保水基质，可广泛用于山坡、采石场和公路边坡植被建立，甚至在沙漠大面积复绿方面，也出现了一些成功的样板。例如广东金沙纬地生态工程技术有限公司把保水基质与草籽以机械施工于内蒙库布齐沙漠逾千亩，历时8年多长势良好。

4.1.3.2　制成液体应用于设施农业（大棚、喷灌、滴灌）

保水剂不仅可以用于固体肥料包膜，还可以与滴灌、喷灌相结合，在设施农业中也有重要的应用价值。其方法是选用交联度低、流动性好的保水材料，稀释为水溶液，或与肥料一起制成稀液使用。要注意研究防止堵塞管道以及防止受肥料影响而降低其稳定性的保水剂。试验表明，应用PAA（聚丙烯酸钠）溶胶养分淋溶大幅度减少而产量增幅可达20%左右，收获后土壤氮不减甚至增加（图4-4、图4-5）。以T3处理（0.02%、pH6.5的PAA溶胶与自来水交替灌溉）对水肥保持效果最好，可使N素淋失量减少72.0%，水分利用效率提高23.3%，作物产量增加33.2%[18]。

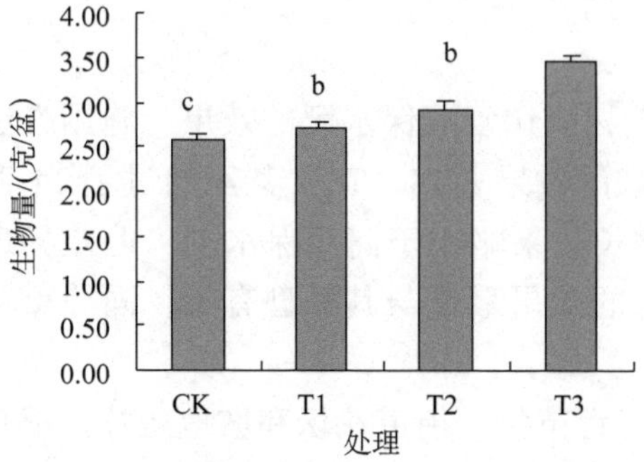

图4-4　不同PAA处理的小白菜生物量

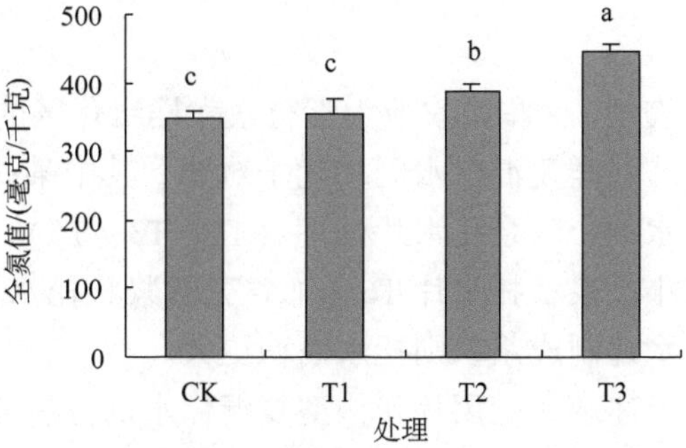

图4-5　不同PAA处理作物收获后土壤全氮含量

图中数据为4次测定结果的平均值；具有相同字母者表示经DMRT法检验差异不显著。

CK及各处理施肥量均一致。T1-T3均为PAA溶胶0.02%，T1-T2均为连续3次施用，T1 pH7.5，T2 pH6.5，T3为PAA溶胶处理与自来水交替使用。

4.1.3.3　构型保水肥

表 4-2 为广东清远威华桉树种植基地应用复混保水剂的效果。在等养分情况下，树坑底部加了复混保水肥，2 个月即有明显效果，树高、地径分别增长 17.5%～12.7% 和 8.0%～12.7%，一年后外观差异十分明显（图 4-6）。

表 4-2　桉树施用复混保水肥与对照比较（60 天）

处理（每株保水剂用量）	树高增量		地径	
	厘米	增加/%	厘米	增加/%
CK	14.5		6.5	
T1：1g	17.0	17.5	7.0	8.0
T2：2g	16.3	12.7	7.4	72.7

图 4-6　桉树施用复混保水肥与对照比较（一年后）

表 4-3 为华南农业大学行政大楼绿化区的紫荆树应用复混保水肥的效果，施用方法同上，各类复混保水肥均优于对照。其中某些处理的效果（T4、T6）甚至超过了 T1 商用保水剂。其余托水片处理（T2、T3、T5）虽增长效果略小于商用保水剂，但差异逐渐减小。浆状托水片 T6（加谷壳的浆状托水片）的效果最优与其构型有关，同等重量的托水片制成浆状则托水面积更大。

上述现场配用片状构型复混保水剂方法应用于育苗袋、街道花坛和坡地造林，都获得了明显的促长、节水、节本的效果。

保水肥的使用效果不仅取决于产品性能，也取决于使用方法。保水剂（肥）在土壤中放置位置对保水效果有重要作用，种树时，一般放置在土坑底部起 1/3 处的效果最优，置于 1/2 处次之，两者均优于保水剂与土壤混合处理。因为保水材料在土壤中层状施用

表 4-3　紫荆树胸径生长变化情况（华南农大校园 2010. 10~2011. 5）

处理	托水片	初始胸径/厘米	92 天胸径/厘米	92 天胸径增长/%	202 天胸径/厘米	202 天胸径增长/%
CK0	—	8. 76	8. 88	1. 35	9. 04	3. 16
T1	商业保水剂	8. 44	8. 90	5. 43	9. 14	8. 30
T2	湿润样	8. 70	8. 77	0. 73	9. 11	4. 65
T3	湿润样	8. 86	9. 05	2. 16	9. 34	5. 39
T4	干样	7. 91	8. 44	6. 73	8. 97	13. 41
T5	湿润样	9. 40	9. 67	2. 85	9. 92	5. 56
T6	浆状	8. 69	9. 15	5. 27	9. 54	9. 74

注：纸泥、污泥、谷壳与少量保水剂混合制成托水片 T2-T6。

所形成的托水层，可以阻截下渗水流，更有利于水分的保持。要注意位置不宜太靠根层，以免引起积水缺氧。而全层混匀的施用方法，仅依靠保水剂的吸水力起作用，未能形成托水力，所以效果不及构型处理。构型保水肥所放的合适位置，不可一概而论，需要依据托水力和不同作物的根系分布特点而有所调整。如图 4-7 所示，对于根系较浅的草来说，托水片于底部 10 厘米处理，位于根系密集层下方 3 厘米，效果明显优于其他处理，托水片过低过高都不好。效果高低顺序为：底部 10 厘米>底部 0 厘米>底部 5 厘米>对照。保水剂在充分吸水后，易于构型，能使土壤保持较高含水量，并能维持更长时间，故宜吸水后使用。

图 4-7　托水片不同位置对黑麦草生长的影响

4. 1. 4　标准与检测

对保水肥养分控释的测定，可参照一般控释肥的测定方法和标准。粒状保水肥的保水量小，主要目的是以水控肥，这可通过控释性能测定反映出来。若有研究保水力的需要，也可通过充分吸水后的重量增加对其吸水力进行研究。

托水力是一个表征保水性能的新技术指标，尚待制定。通过实验可获得量化值。某一保水剂构件在一定土壤深度的含水量与相应对照（无保水剂构件）含水量之差即为托水力，是该保水剂构件在一定土层、一定时间托水力的量化指标。

现有文献没有关于农用保水剂中丙烯酸单体钠离子残留及对作物伤害的报导，现有标准也无对钠和聚丙烯酸的测定要求。而毛小云[4]最新的研究成果显示钠和聚丙烯酸对幼根有害，但是不易发现。其研究显示，保水剂中丙烯酸单体达到0.1%时会导致接触凝胶的根系溃烂（伤害浓度远低于尿素中缩二脲的国家标准0.5%～1.5%），而现有保水剂的丙烯酸单体均超过0.1%，多在0.4%左右，容易对幼根造成伤害。丙烯酸单体与钠离子对玉米存在复合伤害，钠离子的存在增加了丙烯酸的伤害。因此很有必要在农用保水剂的标准中列入对钠和聚丙烯酸二者的限定指标。

4.1.5 发展趋势与展望

4.1.5.1 保水肥的发展趋势

保水肥今后的发展趋势有如下特点：

在材料方面，向降低成本和提高耐盐性发展。合成保水剂虽然在降低成本方面仍有空间，但技术难度较大。而混合剂则有很大潜力。因为矿物材料和有机生物质材料很便宜，与合成保水剂的混配在技术上已经取得突破，可以大幅度降低成本和提高耐盐性[7,11]，继续研究可以取得更明显的节支及耐盐方面的技术进步，这方面的研究将进一步加强。

保水剂的技术进步为保水肥提供了更好的材料基础，将有力地促进保水肥的技术创新。其中，保水剂与无机矿物中的P、K、Mg、Si相互作用[2,3]，提高其有效性的研究和应用将有更大进步。

构型保水肥的应用由原来只用作基肥，逐渐向追肥发展。这样需要研制相应的机械设备挖穴、开沟。

保水肥除了应用于一般农田外，在沙漠植被、公路边坡植被、园林基质、高尔夫球场等方面有明显优势。保水剂与绿化工程结合，有很大发展空间。在农田方面，由于保水肥，尤其是构型肥有调节土层水分的功能。因此，通过以水控盐碱的技术途径，还可用于盐碱地改良，这方面也取得了一些重要的进展，今后有很大的发展潜力。

4.1.5.2 保水肥的重大战略意义和市场前景

我国是一个农业大国，农业用水量占到总用水量的70%左右，但长期以来农业用水的浪费很大，灌溉水的利用率只有40%～50%[19]；我国氮肥利用率平均为34.%[20,21]，远低于世界发达国家50%～70%的氮肥利用率水平[22]。肥料的高损失率不仅造成资源浪费，成本增加，而且在农田系统中损失的养分引起水体富营养化。因此，提高水分和肥料的利用效率，是节水农业和提高肥料利用率这两大战略目标的交叉点。保水肥使水肥分离的调控措施变成水肥一体化调控的技术载体，这是对我国多年来节水技术成果和控释肥研究成果的综合和集成。保水肥将成为新型肥料的一个发展潜力巨大的新品种。

保水剂用作控释材料制造控释肥，使之获得保水效果，是控释肥功能的一个重要拓展，成为它在市场竞争中的独特新优势。保水剂与肥料结合制造系列产品为保水剂开拓了更大的应用范围，提供了更大的技术发展空间，将有力促进保水剂在农林、园艺和各类绿化工程中的应用，市场前景广阔。

4.1.5.3　保水肥的技术经济优势

在降低成本及提高性价比方面保水肥有很大的优势，主要有以下几点：①复混肥料中的无机矿物和生物质类原料（秸秆、滤泥等）价格便宜，可加入量为 20%～50%，故可大幅度降低成本。②通过构型而获得托水力，这样吸水力不强的普通材料也能具有较高的保水力，可进一步降低成本达普通保水剂的 50%。③现有的保水剂施用是和施肥过程分开来进行的。通过保水肥两者结合为一体施用，使原来独立的两个过程合二为一，减轻了劳动强度和人工费用。④保水肥独有的保水保肥双重功能，因而性价比可进一步提高。而且环保、生态效应备受重视，有利于获得政策和资金支持。

技术经济指标是新型肥料推广应用的重要影响因素。控释肥由于控释材料和设备昂贵，成本高，如美国 Osmocote 售价高达 20 000 元/吨，在美国也难以在农业领域使用。商用保水剂的市场价一般需 20 000 元/吨，而矿物材料及有机生物质材料一般低于 450 元/吨。按 20%～50% 比例添加制成复合（混）保水剂，可减少成本达 4000～10 000 元/吨，降幅十分明显。所以新型保水材料及其系列肥料具有较强的市场竞争力。

4.2　根际肥料

4.2.1　根际肥料的概念、范畴与国内外进展

4.2.1.1　根际肥料的概念

土壤–作物体系中，根际的定义是接近根表层 1～4 毫米的土壤微区。可直接施于该区域的肥料为传统意义上的根际肥料。显然将根系浸泡在营养液中的施肥、能与种子混合并直接与发芽的种子接触的肥料可称为根际肥料（Rhizosphere Fertilizer，RF）；能够集中施于根部的、可直接施于植物主根层、能促进根系生长、调控根系空间分布、扩大根系范围的也可认为是根际肥料。这些根际肥料是一种新型肥料，具有很高的肥料利用率。

20 世纪 80 年代德国 K. Sommer 教授创立了被称为 CULTAN（Controlled Uptake Long Term Ammonium Nutrition 可控长效吸收铵养分）的根际施肥法[23]。它以高浓度铵态氮为氮源，集中施于根区。一次性施肥后，随着所施的氮源逐渐向外扩散而形成越来越弱的氮浓度区，作物根系则被诱导趋向施肥区的外围，源源不断地吸收养分，图 4-8 为在两棵玉米中间的集中施肥，两侧的玉米根系均集中在肥料的四周，吸取集中施肥处的养分，而养分能获得充分的利用。

CULTAN 施肥作物系统用于马铃薯种植增产效果明显。CULTAN 与表施相比，用肥量减少 20%～40%，产量增加 2%～6%，而马铃薯淀粉产量增加 17%～26%。改进后的 CULTAN 肥是由 1 厘米至十几厘米直径的大颗粒且含 NPK+微肥的根际肥。集中施肥是根际肥料的扩展，也可称为根际肥料。

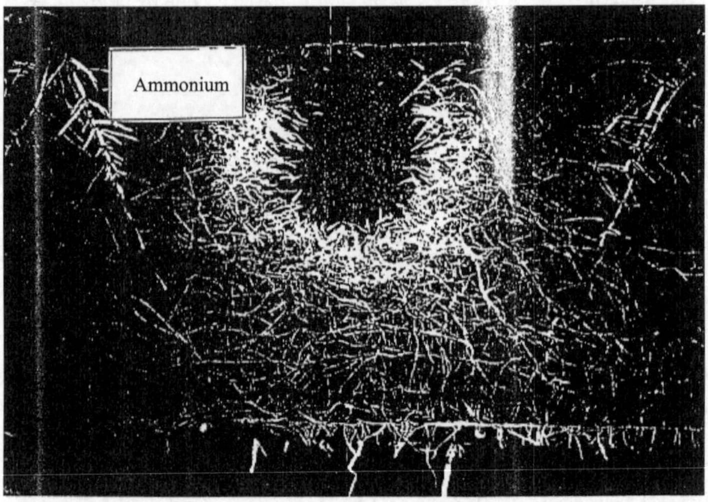

图 4-8　集中施肥的 CULTAN 施肥根系分布

4.2.1.2　根际肥料的范畴

将根系浸泡在营养液中的无土栽培用肥及灌溉施肥（fertigation）所用水溶性肥、肥料与种子混合并直接与发芽种子接触的肥料以及集中施于根区的肥料等，可归类为根际肥料。

1）无土栽培用营养液及灌溉施肥用水溶性肥料

传统的这类肥料是由高浓度水溶性肥料配制，由于可随作物不同生长期随时调整营养液成分及灌溉用肥组成，因而可以达到很高的肥料利用率。例如：棉花 10 次灌水伴随 10 次施肥，草莓整个生育期 8 次灌水伴随 8 次施肥。若已知棉花、草莓生育期需肥规律，则每次施肥的配方均能随该时期的需肥量而调整，使各次施肥量能匹配作物当时生长的需求，而达到最大的利用效率。以计算机模拟需肥曲线而调整各次的施肥量，氮肥利用率可达 80%～90%。

郑州大学、北京海依飞科技有限公司开发的用非水溶性肥料或矿物就地制取含 N、P、K、Ca、Mg、S、Si、Fe 的新型灌溉施肥是一种全新理念的制备多组分营养液的新方法，已取得中国发明专利、国际 PCT 专利和以色列国家专利，并已用于大棚草霉、辣椒种植，取得降低成本、增加产量的良好效果。

2）与种子直接接触的根际肥

普通施肥时，肥料粒子与植物根相隔着土壤颗粒，肥料养分扩散至根际前，通过土壤将发生养分淋溶损失及硝化反硝化作用等造成脱氮损失、磷酸盐被土壤所固定、钾盐被土壤胶粒吸附等养分损失，所以普通肥料施肥的养分利用率低，而某些养分释放速率慢的缓释、控释肥料可直接与根系接触进行接触施肥，养分直接被根系所吸收（图 4-9）。

接触施肥养分利用率高，图 4-10 显示包膜尿素用于水稻接触施肥，氮素利用率可达 83.2%。

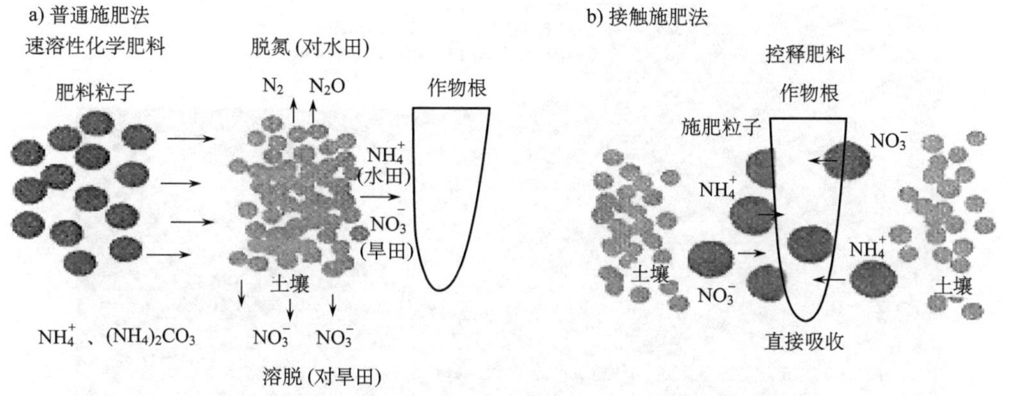

图 4-9　接触施肥于植物根际与普通施肥养分吸收的对比

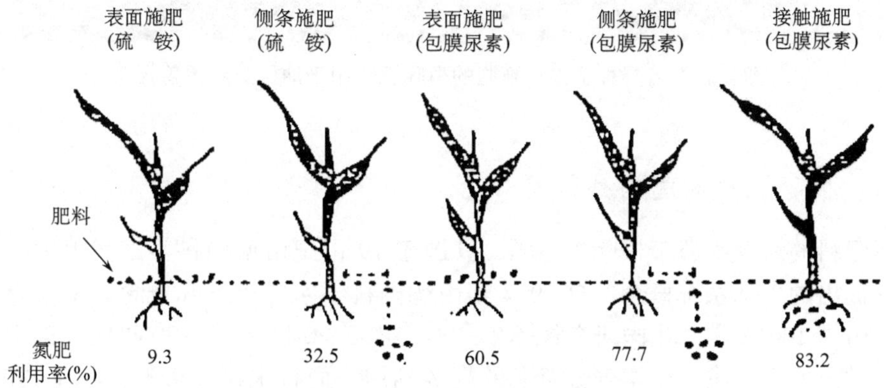

图 4-10　氮肥形态与施肥位置对水稻氮肥利用率的影响

接触施肥肥料用量很少，我国出口马来西亚的 LUXECOTE 7-26-12+5MgO 控制释放肥料（图 4-11），是可与种子接触施肥的根际肥料，每公顷仅用 9 千克与豆藤种子混合播种，能在短时间内，使豆藤迅速蔓延、覆盖在油棕小树之间，以防止杂草生长并保护幼年油棕树之间的空地免遭雨水冲刷而流失[24]。

需要指出，种肥同播与种肥混播是不同的概念。接触施肥属于种子与肥料直接混合，一起播种。而种肥同播通常是用机械播种与施肥在同一机器上完成，肥料与种子从不同的料斗施入土壤中，它们在土壤中的位置不同，通常种子与肥料在土壤中的距离至少有 5 厘米，确切的应称为种肥机播。种肥混播对肥料的盐度指数要求小，以避免影响种子发芽，而种肥机播要求肥料的盐度指数可以较大，这种肥料不属于根际肥料。

3）用于集中施肥的根际肥料

K. Sommer 教授最初创立的集中施肥是将高浓度的含氮溶液集中施于耕作层一定部位，随后发展为大颗粒固体肥料代替含氮溶液。国际上大颗粒肥料通常为每片 20 克的短圆柱或直径为 8~10 毫米的球形肥料用于花卉栽培。我国开发的每片 50 克、100 克、200 克的矮圆柱形根际肥料已连续多年出口马来西亚用于不同生长期的油棕树种植。

图 4-11　可与种子接触施肥的根际肥料用于油棕豆藤覆盖物

4.2.1.3　根际肥料的国内外进展

根际肥料的研究来源于根际生态学，其源于 19 世纪由德国科学家和英国的植物生态学专家提出的生态系统概念。自 1904 年由德国科学家提出根际概念以来，有关根际的研究经历了 100 多年。我国研究根际生态学起步于 20 世纪 80～90 年代，提出根际的生物与化学过程不仅决定土壤养分资源的高效利用，而且也深刻影响根际生物的活性。根际微观研究与生态和环境科学的交叉，使根际的研究与解决资源和环境问题紧密结合起来。

根际肥料是根据中国农业大学张福锁教授提出的养分资源高效利用与根际生态系统调控以及“肥料养分高效利用”和“矿物养分高效利用”两大板块中关于根际施肥、定量施肥、根际微生物调节及合理布局肥料等思想而创制的。其研究结果表明，通过对植物、微生物、土壤及其相互关系的调节，稳定其结构、改善其功能，可以提高根际生态系统的生物生产力。利用缓释肥料及促根技术，并通过根际施肥可达到养分资源高效利用的目的。

根际肥料的概念于 20 世纪 80 年代由 Brown、Sommer 等提出，但无工业化生产及商业化产品，我国首先使其产业化、商品化并向马来西亚出口。90 年代末，由郑州大学与北京海依飞科技公司（Hieffi Tech. Co）共同研究、开发“一种根际肥料及其制造方法”于 1998 年获得中国发明专利的授权。这种根际肥料以脲醛、磷酸铵镁、熔融磷钾肥提供缓释氮、磷、钾，并依据根系调控原理添加能改善土壤气相条件诱根下行的诱根剂及扩大根系空间分布的促根剂，成为具有根系调控性能的根际肥料。通过特殊的加工工艺使其定量成型，生产每块 50 克、100 克、200 克的可用于集中施肥的根际肥料。这种肥料的营养成分含有速效态、缓效态，其微量元素为无机玻璃体中的缓效态，使其更有利于根部吸收而又不造成烧根。

4.2.2　根际肥料生产原理与工艺

4.2.2.1　工艺原理

根际肥料的研究与开发遵循可以提高根际生态系统的生物生产力和资源效率的原则，从工艺学角度研究这种相互关系称为根际生态工艺学，依据该工艺学制造的根际肥料。它是通过改变养分的空间结构达到对作物根系及根际微生物友好，通过改变形态结构，使营养元素分别处于速效态、缓效态、络合态、螯合态，控制各养分物理尺度使有益养分（硅氧四面体链）在 1 纳米之内（能进入作物体内的尺度），使有害养分（铝氧四面体链）不能进入作物体内。这种“根际生态肥料制造工艺”其特征是利用低品位及目前工艺难以利用的矿物为原料，生产过程中不消耗或少消耗能源，生产过程对环境排放量少或零排放，从原料加工为产品，系统的熵增小，对生态环境影响小。要达到此目的，固体肥应具有缓释/控释功能。

根系调控型肥料应是适量的（微生物生存所能容许的，不产生根系“避肥性”的）水溶性营养元素，多量的能为根际分泌物所溶解的枸溶性营养元素、难溶性微量营养元素，少量的能为微生物利用的难溶性磷、钾矿质营养。这些不同形态的营养元素是支撑作物高产的物质基础，可以构建高的土壤化学肥力；它需要含有多种有益微生物菌体，包括固氮、解磷、解钾，在繁殖过程能产生大量胞外多糖的微生物，构建“土壤微生物肥力”；它需要含有提供微生物菌体繁殖所需的营养基质，可以是泥炭、禽粪或含有腐殖质的农、畜产品废弃物。这种有机质既可以为微生物菌体提供养料，又可以改善土壤结构，构建良好的“土壤物理肥力”。根际肥料、根系调控型肥料均施于作物根区，它们必然是对植物根系生长、根际微生物生存与繁殖友好的肥料，它们是不同于普通复合（混）肥料的新型肥料。

4.2.2.2　根际肥料生产工艺

1）包裹型粒状缓释根际肥生产工艺

这种根际肥料可与种子混播，进行接触施肥，它可用于各类作物幼苗的培养，实现真正意义的种肥同播。这种根际肥其配方 N：P_2O_5：K_2O 质量比为 1.6：1.0：1.3。对于氮素营养：52%~56%为脲醛态氮，还含有 3%~5%速效的铵态氮，也有 20%~23%适度缓释尿素态氮和 19%~22%适度缓释硝态氮；对于磷素营养，既有水溶性五氧化二磷也有枸溶性五氧化二磷；对于钾素营养，既有大量缓释态钾，还有水溶性钾，它将在不同时期根据植物的需求而释放。此外还有无机肥料络合态促根剂及改善土壤气相条件的诱根剂。这种粒状根际肥料可广泛用于大田、经济作物、各类树林等，其产品用于马来西亚桉树、橡胶、油棕等，都取得较好的结果。包裹型粒状缓释根际肥的生产工艺详见图 1-9。

2）能集中施肥并精确施用的片状缓释根际肥生产工艺

这种根际肥料是以缓效、速效氮肥分散在促根剂、诱根剂的基质中，并配有合适的磷钾肥，成型为 50~200 克的缓释根际片肥，它能促进根系生长，调控根系分布，扩大根际范围，通过作物根系能从土壤中吸取更多养分。它可施于植物苗期不同树龄的根际，使根系具有趋肥性；它也可用作灌溉施肥的底肥，诱导根系向下发展，以克服灌溉施肥根系浅的缺点。生产工艺如图 4-12 所示。

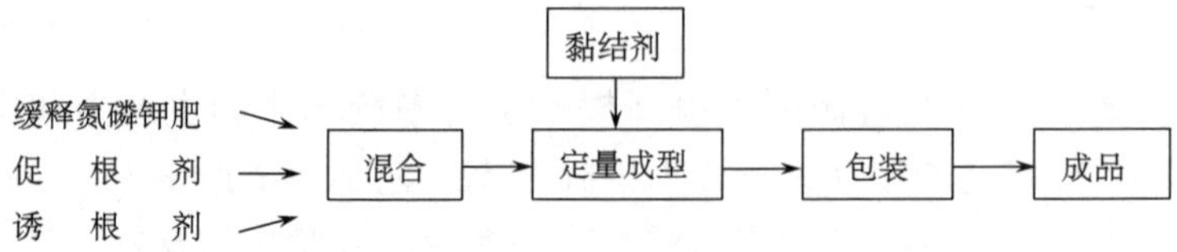

图 4-12　片状缓释根际肥生产工艺框图

4.2.3　施用技术与效果

根际施肥（rhizosphere fertilization）与常规施肥方法完全不同，根际肥料的基本条件必须具有缓释性，它可以使肥料表土流失或土层淋失减至最低限度。片状根际肥料特别适合于多年生经济作物，如橡胶、油棕、椰子、可可的种植。油棕是高产油料作物，种植 1 公顷油棕树，其产油量是种植相同面积花生、大豆产油量的 5~7 倍。郑州大学研制的片状缓释根际肥应用于马来西亚油棕园。马来西亚地处热带地区，属热带雨林气候，施肥后很容易被雨水冲刷，肥料利用率不高，所以，耐雨水冲刷的缓释肥就非常适用。油棕从一粒种子开始，生长期、采油期有 17 年之久，缓释根际肥对它们尤为需要。根据张福锁等[25]著《根际生态学——过程与调控》一书介绍，氮素（NO_3）本身可作为信号调控植物的代谢过程，尤其是作物根系的建成过程，局部供应高浓度的氮磷可显著刺激该部位植物侧根的生长。利用养分的局部供应可以诱导大量根系的发生。在作物生产系统中，可以通过局部集中施肥促进根系大量生长，节约养分资源，提高养分利用率，这为油棕种植中根际片肥的开发提供了理论依据。根际施肥概念就是将肥料施放在根际层（rhizosphere zone）而根际层是油棕树最积极吸收养分表土之下的第三、四层根系所在。马来西亚片状根际肥的施肥方法是将缓释根际肥置入 20~30 厘米深处，该处是油棕树第三与第四层生有活根细毛的根系，即积极根际层。在离棕树株头 1. 5~4. 5 米范围挖坑，根据树龄不同，每个坑穴放入 50 克、100 克、200 克片状根际肥若干片。对于成年采油的树，此坑最多可放置 4~5 千克肥片埋在土壤中，所挖坑可多年使用。由于该肥料营养成分缓慢释放，肥效可持续几个月至 1 年。由于该肥料便利的包装，预先知道每片的重量，可以作到精确施肥。这种缓释根际肥和新型的根际施肥方法，将根际肥料提高至新的水平。在土壤氮素浓度高的地方，生根密度可增加很多倍，供磷区的侧根比对照增加了 15 倍。马来西亚油棕生长第 1~3 年不结油棕果，习惯施肥用含 N 为 26% 的硫硝铵氮肥（铵态氮为 19%，硝态氮为 7%），每株油棕 3 年总施氮 920 克 N。由于该地区降雨量大，普通氮肥的氮利用率约 25%~30%，有效氮仅为 230~270 克，而施用 20-10-15 配方根际肥三年总施氮量 390 克，按氮利用率 70% 计算，同样可提供有效氮 273 克。油棕生长 4 年以后开始结油棕果，4~6 年这 3 年，按习惯施肥用含 N 为 26% 的氮肥，每株油棕 3 年总施氮 2089 克 N，氮肥的氮利用率按 25% 计算，可提供有效氮 523 克。而施用根际肥，3 年总施氮量 624 克，按氮利用率 80% 计算，可提供有效氮

499 克 N。连续 6 年传统施肥共施 N 3010 克，提供有效 N 755～801 克；根际片肥共施 N 1014 克，提供有效 N 772 克；肥料利用率达到 70%～80%。6 年中施氮量减少 66%。油棕施根际肥改变了施肥方法，施肥省工省时，普通速效肥每年施用多次，而根际缓释片肥每年仅施一次，且易于准确定量。第一年定植的油棕幼树，每年施肥一次，12 个月后，明显优于传统一年多次施肥。

4.2.4　标准与检测

根际肥料是比普通缓释、控释肥料利用率更高的新型肥料，用于接触施肥的根际肥料要求肥料的盐度指数低，郑州大学与鲁西化工正在拟定以肥料盐度指数为依据的根际肥料企业标准，鲁西化工将成为我国第一家生产根际肥料的上市企业。根际肥料是特殊的缓释肥料，但它也适用于已有的缓释肥料标准。

包裹型缓释根际肥可选用中华人民共和国化工行业标准中《无机包裹型复混肥料（复合肥料）》HG/T 42117-2011 进行相关检测。含有脲醛的缓释片状肥料可选用中华人民共和国化工行业标准中《脲醛缓释肥》HG/T 4137-2010 进行相关检测。适合根际生长的各类营养液及灌溉施肥可选用相应的液体肥料标准。以非水溶性营养源的新型灌溉施肥营养液标准，郑州大学与北京海依飞科技公司正在会同实施该技术的企业制定企业标准。

4.2.5　发展趋势与展望

不同类型的根际肥料可广泛用于各类作物，用作灌溉施肥的营养液已广泛的用于设施农业；种肥混播的根际肥料可以大幅度减少用肥量，在育种、育苗箱中可广泛使用。而片状根际肥料在林业、多年生经济林有广阔前途，特别是以污水处理污泥为基质的片状根际肥是处理污泥的最佳途径之一。

4.3　抗倒伏、防病害肥料

4.3.1　概念、范畴与国内外进展

4.3.1.1　作物倒伏现象

倒伏是由外界因素引发的农作物植株茎秆从自然直立状态到永久匍匐到地的现象。植物茎秆在风雨等自然条件影响下，形成一种垂直于茎秆的弯曲力（扭力），导致茎秆弯曲。倒伏分茎倒和根倒两种情况。倒伏程度以倒伏指数表示。将植株完全直立至匍匐在地分为 6 级，植株直立、完全无倒伏为 0 级，完全倒伏为 5 级，中间分 1、2、3、4 级。评判某一区域倒伏情况时，倒伏指数用各不同倒伏区域的倒伏指数与该区域所占的面积比例的乘积的加权表示。例如某试验区，35% 的面积完全直立，40% 的面积为轻微倒伏（倒伏指数为 1），25% 的面积略显倒伏（倒伏指数为 2），则该试验区倒伏指数为：$35\% \times 0 + 40\% \times 1 + 25\% \times 2 = 0.9$。倒伏以接近土壤的根部为基点，茎秆越长，顶端穗越重，则弯矩越大，显然，即将成熟的高产作物最易倒伏。

茎倒是从基部茎节开始弯曲或折断，主要发生在茎秆瘦弱、茎秆中木质素含量低或病虫害使茎秆受损所致，并在表面土壤紧密的情况下，遇暴风雨而折断；根倒则为直立茎秆的倾斜，连根歪倒，在耕作层浅、根系弱、且地表湿润、土壤疏松的情况下易于发生。

4. 3. 1. 2　作物病虫害现象

土壤、空气、水中存在大量致病微生物和病毒，当致病微生物侵入植物体内，使植物发病，致病微生物寄生在植物体内汲取植物的养分，并排出毒素，对寄主植物细胞的生理功能造成毒害或破坏，使植物不能健康生长。

虫害也是造成农业减产的重要因素之一。每年因虫害造成的农业减产损失少则10%，多则25%以上。如咀食昆虫啃食植物的根、叶，如飞蝗、黏虫、草地螟、蝶幼虫、稻纵卷叶螟等；钻蛀昆虫在植物体内钻食，使茎秆受损，如三化螟、玉米枯的夜蛾幼虫；非取食性昆虫在植物体内产卵引起植物病害；有些害虫还传播植物病害。

施用农药或杀虫剂是治疗农作物病虫害的有效手段。但农药或杀虫剂使用不当或过量施用，会对作物、人畜、环境等带来危害。

无论是植物病害、虫害均可通过平衡供应养分，使植物“体格健壮”，来增强作物抗病虫害的能力[27]。这就是功能性肥料能够增强作物抗病害能力的基础，它是通过调动作物自身的抗病能力来完成的。

4. 3. 1. 3　抗倒伏、防病害措施

影响作物倒伏的主要因素包括：①矮秆、穗位低的作物品种不易倒伏，因此，育种学家努力筛选抗倒伏的作物品种。②基部节间短而粗，正常成熟时茎秆衰老率低，抗倒伏能力强，为此，化学家筛选植物生长调节剂，促使茎秆向径向发展而抑制轴向生长，使茎秆结节间短而粗。③播种量大，单位面积群体多，个体为争夺阳光向上发展造成茎秆细长，且密不透风有利于病菌生长，均会促进倒伏。通常，倒伏率与种植密度呈显著正相关，为此，栽培学家研究合理稀植以防倒伏。如冬小麦精播高产栽培技术，就是降低播量、实行精量播种，建立高质量的群体，防止小麦倒伏发生。④耕层深，根系发达，苗期蹲苗、中耕培土等都是防止作物倒伏的有效措施。⑤作物营养供应均衡，植物体内次生性代谢产物浓度适中，作物“体格健壮”是抗倒伏、防病害的内在因素。肥料学家通过调整作物营养供应，适时适量地提供作物健壮生长的必要营养元素，开发了多种能增强作物抗倒伏能力及防病害能力的功能性肥料。

试验证明，过量施用氮肥容易引起倒伏。在氮素过多的情况下，茎秆变得细嫩更容易弯曲，氮素效应对根系生长的影响要小于对地上部生长的影响，因此，氮肥用量增加，头重脚轻，冠根比提高，从而导致倒伏。过量施用磷肥也会造成倒伏，这可能是促进了氮素效应和降低了机械组织和蛋白组织比的结果。长期使用高氮、高磷复合肥加剧了高产作物的倒伏现象。

严重缺肥或施肥过量都会导致生理病害，称作缺素症或肥害。多数情况下，不适当的施肥可能没有造成明显的不正常，但可能降低植物的抗病性。稻瘟病、纹枯病、小麦

白粉病、烟草赤星病等通常被称为高肥病害，这里，“高肥”实际上是指氮肥施用过多、过迟或过分集中，常引起稻株疯长，叶片软弱下披，体内铵态氮和游离氨基酸含量过高，碳氮比值降低，最终削弱了水稻的抗病性。氮肥过多还会造成植株郁闭、结露时间长，为真菌病害提供适宜侵染的环境条件；相反，水稻胡麻斑病、苹果树腐烂病、小麦根腐病、茄科植物早疫病、青枯病，以及大多数植物幼苗上经常发生的猝倒病，则常在缺肥的田块发生严重。当前，我国高氮复合肥的连年大量使用，促进作物病虫害的高发。为此，以能增强作物抗倒伏能力及防病害能力的功能性肥料代替高氮、高磷复合肥是复合肥料发展方向之一。

4.3.1.4　抗倒伏、防病害肥料国内外研究进展

为防止高肥水条件下作物倒伏，通常大量使用植物生长调节剂（通常称作“化控”）。它通过调节植物体内的激素系统，使植株矮化，或使茎秆强度和韧性增强，从而增强作物抗倒伏能力。通常用于抗倒伏、防病害的植物生长调节剂主要有多效唑、烯效唑、矮壮素、助壮素、立丰灵、壮丰安、金得乐、丰收宝、吨田宝、烯世宝、玉米维他灵、玉米健壮素等。我国也很早就有抗倒伏肥料[28]。日本伊達昇和鹽崎尚郎[29]曾开发了多种添加有抗倒伏剂的复合肥料用于水稻，也是一些生长激素类物质，它能抑制水稻第 2~5 节间的伸长，而使稻体低矮、抗倒伏，但不影响穗长及成熟期。这些抗倒伏水稻专用肥已商品化。

非平衡施肥容易导致病虫害发生。日本学者[30]发现氮施过多，肉质肥厚的叶片最受青虫青睐，在植物体内代谢过程中，与抗病害有关的苯酚化合物减少，木质素含量低。例如：低氮下，每 100 克干水稻叶的木质素含量为 1.1 毫克，而高氮下，则为 0.5 毫克；若氮素过剩，苯酚代谢关键酶的活性也降低，使抗病能力降低。若植物地下部分根冠的生长区缺钙，会使根变得“有漏洞”，招致病毒由根部入侵[31]。日本文献报道[32]，过量施氮的洋葱不耐贮藏，易遭细菌腐烂；水稻的稻热病（枯萎病）与较多施用氮肥导致的硅、木质素含量低有关；施用氮肥过多的水稻易产生白背飞虱，因为这种昆虫喜食含可溶性氮高的水稻新叶；氮多、硫缺、钾缺栽培的南瓜易遭一种瓜类害虫——缘蝽的侵害；高氮低钾栽培，易引发作物由“绝对寄生菌”而产生的病害，如锈病及白粉病等；而低氮低钾栽培，由“条件寄生菌”引发的黑斑病、萎凋病、斑点细菌病增多。过施磷肥易使大葱患干腐病。

中微量营养元素的合理施用有助于减轻作物病虫害的发生。施钙可减轻西红柿的溃疡病、青枯病、萎凋病，洋葱的黑霉病，生菜的灰霉病，白菜、芸豆的根腐病，苹果的黄腐病等；施硅可抑制水稻枝叶褐变病、稻瘟病、纹枯病、叶枯病、小粒菌核病，大麦、小麦的白粉病，黄瓜的白粉病、枯萎病、褐斑病，甜瓜、香瓜、草莓、蔷薇、葡萄的白粉病，并可阻碍二化螟、褐飞虱、蚜虫等对水稻、小麦的侵袭，减轻虫害；施锰可减轻小麦立枯病，大麦线虫病，黄瓜白粉病，土豆瘦果病；施铜可减轻小麦立枯病、白粉病、茎黑变病，黄瓜白粉病；施锌可减轻小麦根腐病，生菜、水芹由丝状菌引起的病害；施硼可减轻小麦、黄瓜的白粉病，大白菜的根腐病。

我国科学家[33,34,35]开展了通过调节作物营养，增强作物抗病能力的研究，并在指

导实践中取得了良好成效。郑州大学开展了“矫正土质、减轻病害、促进作物健康生长的专用肥系列”研究[36]。

抗倒伏、防病害肥料主要是含有具有抗倒伏、防病害作用的营养元素的多营养肥料，如传统的钙镁磷肥、钙镁磷钾肥、脲硫酸功能性复肥、硅钙肥等。下面分别介绍。

4.3.2 工艺与原理

4.3.2.1 具有抗倒伏、防病害作用的营养元素

1）钾元素

钾可促进微管束的发育，使角质细胞加厚。除促使作物正常发育生长外，还能促进根系发达和茎秆粗壮，特别是对板结、通透性差的土壤，钾对还原条件下根系的发育具有良好的影响，可改善根系微区域土壤环境，促进根系生长，增强根系的呼吸作用，从而增强其对土壤养分和水分的吸收，保证地上部生长的需要。因而增施钾肥是防倒伏的重要措施，尤其对提高茎杆抗倒状能力十分有益。

2）硅元素

硅是植物生长重要的营养元素，作物吸收硅后，使茎叶表层细胞壁加厚，角质层增加，从而提高防虫抗病能力。特别是对稻瘟病、叶斑病、茎腐病、小粘菌核病、白叶枯病及螟虫，小麦白粉病、锈病、麦蝇和棉铃虫等。同时由于作物表皮细胞硅质化、使作物的茎、叶挺直，减少遮阴，叶片光合作用增强，可提高抗倒伏能力。作物体内含硅量增加，使作物导管刚性加强，促使通气性增强，这对水稻、芦苇等作物有重要意义，不但可促进作物根系生长，还可预防根系的腐烂和早衰，特别是对防治水稻的烂根病有重要作用。施硅后，产生的硅化细胞有效调节叶片气孔的开闭，控制水分蒸腾作用，提高作物的抗旱、抗干热风和抗低温能力。

硅能减少磷在土壤中的固定，活化土壤中的磷，并促进磷在作物体内的运转，从而提高结实率。同时硅是品质元素，有改善农产品品质的作用，并有利于贮存和运输。

3）钙元素

钙是植物必需的中量元素。钙对植株挺立和茎秆硬度起作用，也影响籽粒形成。钙的生理功能与细胞壁成分有关，钙是植物结构组分元素，主要构成果胶酸钙、钙调素蛋白（控制细胞膜功能和酶活性）、肌醇六磷酸钙镁等。细胞壁果胶酸钙的多少与真菌侵染组织的敏感性和果实成熟早晚有关，这对果品在储藏期间降低病害感染也有明显的作用。钙是细胞伸长所必需，钙离子能降低原生胶体的分散度，调节原生质的胶体状态，使细胞充水度、黏滞性、弹性以及渗透性等适合于正常作物生长。

4）镁元素

镁是植物必需的中量元素，是植物结构组分元素。镁的重要生理功能在于它是叶绿素分子的中心原子，位于叶绿素分子结构的卟啉环中心，镁对光合作用必不可少。镁还是核糖体的结构组分，能稳定核糖体颗粒在蛋白质合成中所需的构型，且能激活氨基酸生成多肽链，进而合成蛋白质。缺镁一般会使蛋白质氮减少、非蛋白质氮增多。镁是多种酶的辅助因子，能提高酶与二氧化碳的亲和性，这些酶在二氧化碳同化中起作用，碳

水化合物代谢中几乎每种磷酸化酶的最大活性都需要镁来激活。若供镁不足会影响二氧化碳同化，继而影响光合作用。

5）硫元素

硫是植物必需的中量元素，硫存在于蛋白质、维生素和激素中，也是植物结构组成元素。硫虽不是叶绿素的成分，但影响叶绿素的合成，这可能是由于叶绿体内的蛋白质含硫所致，大部分蛋白质中都有含硫氨基酸，硫对蛋白质的结构和功能非常重要。缺硫使植物生长尤其是营养生长受阻，症状类似缺氮：植株矮小、分枝、分蘖减少，全株体色褪淡，呈浅绿色或黄绿色；叶片失绿或黄化，叶片小而薄，向上弯曲，变硬，易碎，脱落提早；茎生长受阻，株矮、僵直，生长期延迟。缺硫症状常表现在幼嫩部位，这是因为植物体内硫的移动性较小，不易被再利用。不同作物缺硫症状有所差异。

4.3.2.2　抗倒伏、防病害功能肥料

1）钙镁磷肥

在传统肥料中，钙镁磷肥是含磷、硅、钙、镁、铁等多种营养元素且有效性很高的多元素肥料。典型的钙镁磷肥组成如表 4-4、表 4-5 所示。

表 4-4　钙镁磷肥成分（%）

样品	$P_2O_5$①	MgO①	CaO①	$SiO_2$①	Fe_2O_3	Al_2O_3	F	总计
A	16.62	16.53	32.43	23.93	3.85	2.51	1.63	97.5
B	20.47	16.18	30.92	24.47	4.71	1.34	1.18	99.27

①为可溶于 2% 柠檬酸中的有效 P_2O_5、有效 MgO、有效 CaO、有效 SiO_2，均能被作物根系吸收。

表 4-5　钙镁磷肥有效成分（毫克/千克）

样品	B_2O_3	MnO	ZnO	Cu	Co	Mo	NiO	Ti	总计
A	800	3630	14	2	53	4	330	745	5578（0.56）
B	420	1120	40	3	20	10	200	520	2333（0.23%）

特别值得提及的是钙镁磷肥中所含的 SiO_2、CaO、MgO，其有效性比任何硅肥、钙、镁肥都高。钙镁磷肥中所含的 MgO、CaO、SiO_2 等 93%～100% 都能溶解在作物根系所分泌的弱酸性介质中，而被作物吸收。说明钙镁磷肥是一种高效硅、钙、镁肥，有利于提高作物的抗倒、抗病性。

2）钙镁磷钾肥

钙镁磷钾肥是以磷矿石、钾长石（或含钾矿石）与含镁、硅的矿石为原料，在电炉或高炉中经高温熔融、水淬，干燥、磨细所制得的肥料。其中含有可被作物吸收的枸溶性 SiO_2 20%～35%、CaO 20%～30%，可增强作物细胞壁，发挥抗倒伏、抗病害作用；含有枸溶性 MgO 8%～12%、FeO 0.5%～2%，可增强作物光合作用，增加产量，提高作物品质。这些附加功能可改善目前大多数复合肥厂所生产的高浓度复肥，使其能适应于作物高产所需的抗倒伏、抗病害、提高作物产量及品质之要求。

钙镁磷钾肥生产工艺如图 4-13 所示。

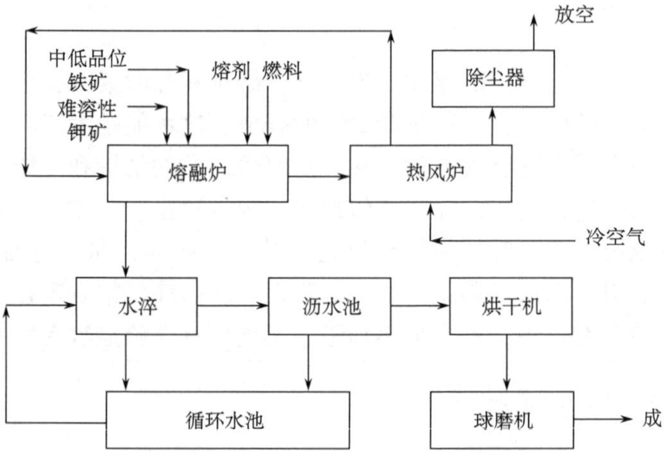

图 4-13　钙镁磷钾肥生产工艺简图

郑州大学在钙镁磷钾镁（熔融磷钾肥）生产工艺及产品配方、肥效方面做了大量卓有成效的工作。

3）脲硫酸功能性复肥

基于许多中、微量元素不足是导致不少作物抵抗力下降，引发病虫害的主要原因之一，因此，平衡供应作物不同营养元素，就能起到植物“健身防病”的作用，合理的肥料配方使农作物健壮成长，发挥代替农药的作用，而减少化学农药的施用量。

脲硫酸抗倒伏、防病害功能性复肥，其抗倒伏是利用无机营养元素，而不是依靠生长激素来达到，为高产节氮栽培创造了良好的作物形貌；减轻作物病害不是依靠外加农药而是增强作物体质，不使用激素类物质，而是通过纳米级硅氧四面体[37,38]，沉积在水稻、玉米等作物的细胞壁内，使细胞壁硅质化，并通过缓释性硅酸钾，持续向作物提供钾离子，结合控氮，抑制作物茎叶向上疯长，而达到抗倒伏的功能。这是通过养分尺度结构设计来调节作物的“长相”，相对于日本企业用生长激素类物质调节“长相”而言，这对环境更加安全环保。

脲硫酸功能性复肥工艺是一种清洁型肥料生产新工艺，是以脲硫酸溶液分解磷矿一步法生产适用于不同作物的新型 NPK 复肥，解决了传统磷矿酸解工艺中初期分解率低，氟逸出严重、不能连续生产、排放磷石膏等工艺缺陷，可使用中、低品位磷矿直接生产复肥，延长我国磷资源的使用寿命。该工艺基本无“三废”排放，生产中不产生石膏，无固体废弃物堆放；反应过程中基本无含氟废气逸出，磷矿中的氟转变为氟硅酸脲在产品中，可代替部分农药；工艺水实现闭路循环。肥料养分全面，除含 N、P、K 外，还含有 Ca、Mg、S、Si、Fe 等中微量营养元素，尿素以络合态存在，适度缓效，减少淋溶、挥发等损失，提高氮素利用率。产品物理性状好，是一种低成本、无污染的复肥新工艺[39]。

脲硫酸复肥新工艺流程简图如图 4-14 所示。

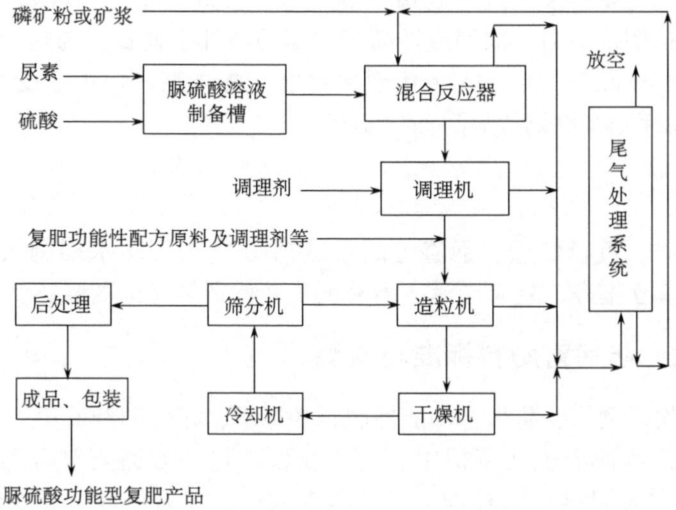

图 4-14　脲硫酸功能型复肥生产工艺

在脲硫酸复肥基础上，郑州大学针对水稻、小麦等大田作物又开发了强化栽培的脲硫酸高产高效功能性肥料：依据作物强化栽培各生育期的养分需求，以脲硫酸复肥为基础，加入促根增效剂，进行水肥土联合调控的专用肥料。产品中部分氮素以络合态存在，部分以速效氮形式存在，既可满足作物养分需求，又适度缓效，减少淋溶、挥发等损失，提高氮素利用率；富含钙、镁、硫、铁、硅等中微量营养元素，对高产作物抗倒伏、减轻病害可发挥积极作用；同时产品中含有具有杀虫作用、缓慢释放的化合物。

4.3.3　施用技术与效果

4.3.3.1　脲硫酸高产高效功能肥的施用效果

河南省农业科学院进行的脲硫酸复肥在冬小麦上的田间应用效果试验表明，脲硫酸复肥与等量养分化肥比较，能增加小麦有效分蘖，提高单株成穗数，亩成穗数提高 2.5 万株/亩。肥效明显，增产幅度达 12.4%[39]。

脲硫酸高产高效复肥在河南、山东等布点进行小麦施肥试验，长势很好，小麦分蘖数多，有效分蘖增加，株高、叶绿素含量都较常规施肥高，等用量施肥，在减少五个主要养分的情况下，可达到同样的效果。

脲硫酸复肥在油菜、水稻上应用效果显著。在水稻上的试验表明，初期基肥施用脲硫酸功能复肥，与施用普通复混肥的水稻相比较，前期分蘖明显多，茎秆矮壮，叶片宽厚，高产不倒伏，且减少了农药使用次数 2/5 以上，水稻产量提高 20% 以上。

4.3.3.2　钙镁磷钾肥（熔融磷钾肥）的施用效果

该肥料在江苏太湖流域、吉林水稻产区、长江流域 8 省市及河南、山东等地的水稻、大麦、玉米、大棚蔬菜等进行农田试验，取得良好效果。钙镁磷钾肥（熔融磷钾肥）能增强作物抗倒伏能力。太湖流域高产水稻的茎秆生物量，与对照相比在抽穗期、成熟期分别高 37.9% 和 35.5%。无倒伏现象发生（常规高产田由于受台风影响发生倒伏）。表明熔融磷钾肥有抗倒伏的附加功能[40]。

4.3.3.3 硅钙肥

利用造气炉渣、黄磷炉渣、钢渣等制得硅钙肥[41]，可防水稻倒伏，增产效果好，作物茎叶粗壮，直立整齐，且有光泽，不易倒伏，特别具有抗稻瘟病、卷叶虫等效果。

4.3.4 抗倒伏、防病害肥料标准与检测

具有增强作物抗倒伏、防病害功能性肥料的标准，相应的开发单位及生产企业正在制定企业标准，行业标准也在草拟中。这些新型肥料一方面要符合国家《GB 15063-2009 复混肥料（复合肥料）》标准，以便能准入市场，另一方面要提出 4.3.2.1 中具有增强抗倒伏、防病害作用的营养元素硅、钙、镁、硫等的有效最低含量，并列出在包装上可标识、市场监督可检测的方法。

对于抗倒伏、防病害的农化试验结果，应附在有关的技术鉴定书中，功能性肥料作为一种化学肥料在标准中仅列出营养元素含量即可。

4.3.5 抗倒伏、防病害肥料的发展趋势与展望

“未来肥料发展和植物营养研究的重点不仅要关注养分含量，更要重视养分形态及其科学搭配，同时要研究不同养分形态的相互转化以及助剂的应用对作物营养吸收、转化和肥料利用率提升的作用。”

在新理论的指导下，中国肥料和植物营养的研发领域将有更多的新课题，生产领域将有更多的新产品，市场将更加繁荣，施肥将更具针对性和准确性，农化服务将更加细致，农业生产水平和农产品质量将得到进一步提高。单纯施氮、磷、钾肥很难达到作物高产，过施尿素、高浓度速溶性肥料如同给作物吃精米、白面，使作物“虚胖体弱”，风吹易折，病虫害易于发生，并使土壤逐渐酸化，土壤中原有微生物平衡破坏。添加除氮、磷、钾外的中、微量营养元素，以消除最低养分律对增产的限制，及改善肥料结构、添加抗倒伏剂、保水剂、抗病虫害剂，消除影响作物单产水平提高的限制因素，使作物健壮生长，达到理想的高产水平。

在生态工艺学原则下（能耗最低、排放量最小、从而生产成本最低）实现高效复合（混）肥的产业化是肥料发展的方向。设计研发能提高作物挺立性、抗倒伏功能性肥料，能矫正土质，减轻病害，增强作物体质的功能性肥料，设计结构合理的功能型肥料，并优化其产业化构成是当前急需的课题，将产生巨大的经济效益、社会效益与环境效益，并对改善化肥产业结构、优化施肥起技术支撑作用。功能型高效复合（混）肥料产业化需优化工艺条件，有利于降低能耗、减少或完全消除污染物排出。

据中国统计年鉴 2011 介绍，2010 年我国复合肥消费量约 1800 万吨，若以复合肥

料平均养分45%计算，则消费的复合肥料实物量为4000万吨。根据试验结果，养分含量40%的抗倒伏、防病害功能肥料的肥效与目前市售的养分含量为45%的普通复合肥等效。若将4000万吨市售复合肥的1/2改为功能型肥料，则可节约100万吨纯养分，每吨纯养分按5000元计算，则每年农民直接经济效益为50亿元，2000万吨复合肥可施用于4亿亩播种面积，4亿亩耕地抗倒伏、防病害的间接经济效益亦是十分可观。可见发展抗倒伏、防病害功能性复合肥料前景十分广阔。

参 考 文 献

1 廖宗文等. 保水构件 ZL 2011 20172281. 0，2012
2 陈晓蓉等. 几种矿物复合保水剂的保水性能及养分增效研究. 土壤学报，2012，49（1）：194-197
3 陈晓蓉等. 几种矿物复合保水剂的盆栽试验研究. 农业环境科学学报，2012，1：219-220
4 毛小云. 保水剂对作物的伤害特征与调控机理研究. 华南农业大学博士论文，2012，1-2：58-82
5 毛小云，李世坤，廖宗文. 有机-无机复合保水肥的保水保肥效果研究. 农业工程学报，2006，22（6）：45-48
6 周霞萍. 腐殖酸应用中的化学基础. 北京：化学工业出版社，2007，170-197
7 卢其明等. 聚合物/膨润土复合材料的水肥调控特性研究. 水土保持学报，2004，18（4）：50-52
8 李生秀等. 水分对养分迁移的影响. *In*：汪德水. 旱地农田肥水关系原理与调控技术. 北京：中国农业科技出版社，1995，6-11
9 李世坤，毛小云，廖宗文. 复合保水剂的水肥调控模拟及其肥效研究. 水土保持学报，2007，21（4）：112-116
10 杜建军. 水肥一体化调控效果研究. 农业工程学报，2007，23（6）：71-77
11 卢其明等. 聚合物/膨润土复合控释材料的应用研究. 植物营养与肥料学报，2005，11（2）：183-186
12 王明祖等. 木屑复合基质的理化性质及其在黄瓜栽培上的效果研究. 仲恺农业技术学院学报，2005，18（3）：20-23
13 杜建军等. 高吸水性树脂包膜尿素的结构特征及养分控/缓释性能. 中国农业科学，2007，40（7）：1447-1455
14 黄邦裕. 基于表面聚合机制的保水型缓释尿素制备及性能研究. 仲恺农业技术学院硕士论文，2011，1
15 杜建军等. 高吸水性树脂包膜尿素的水肥一体化调控效果研究. 农业工程学报，2007，23（6）：71-77
16 苟春林等. 保水剂与不同氮肥配施的节水保肥效果研究. 中国农业科学，2011，44（19）：4015-4021
17 王明祖等. 保水剂在无土栽培西瓜中的应用效果研究. 北方园艺，2008，9：27-29
18 杜建军等. 高吸水性树脂在赤红壤及砖红壤上的保水保肥效果研究. 水土保持学报，2003，17：2
19 康绍忠，许迪. 我国现代农业节水高新技术发展战略的思考. 中国农村水利水电，2001，10：25-29
20 彭少兵等. 提高中国稻田氮肥利用率的研究策略. 中国农业科学，2002，35（9）：1095-1103
21 李庆逵等. 中国农业持续发展中的肥料问题. 南昌：江西科学技术出版社，1998，1-5
22 Trenkel M E. Contrelled-Release and Stabilized Fertilizers in Agriculture. Paris：International Fertilizer Industry Association，1997，11
23 K Sommer. "CULTAN" Cropping System：Fundamentals，State of Development and Perspective. Leider：Back Hugs Publisher，2000，361-375
24 阿江. 油棕根际施肥法吸收率高达90%. 农牧世界
25 张福锁等. 根际生态学——过程与调控. 北京：中国农业大学出版社，2009，135：155-157
26 八尾素子. 新肥料‘りん酸けぃ酸肥料’にっぃて. . 季刊肥料（日），2005，102：128-133
27 许秀成，侯翠红. 中国粮食生产中的肥料问题. 磷肥与复肥，2009，24（4）：12-17
28 马大洪. 几种抗倒伏肥料. 土壤，1960，6：24-29
29 伊達昇. 鹽崎尚郎. 肥料便覽（第5版）. 东京：農文協，2002，181-183
30 渡边和彦. 前川和正. 神頭武嗣. 無機元素の病虫害への關与とその機作. 季刊肥料（日），2002，91：11-25
31 J. Stoller. Learn the language of the plant. Fertilizer International，1995
32 渡边和彦. 無機元素の病虫害への關与とその機作（補足）. 季刊肥料（日），2002，92：83-86

33 袁隆平，马国辉. 超级杂交稻强化栽培理论与实践. 长沙：湖南科学技术出版社，2005，68
34 曹恭，梁鸣早. 平衡栽培体系中的产量保护因素——抗逆性. 中国土壤与肥料，2006，3：加 1-4
35 陆若辉，边武英，娄烽等. 测土配方施肥技术在大棚草莓生产上的应用. 浙江农业科学，2011，3：522 -525
36 侯翠红，许秀成，王好斌等. 倡导中浓度多营养元素功能性复肥. 磷肥与复肥，2013，28（5）：11-13
37 许秀成. 熔融磷钾肥——中低品位磷矿与难溶性钾矿的高效利用. 中国钾肥工业，2009，5：16-19
38 许秀成，侯翠红，王好斌等. 低化学稳定性复杂组分含磷铝硅酸盐玻璃体结构. 中国科学：化学，2010，40（7）：922-926
39 侯翠红. 清洁型脲硫酸复肥工艺研究. 郑州大学博士论文，2004
40 陈娟，赵光明，郭世伟等. 以熔融磷钾肥为基础的水稻专用肥应用效果. 磷肥与复肥，2011，26（5）：74-75
41 张宝林. 功能性复混肥料生产工艺技术. 郑州：河南科学技术出版社，2003

第 5 章　商品化有机肥料

5.1　概念、范畴与国内外进展

5.1.1　堆肥化的概念与范畴

放置在任一场所的有机固体废弃物在湿度、通风条件满足的情况下，如秸秆堆垛、垃圾堆垛，会自动产生热量、尤其在冬季这种现象更为明显，会产生大量热蒸汽。堆肥化就是在人工控制下，在一定的水分、C/N 比和通风条件下通过微生物的发酵作用，将有机物转变为肥料的过程。在这种堆肥化过程中，有机物由不稳定转化为稳定的腐熟物质。因此对环境，尤其土壤环境不构成危害，堆肥化的产物称为堆肥。有机肥生产就是利用堆肥化技术进行商品化生产有机肥的过程。

堆肥化过程是地球表面生态过程中的一部分，并在不断地发挥着重要的作用，如可使地表残留的枯枝落叶、杂草、树皮和其他半固体的有机物分解，再进一步参与到物质和能量的循环中去。在堆肥化过程中，伴随着有机物分解和腐熟物形成的过程，堆肥的材料在体积和重量上也在发生明显地变化。通常由于碳素等挥发性成分分解转化，重量减少 1/2 左右，体积也大约减少 1/2 左右。

堆肥化过程虽然是在 20 世纪才发展起来的科学技术，但在几个世纪的历史过程中，农民一直将这种办法用于制造土壤有机肥料，如将人粪尿、不能食用的烂菜叶子、动物粪便、废物垃圾等经堆肥化变为肥料。其方式是将待堆制的有机材料堆成垛，然后在自然条件下分解直到达到一种“稳定”的程度，即土壤可接受的程度，这种过程少或无人为控制。其产品可以为土壤提供大量腐殖质物质和以有机状态存在的营养物质如氮、磷和钾等。

5.1.2　国内外进展

现代的堆肥化过程就是由这种原始的堆肥方式发展而来，最早用于混合固体原料的堆肥化方法是由印度的爱德华·霍华德在 1925 年提出的，混合物料主要是由垃圾、人粪尿、污水污泥、树叶或秸秆和其他一些有机物料组成。混合物料是在地下沟深 0.6~0.9 厘米的无发酵装置的搅拌式固定床上进行堆肥，氧气的供给主要通过翻堆来实现，停留时间为 120~180 天。通常也把这种方法称为班加罗法（Bangalore Process）。这种方法于 20~30 年代期间在马来西亚、东亚、南美和中国较为盛行。

以后在 1931 年，荷兰 VAW 公司对班加罗法进行了改进，主要是在搅拌方法上，采用起重抓斗车翻堆，而在混合原料堆制过程中，即 20~180 天的时间里不做任何处理。但因臭气、苍蝇和鼠类等问题，而采用远处遥控方式。几乎在同一时间，在德国的 Schweinfurt 和瑞士的 Biel 又采用固定式固定床方法，这种方法是将磨碎物料压成块状并堆放 30~40 天。期间采用自然扩散及气流穿过风管通气，腐熟堆肥经破碎再利用。

20 世纪 30 年代初，在丹麦出现了 Dano（丹诺）堆肥装置。其装置采用卧式生物发酵筒。发酵筒在水平方向上呈倾斜放置。发酵筒直径为 2.74～3.66 米，长约 45.72 米。筒内物料一般不装满。堆料从一端进入，再从另一端排出。这种发酵装置在 70 年代初最为流行。目前世界上约有 150 多家这样的工厂。在意大利的罗马、英国的累斯特，美国加州的萨克拉曼多和亚利桑那州的费利克斯都有这种类型的工厂。

40 年代初，国际上出现了机械化较强的发酵装置——立流移动式搅拌发酵仓。通常称为 Earp-Thomas 法。发酵仓内自上而下多层设置，物料依上而下移动。其通气效果和发酵时间都有很大程度改进。以后相继出现了 Frazer Eweson 法、Jersey 法、Naturizer 法、Riker 法和 Varro 法等类似堆肥发酵装置。

将固定发酵槽和搅拌器结合起来，就形成了新的搅拌式固定床。其代表工艺主要有 Fairfield Hardy 法、Snell 法、Metro-Waste 法和 Tollemache 法。

以上这些堆肥工艺在各种固体废弃物，尤其城市生活垃圾和污泥处理方面发挥着重要作用。在 70～80 年代，由于城市生活垃圾成分复杂性增强，尤其是无机部分，因此对于这些机械化程度较高的工艺的推广和利用限制性较大，一度被土地填埋和焚烧所替代。进入 80 年代后期至 90 年代，由于土地资源日益紧张，焚烧垃圾又带来更为严重的二次污染问题，因此人们又重新注意采用堆肥方法来处理各种有机废弃物。

我国自古以来就有成熟的积肥制肥工艺。如在《汜胜之书》、《齐民要术》和《农书》等古代著作中都对粪肥的积制进行了阐述。因此，我国农民从古到今就有积肥制肥的传统，非常重视有机肥对土壤的培肥作用。但自 20 世纪 60～70 年代以后，人口的增加引起粮食需求量的增长，要求现代科学技术大规模、大范围地在农业中应用，尤其是对现代化农业起关键性作用的化肥、农药、农膜和农业机械等广泛深入地应用于农业后，农业生产力大幅度提高，农业专业化生产迅速发展，农业生产也由传统农业发展到现代农业。从土壤培肥角度而言，由于化肥投入不断增大，在造成的环境污染日趋加重的同时，由于逐渐丧失了传统农业中有机肥的投入，致使土壤肥力大幅度下降，土壤有机质含量降低。如 1969 年我国化肥生产总量（$N+P_2O_5+K_2O$）为 174.9 万吨，但到 1979 年猛增到 1065.4 万吨，到 1990 年达 1879.7 万吨。而 1990 年我国化肥施用量（折纯）达 2590.3 万吨，到 1995 年增加到 3594.6 万吨。在同时期我国有机肥的投入量呈逐年降低趋势，但我国有机肥料资源以及其中所含的氮、磷、钾等营养物质含量却呈逐年上升趋势（图 5-1）。因此，我国有机肥料过去是、将来还应该是我国的一项重要农业资源，增施有机肥料是当前增加农业投入的一项重要内容。坚持有机和无机肥配合使用，不仅可以直接促进农业增产，而且有助于提高我国化肥利用率，缓解化肥供求矛盾和降低投入产出比，降低农业生产成本，这不仅有利于国民经济，更有利于农业持续发展。

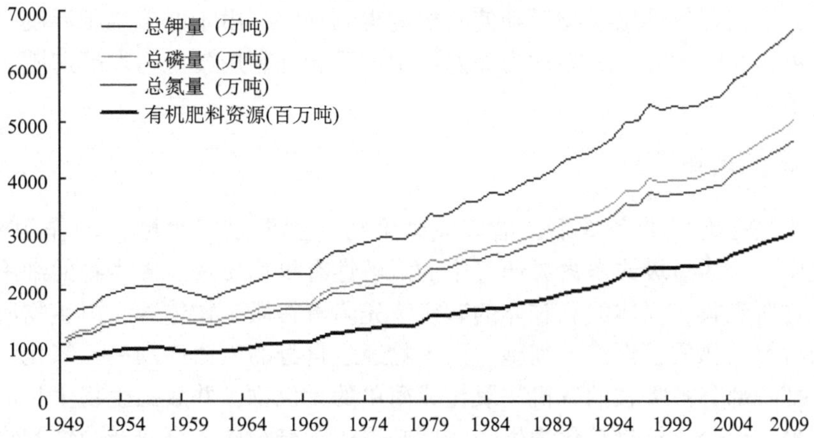

图 5-1　有机肥料资源变化趋势

5.2　堆肥原理与工艺

5.2.1　堆肥原理

自然界中很多微生物具有氧化、分解有机物的能力。实践证明，利用微生物在一定温度、湿度和 pH 条件下，使有机物发生生物化学降解，形成一种类似腐殖质土壤的物质，用作肥料和改良土壤，在热力学上是完全可能的，这种利用微生物降解城市有机固体废物的方法称为生物处理法，一般又称堆肥化，其过程如图 5-2 所示。

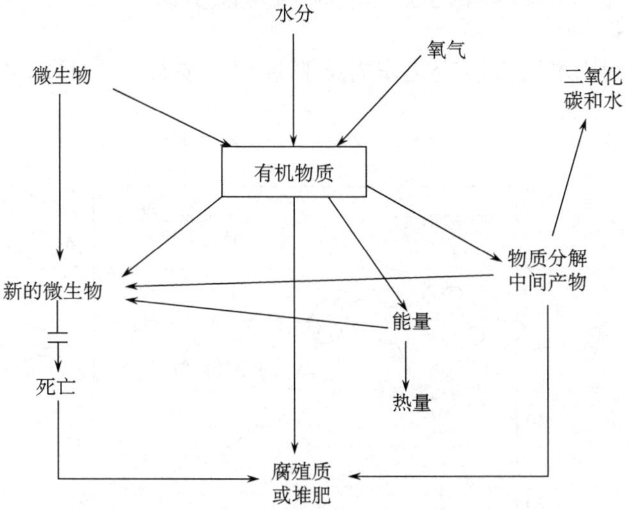

图 5-2　堆肥过程

城市生活垃圾或畜禽粪便等是堆肥微生物赖以生存、繁殖的物质条件，由于微生物生活时有的需要氧气，有的不需要氧气，因此，根据处理过程中起作用的微生物对氧气要求的不同，有机废物处理可分为好氧堆肥法（高温堆肥）和厌氧堆肥法两种。前者是在通气条件下借好氧性微生物活动使有机物得到降解，由于好氧堆肥温度一般在 50~60℃，极限可达 80~90℃，故亦称为高温堆肥。后者是利用微生物发酵造肥。两种堆肥法的原理如下。

5.2.1.1 高温堆肥

好氧堆肥是在有氧的条件下，借好氧微生物（主要是好氧菌）的作用来进行的。在堆肥过程中，生活垃圾或畜禽粪便等中的溶解性有机物质透过微生物的细胞壁和细胞膜而为微生物所吸收，固体的和胶体的有机物先附着在微生物体外，由生物所分泌的胞外酶分解为溶解性物质，再渗入细胞。微生物通过自身的生命活动——氧化、还原、合成等过程，把一部分被吸收的有机物氧化成简单的无机物，并放出生物生长活动所需要的能量，把另一部分有机物转化为生物体所必需的营养物质，合成新的细胞物质，于是微生物逐渐生长繁殖，产生更多的生物体，图 5-3 可以简单地说明这个过程。

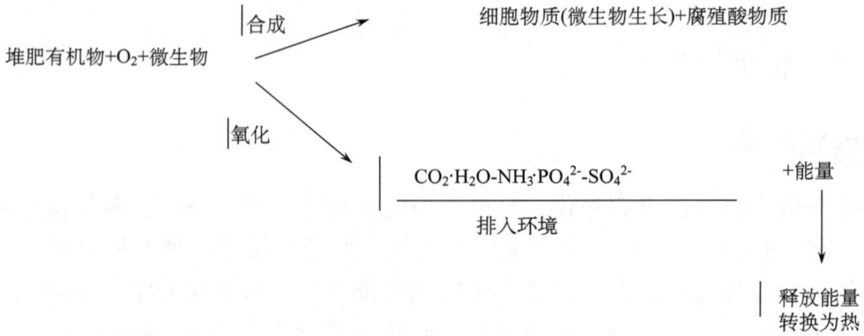

图 5-3 堆肥的好氧发酵过程

一般情况下，利用堆肥温度变化作为堆肥过程（阶段）的评价指标（图 5-4）。一

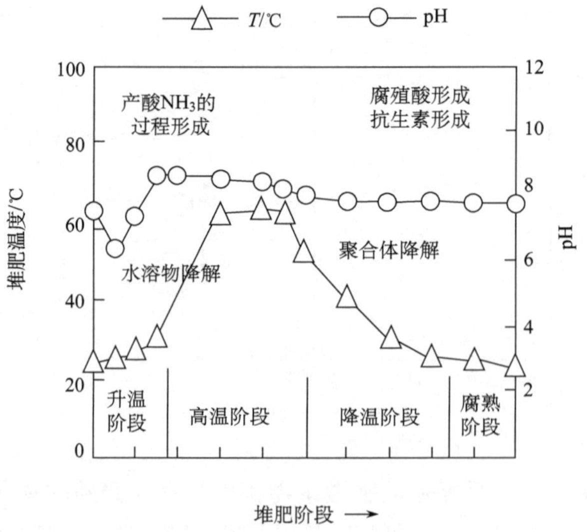

图 5-4 堆肥过程的四个阶段[1]

个完整的堆肥过程由四个堆肥阶段组成。每个阶段拥有不同的细菌、放线菌、真菌和原生动物。在每个阶段，微生物利用废弃物和阶段产物作为食物和能量的来源，这种过程一直进行到稳定的腐殖物质形成为止[1]。

下列方程式反映了堆肥中有机物的氧化和合成：

（1）有机物的氧化

a. 不含氮有机物（$C_xH_yO_z$）

$$C_xH_yO_z+(x+1/2y-1/2z)O_2 \rightarrow xCO_2+1/2yH_2O+\text{能量}$$

b. 含氮有机物（$C_sH_tN_uO_v \cdot aH_2O$）

$$C_sH_tN_uO_v \cdot aH_2O+bO_2 \rightarrow C_wH_xN_yO_z \cdot cH_2O\ (\text{堆肥}) +dH_2O\ (\text{水}) +eH_2O\ (\text{气}) +fCO_2+gNH_3+\text{能量}$$

（2）细胞物质的合成（包括有机物的氧化，并以 NH_3 为氮源）

$$n(C_xH_yO_z)+NH_3+(nx+ny/4-nz/2-5x)O_2 \rightarrow C_5H_7NO_2\ (\text{细胞质}) +(nx-5)CO_2+1/2(ny-4)H_2O+\text{能量}$$

（3）细胞质的氧化

$$C_5H_7NO_2\ (\text{细胞质}) +5O_2 \rightarrow 5CO_2+2H_2O+NH_3+\text{能量}$$

以纤维素为例，好氧堆肥中纤维素的分解反应如下：

$$\text{a.}\ (C_6H_{12}O_6)_n \xrightarrow{\text{纤维}} n(C_6H_{12}O_6) \qquad (\text{葡萄糖})$$

$$\text{b.}\ nC_6H_{12}O_6+6n\ O_2 \xrightarrow{\text{微生物}} 6nCO_2+6nH_2O+\text{能量}$$

$$\text{或}\ (C_6H_{12}O_6)_n+6nO_2 \longrightarrow 6nCO_2+6nH_2O+\text{能量}$$

5.2.1.2　厌氧堆肥

厌氧堆肥是在无氧条件下，借厌氧微生物（主要是厌氧菌）的作用来进行的，图 5-5 简单说明了有机物的厌氧分解过程。

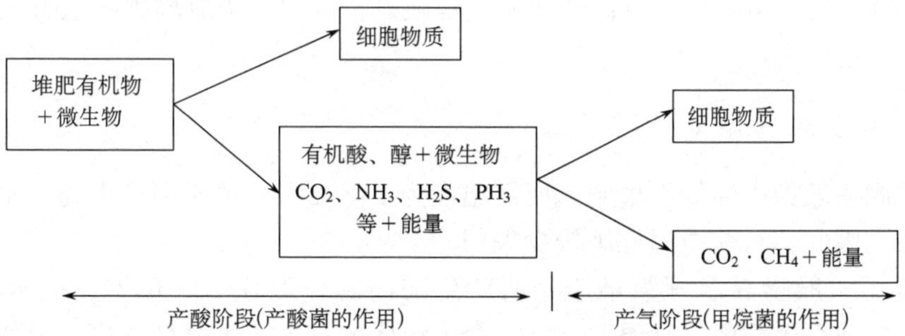

图 5-5　有机物的厌氧堆肥分解

从图 5-5 中可以看出，当有机物厌氧分解时，主要经历了两个阶段：酸性发酵阶段和碱性发酵阶段。分解初期，微生物活动中的分解产物是有机酸、醇、二氧化碳、氨、硫化氢、磷化氢等。在这一阶段，有机酸大量积累，pH 逐渐下降，另一群统称为甲烷细菌的微生物开始分解有机酸和醇，产物主要是甲烷和二氧化碳。随着甲烷细菌的繁殖，有机酸迅速分解，pH 迅速上升，这一阶段的分解叫碱性发酵阶段。以纤维素为例，堆肥的厌氧分解反应为：

（1）$(C_6H_{12}O_6)_n \xrightarrow{\text{微生物}} nC_6H_{12}O_6$　（葡萄糖）

（2）$nC_6H_{12}O_6 \xrightarrow{\text{微生物}} 2nC_2H_5OH+2nCO_2+$能量

（3）$2nC_2H_5OH + nCO_2 \xrightarrow{\text{微生物}} 2nCH_3COOH+nCH_4$

（4）$2nCH_3COOH \xrightarrow{\text{微生物}} 2nCH_4+2nCO_2$

总反应：$(C_6H_{12}O_6)\ n \xrightarrow{\text{微生物}} 3nCO_2+3nCH_4+$能量

5.2.2　堆肥工艺分类

由于分类所依据的角度不同，按照目前堆肥工艺的特点可分为如下的五种基本类型。

5.2.2.1　按微生物对氧的需求

好氧堆肥是依靠专性和兼性好氧细菌的作用使有机物得以降解的生化过程。好氧堆肥具有对有机物分解速度快、降解彻底、堆肥周期短的特点。一般一次发酵在 4～12 天，二次发酵在 10~30 天便可完成。由于好氧堆肥温度高，可以灭活病原体、虫卵和垃圾等有机物料中的植物种子，使堆肥达到无害化。此外，好氧堆肥的环境条件好，不会产生难闻的臭气。目前采用的堆肥工艺一般均为好氧堆肥。但由于好氧堆肥必须维持一定的氧浓度，因此运转费用较高。

厌氧堆肥是依赖专性和兼性厌氧细菌的作用降解有机物的过程。厌氧堆肥的特点是工艺简单。通过堆肥自然发酵分解有机物，不必由外界提供能量，因而运转费用低。若对所产生的甲烷处理得当，还有加以利用的可能。但是，厌氧堆肥具有周期长（一般需 3~6 个月）、易产生恶臭、且占地面积大等缺点，因此，厌氧堆肥不适合大面积推广应用。

5.2.2.2　按要求的温度范围

中温堆肥一般指中温好氧堆肥，所需温度为 15～45℃。由于温度不高，不能有效地杀灭病原菌，因此，目前中温堆肥较少采用。

高温堆肥一般指高温好氧堆肥，所产生的高温一般在 50～65℃，极限可达 80～90℃，能有效地杀灭病菌，且温度越高，令人讨厌的臭气产生就会减少，因此高温堆肥已为各国公认，采用较多。高温堆肥最适宜的温度为 55~60℃。

5.2.2.3　按堆肥过程中物料运动形式

静态堆肥为把收集的新鲜有机废物一批一批地堆制。堆肥物料一旦堆积以后，不再添加新的有机废物和翻倒，待其在微生物生化反应完成之后，成为腐殖土后运出。静态堆肥适合于中、小城市厨余垃圾、下水污泥的处理。

动态（连续或间歇式）堆肥采用连续或间歇进、出料的动态机械堆肥装置，具有堆肥周期短（3~7 天），物料混合均匀，供氧均匀充足，机械化程度高，便于大规模机械化连续操作运行等特点。因此，动态堆肥适用于大中城市固体有机废物或大型规模化养殖场畜禽有机废弃物的处理。但是，动态堆肥要求高度机械化，并需要复杂的设计、施工技术和高度熟练的操作人员。并且，动态堆肥一次性投资和运转成本较高。目前，动态堆肥工艺在发达国家已得到普遍的应用。

5.2.2.4　按堆肥堆制方式

露天式堆肥即露天堆积，物料在开放的场地上堆成条垛或条堆进行发酵。通过自然通风、翻堆或强制通风方式，以供给有机物降解所需的氧气。这种堆肥所需设备简单，成本投资较低。其缺点是发酵周期长，占地面积大，受气候的影响大，有恶臭，易招致蚊蝇、老鼠的滋生。这种堆肥仅宜在农村或偏远的郊区应用，而城市是不合适的。

装置式堆肥也称为封闭式堆肥或密闭型堆肥，是将堆肥物料密闭在堆肥发酵设备中，如发酵塔、发酵筒、发酵仓等，通过风机强制通风，提供氧源，或不通风厌氧堆肥。装置式堆肥的机械化程度高，堆肥时间短，占地面积小，环境条件好，堆肥质量可控可调等，因此适用于大规模工业化生产。

5.2.2.5　按发酵历程

一次发酵为好氧堆肥的中温与高温两个阶段的微生物代谢过程称为一次发酵或主发酵。它是指从发酵初期开始，经中温、高温然后到达温度开始下降的整个过程，一般需 10~12 天，以高温阶段持续时间较长。

二次发酵为经过一次发酵后，堆肥物料中的大部分易降解的有机物质已经被微生物降解了，但还有一部分易降解和大量难降解的有机物存在，需将其送到后发酵仓进行二次发酵，也称后发酵，使其腐熟。在此阶段温度持续下降，当温度稳定在 40℃左右时即达到腐熟，一般需 20~30 天。

此外，根据堆肥过程中所采用的机械设备的复杂程度，有简易堆肥和机械堆肥之分。

以上为堆肥工艺的基本类型，仅按其中某一种分类方式难以全面地描述实际采用的堆肥工艺，因此，常采用多种分类方式同时并用的形式描述堆肥工艺，如高温好氧静态堆肥、高温好氧连续式动态堆肥、高温好氧间歇式动态堆肥等。国外有一种较为直观简便的分类方法，亦为国内研究人员所接受，即按照堆肥技术的复杂程度，将堆肥系统分为条垛式堆肥系统、通风静态垛式系统、反应器系统（或发酵仓系统）等。实际上，条垛式和静态通风垛式堆肥属于露天式好氧堆肥，反应器式堆肥即为装置式堆肥，有的属于连续式或间歇式好氧动态堆肥，有的属于静态堆肥。

5.3　堆肥工艺流程及参数

5.3.1　堆肥工艺程序

传统的堆肥化技术采用厌氧的野外堆积法，这种方法占地大、时间长。现代化的堆肥生产一般采用好氧堆肥工艺，它通常由前处理、主发酵（一次发酵）、后发酵（二次发酵）、后处理及储藏等工序组成。

5.3.1.1 前处理

在以家畜粪尿、污泥等为堆肥原料时，前处理的主要任务是调整水分和 C/N 比，或者添加菌种和酶。但以城市生活垃圾为堆肥原料时，由于垃圾中含有大块的非堆肥物质，因此有破碎和分选前处理工艺，通过破碎和分选，去除非堆肥物质，调整垃圾的粒径。必须去除非堆肥物质的理由如下：①如不去除，会使发酵仓容积增大；②传送装置或翻堆搅拌装置可能会被纤维、绳子缠卷或被竹、金属等绞入而影响操作；③非堆肥物质妨碍发酵过程；④非堆肥物质虽然也可在后处理工序去除，但干电池等物质里所含的重金属-旦混入堆肥原料，就不能在后处理时选出，而混到成品堆肥中。

调整粒径的理由是：通过破碎可使原料水分一定程度地均匀化，同时破碎使原料表面积增大，则微生物侵蚀的速度就加快，可提高发酵速度。从理论上讲，粒径越小，越容易分解，但是，考虑到增加物料的表面积的同时，还必须注意保证物料有一定的孔隙率，便于通风，使物料能够获得充足的氧气。一般适宜的粒径范围是 2~60 毫米，最佳粒径随垃圾物理特性的变化而变化，如果堆肥物质结构坚固，不易挤压，则粒径应小些，否则，粒径应大些。此外，决定垃圾粒径大小时，还应从经济方面考虑，因为破碎得越细小，动力消耗就越大，处理垃圾的费用就会增加。

5.3.1.2 主发酵（一次发酵）

主发酵可在露天或发酵装置内进行，通过翻推式强制通风的堆积层或发酵装置内供给氧气。在露天堆肥或发酵装置内堆肥时，由于原料和土壤中存在的微生物作用而开始发酵。首先是易分解物质分解，产生二氧化碳和水，同时产生热量，使堆温上升，这些微生物吸取有机物的碳氮营养成分。在细菌自身繁殖的同时，将细胞中吸收的物质分解而产生热量。

发酵初期物质的分解发酵作用是靠中温菌（30~40℃为最适宜生长温度）进行的，随着堆温上升，最适宜温度 45~65℃的高温菌取代了中温菌。在此温度下，各种病原菌均可被杀死（表 5-1）。一般将温度升高到开始降低为止的阶段称为主发酵阶段，以生活垃圾为主体的城市垃圾及家畜粪尿好氧堆肥，主发酵期约为 3~10 天。

表 5-1 几种常见病菌与寄生虫的死亡温度

名称	死亡情况	名称	死亡情况
沙门氏伤寒菌	46℃以上不生长；55~60℃，30 分钟内死亡	血吸虫卵	53℃；1 天死亡
沙门氏菌属	56℃，1 小时内死亡，60℃，15~20 分钟死亡	蝇蛆	51~56℃；1 天死亡
志贺氏杆菌	55℃，1 小时内死亡	霍乱产弧菌	65℃；30 天死亡

续表

名称	死亡情况	名称	死亡情况
大肠杆菌	绝大部分，55℃，1 小时死亡；60℃，15~20 分钟死亡	炭疽杆菌	50~55℃；60 天死亡
阿米巴涂	71℃，50 分钟内死亡	布氏杆菌	55℃；60 天死亡
		猪丹毒杆菌	50℃；15 天死亡
美洲钩虫	45℃，50 分钟内死亡	猪瘟病毒	50~60℃；30 天死亡
流产布鲁氏菌	61℃，3 分钟内死亡	口蹄疫病毒	60℃；30 天死亡
酿脓链球菌	54℃，10 分钟内死亡	小麦黑穗病菌	54℃；10 天死亡
化脓性细菌	50℃，10 分钟内死亡	稻热病菌	51~52℃；10 天死亡
结核分枝杆菌	66℃，15~20 分钟内死亡，有时有 67℃死亡	麦蛾卵	60℃；5 天死亡
牛结核杆菌	55℃，45 分钟内死亡	二化螟卵	55℃；3 天死亡
蛔虫卵	50~56℃，5~10 天死亡	小豆象虫	60℃；4 天死亡
钩虫卵	50℃；3 天死亡	绕虫卵	50℃；1 天死亡
鞭虫卵	45℃，60 天死亡		

5.3.1.3　后发酵

经过主发酵的半成品被送到后发酵工序，将主发酵工序尚未分解的易分解有机物和较难分解的有机物进行分解，使之变成腐殖酸、氨基酸等比较稳定的有机物，得到完全成熟的堆肥制品。一般把物料堆积到 1~2 米高，进行后发酵，并要有防止雨水流入的装置。有的场合还需要翻堆和通风，通常不进行通风，而是每周进行一次翻堆。

发酵时间的长短，决定于堆肥的使用情况。例如，堆肥用于温床（能够利用堆肥的分解热）时，可在主发酵后直接使用，对几个月不种作物的土地，大部分可以不进行后发酵而直接施用堆肥，对一直在种作物的土地，则需要使堆肥进行到不能发生夺取土壤氮的程度，后发酵时间通常在 20~30 天以上。

5.3.1.4　后处理

经过两次发酵后的物料中，几乎所有的有机物都变细碎和变形，数量减少了。然而，城市生活垃圾堆肥时，在预分选工序没有去除的塑料、玻璃、陶瓷、金属、小石块等物质依然存在。因此，还需要经过一道分选工序，去除杂物，并根据需要进行再破碎（如生产精制堆肥）。

5.3.1.5　脱臭

部分堆肥工艺和堆肥物在堆制过程和结束后，会产生臭味，必须进行脱臭处理。去除臭气的方法主要有化学除臭剂除臭，碱水和水溶液过滤，熟堆肥或活性炭、沸石等吸附剂过滤。在露天堆肥时，可在堆肥表面覆盖熟堆肥，以防止臭气逸散。较为多用的除臭装置是堆肥过滤器，当臭气通过该装置，恶臭成分被堆肥（熟化后的）吸附，进而被其中好氧微生物分解而脱臭，也可用特种土壤代替堆肥使用，这种过滤器叫土壤脱臭过滤器。

5.3.1.6 储藏

堆肥一般在春秋两季使用，在夏冬就必须积存，所以要建立储存六个月生产量的设备。储存方式可直接堆存在发酵池中或袋装，要求干燥而透气，闭气和受潮会影响制品的质量。

5.3.2 堆肥的影响因素

影响堆肥的因素很多，主要归纳起来有下面几方面。

5.3.2.1 有机质含量

对于快速高温机械化堆肥而言，首要的是热量和温度间的平衡问题。有机质含量低的物质，发酵过程中所产生的热将不足以维持堆肥所需要的温度，并且产生的堆肥由于肥效低而影响销路，但过高的有机物含量又将给通风供氧带来影响，从而产生厌氧和发臭，研究表明，堆肥中最合适的有机物含量为20%～80%。

5.3.2.2 水分

水分为微生物生长所必需，在堆肥过程中，按重量计50%～60%的含水率最有利于微生物分解，水分超过70%，温度难以上升，分解速度明显降低。因为水分过多，使堆肥物质粒子之间充满水，有碍于通风，从而造成厌氧状态，不利于好氧微生物生长并产生 H_2S 等恶臭气体。水分低于40%不能满足微生物生长需要，有机物难以分解。

5.3.2.3 温度

对堆肥而言，温度是堆肥得以顺利进行的重要因素，温度的作用主要是影响微生物的生长，一般认为高温菌对有机物的降解效率高于中温菌，现在的快速、高温好氧堆肥正是利用了这一点。初堆肥时，堆体温度一般与环境温度相一致，经过中温菌1~2天的作用，堆肥温度便能达到高温菌的理想温度50~65℃，在这样的高温下，一般堆肥只要5~6天，即可实现无害化。过低的堆温将大大延长堆肥达到腐熟的时间，而过高的堆温（>70℃）将对堆肥微生物产生有害的影响。

5.3.2.4 碳氮比（C/N比）

C/N比与堆肥温度有关，原料C/N比高，碳素多，氮素养料相对缺乏，细菌和其他微生物的发展受到限制，有机物的分解速度就慢、发酵过程就长。如果碳氮比例高，容易导致成品堆肥的碳氮比过高，这样堆肥施入土壤后，将夺取土壤中的氮素，使陷入“氮饥饿”状态，会影响作物生长。若碳氮比低于20∶1，可供消耗的碳素少，氮素养料相对过剩，则氮将变成氨态氮而挥发，导致氮元素大量损失而降低肥效。

为了保证成品堆肥中一定的碳氮比（一般为 10~20：1）和在堆肥过程中有理想的分解速度，必须调整好堆肥原料的碳氮比（生活垃圾碳氮比一般在 24：1 左右）。一般调整的方法是加入人粪尿，牲畜粪便以及城市污泥等。表 5-2 所示的有机废物的氮含量和碳氮比均较低，用来调整堆肥原料的碳氮比能收到较理想的效果。

表 5-2　废物的氮含量和碳氮比（C/N）

物质	N%	C/N	物质	N%	C/N
大便	5.5~6.5	6~10：1	厨房垃圾	2.15	25：1
小便	15~18	0.8：1	羊厩肥	8.78	–
家禽肥料	6.3	–	猪厩肥	3.75	–
混合的屠宰场废物	7~10	2：1	混合垃圾	1.05	34：1
活性污泥	5.0~6.0	6：1	农家庭院垃圾	2.15	14：1
马齿苋	4.5	8：1	牛厩肥	1.7	18：1
嫩草	4.0	12：1	麦秸	0.3	128：1
杂草	2.4	19：1			
厩肥	2.3	25：1			

5.3.2.5　C/P

磷是磷酸和细胞核的重要组成元素，也是生物能 ATP 物重要组成，一般要求堆肥料的 C/P 在 75~150 为宜。

5.3.2.6　pH

pH 对微生物的生长也是重要因素之一，一般微生物最适宜的 pH 是中性或弱碱性，pH 太高或太低都会使堆肥处理遇到困难。pH 是一个可以对微生物环境作为估价的参数，在整个堆肥过程中，pH 随时间和温度的变化而变化。在堆肥初始阶段，由于有机酸的生成，pH 下降（可降至 5.0），然后上升至 8~8.5，如果废物堆肥成厌氧状态，则 pH 继续下降。此外，pH 也会影响氮的损失，因 pH 在 7.0 时，氮以氨气的形式逸入大气。但在一般情况下，堆肥过程有足够的缓冲作用，能使 pH 稳定在可以保证好氧分解的酸碱度水平。

5.3.3　堆肥的工艺参数和质量标准

5.3.3.1　堆肥工艺参数

堆肥工艺参数包括一次发酵和二次发酵工艺参数。一次发酵主要参数：含水率，45%~60%；C/N，30/1~35/1；温度，55~65℃；周期，3~10 天。二次发酵工艺参数：含水率，<40%；温度，<40℃；周期，30~40 天。

5.3.3.2　堆肥质量标准

一次发酵终止指标：无恶臭；容积减量，5%～30%；水分去除率，10%；C/N，15/1～20/1。二次发酵终止指标：堆肥充分腐熟；含水率<35%；C/N<20/1；堆肥粒度<10mm。

5.4　堆肥腐熟度

5.4.1　概述

堆肥不仅能在微生物作用下通过高温发酵使废弃物中的病原菌无害化、有机物腐殖质化、稳定化，最终达到腐熟，而且还会进一步将废弃物加工为宝贵的肥料。由此可见，堆肥是处理各种有机固体废弃物使之无害化与资源化的有效途径；合适的堆肥施入土壤，还能提高土壤肥力，改善土壤结构。要使堆肥达到完全腐熟，这是一个堆肥腐熟程度即腐熟度问题。如果堆肥没有完全腐熟，就施入土壤，会造成非常严重的后果：未完全腐熟的堆肥 C/N 比较高，施入土壤中会造成植物缺 N[2]；而 C/N 比过低，又会产生氨毒性[3]。不腐熟堆肥在施入土壤后的一段时间，能引起微生物的剧烈活动导致氧的缺乏产生极端厌氧环境，影响根系生长[3]。同时，未腐熟的堆肥在这种环境条件下会产生大量中间代谢产物——有机酸（如丁酸、戊酸、酚、己酸、庚酸）及还原条件下产生的 NH_3、H_2S 等有害成分（表 5-3），这些物质会严重毒害植物的根系，影响作物的正常生长[4]。Golueke 指出：不腐熟的堆肥产生的有毒代谢产物会抑制种子萌发，还散发着臭味给利用带来了很大问题[5,6]。因此堆肥的腐熟度问题至关重要，尽管对这个问题已有广泛研究[7~9]，但直到现在还未制定出准确的评价堆肥腐熟度的标准参数和方法[2]。

表 5-3　垃圾堆肥前后二氯甲烷提取组分中有机组成分的变化

物质成分		扫描数（约）	匹配可能性/%	相对含量
(a) 不稳定堆肥				
Pentanoic acid	戊酸	132	81	高
Butanoic acid	丁酸	187	56.7	高
Phenol	酚	273	73.5	低
Hexanoic acid	己酸	314	73.4	高
4-Methyl phenol	4-甲基苯	375	84.5	低
Heptanoic acid	庚酸	393	85	高
Benzothiazole	苯噻唑	518	87.2	低
Alkane (C14-C18)	烷烃类	684	87.9-93.2	高
Caffeine	咖啡碱	1035	72.8	低
Butyl methyl-propyl phthalate	丁基甲基丙基苯	1115	86	可变的
Hexadecanoic acid	十六烷基酸	1119	82.7	可变的

续表

物质成分		扫描数（约）	匹配可能性/%	相对含量
（a）不稳定堆肥				
Hexadecanoic acid，2-methyl，methy ester	十六烷基甲脂	1142	79.1	可变的
Bis（ethyl-hexyl）phthalate	双偶苯甲酸	1152	94.1	可变的
Octadecanoic acid	十八烷基硬酯酸	1249	78.1	可变的
Benzyl butyl phthalate	苯丁基苯甲酸	1350	81.5	可变的
Hexanedioic acid，dioctyl ester	十六烷基辛脂	1384	86	可变的
（b）稳定堆肥				
Benzothiazole	苯噻唑	518	87.2	可变的
Alkane（C14-C28）	烷烃类（C14-C28）	684	87.9-93.2	高
Alkane（C14-C36）	烷烃类（C14-C36）	936	84.8-88.2	高
Alkane（C19-C36）	烷烃类（C19-C36）	1010	90.1-94.2	高
Alkane（C18-C44）	烷烃类（C18-C44）	1079	88.2-93.2	高
Alkane（C22-C36）	烷烃类（C22-C36）	1146	83.1-90.9	高

表 5-4 列出了一些可以作为评价堆肥腐熟度的简单参数和标准。

表 5-4　检验堆肥腐熟度的方法分类[10]

方法	文献来源
化学分析	
C/N 比	Poincelot 1974
NO_3^- and NO_2^-	Finstein & Inoko 1985
水溶性碳 WSC/N-有机	Inbar et. al. 1990
阳离子交换量 CEC	Harada & Inoko 1975
可降解物质	Morel et. al. 1985
pH	Jann et. al. 1989
化学组成（粗纤维等）	Inbar et. al. 1989
物理性指标	
温度	Golueke 1972
颜色	Sugahara 1979
气味	Jirnenez &Garcia 1989
微生物指标	
指示性微生物	Inbar et. al. 1989
呼吸率	Lossin 1971
生物量	Albonetti & Massari 1979
酶活性	Perriccei 1992
植物性指标	

续表

方法	文献来源
Cress 种子发芽率	Zucconi et. al. 1985
黑麦草生长	Zucconi et. al. 1981
种子发育	Zucconi et. al. 1981
光谱分析	
固相 Solid state ^{13}C NMR	Inbar et. al. 1989, 1990
FT-IR	Inbar et. al. 1989, 1990
E_4/E_6 和- logk	Riffaldi 1988
腐殖化度	
Chromatography testing	Hestelendy 1974
总腐殖质	Morel 1982
HA/FA 比 腐殖化率和腐殖化系数	Saviozzi 1988

5.4.2 堆肥腐熟度评价的指标

5.4.2.1 物理评价指标

物质评价指标亦称为表观分析法，Hang[11]和李国建等[12]将腐熟堆肥的表观性质归纳为：①堆肥后期温度自然降低；②不再吸引蚊蝇；③不再有令人讨厌的臭味；④由于真菌的生长，堆肥出现白色或灰白色菌丝；⑤堆肥产品呈现疏松的团粒结构。此外高品质的堆肥应是深褐色，肉眼看上去均匀，并发出令人愉快的泥浆气味，这种方法只能从感官上进行初步判断，难以进行定量分析。

5.4.2.2 化学评价指标

1）固相 C/N 比

C/N 比是一种传统的方法，常常被作为评价腐熟度的一个经典参数。一般地，C/N 比从最初的 35~40 或更高（木材类废弃物）降低到 18~20，表示堆肥已腐熟，达到稳定的程度[13]。对于单独的牛粪堆肥，C/N 比在前 60 天迅速降低，从 27 降低到 10[10]。但 Jimenez 等认为 C/N = 10~12 可作为已分解并且稳定的有机质的参数[14]。但是用 C/N 比评价腐熟度已存在着明显不足：因为对于像活性污泥、鸡粪、城市垃圾及泥炭残余物等 C/N 低（C/N≤15）的废物的堆肥，则不能用 C/N 比评价腐熟度[15]。

2）水浸提液中碳与有机态氮的比值（WSC/N-org）

Veerapan 等对不同原材料的堆肥的化学成分的研究表明，在不同原材料及堆肥条件下，堆肥水浸提液中氮的形态、有机碳及有机氮的含量变化很大，但经充分腐熟后水浸提液的 C/N-org 比都几乎是个恒定的值（表 5-5），都在 5~6[16]。因此，C/N-org 比值比传统上的固相 C/N 比在评价堆肥腐熟度上更有效。

表 5-5　堆肥 C/N 比和原材料的关系

样品	原材料		堆肥	
	水浸提液 C/N-org.	固体样品 C/N 比	水浸提液 C/N-org.	固体样品 C/N 比
纯污泥	5.56	8.74	6.01	11.2
污泥+木屑	7.19	21.5	4.34	17.9
污泥+稻壳	6.05	14.9	5.5	14.2
生活垃圾+树皮	29.5	21.6	6.36	16.1
生活垃圾	13.9	16	5.72	15.8
	26.2	20.72	6.85	14.9
牛粪	12	22	5.16	11.3
牛粪+猪粪+秸秆	-	-	6.15	12.7
鸡粪	8.64	5.26	5.68	8.21
树皮+牛粪	(26.5)	(107.7)	6.3	29
树叶	2.95	33.4	5	12.1

3）水溶性糖（SC）

水溶性糖含量在堆肥过程中大幅度降低，在堆肥腐熟时，所有堆肥水溶性糖含量都相同。所以堆肥中水溶性糖含量可作为腐熟度的一个好的指标，腐熟堆肥的水溶性糖含量 SC>0.1%[15,17]。

4）生化需氧量（BOD_5）

堆肥化反应是利用微生物使原料中有机物降解稳定化的过程，BOD_5 反映的是堆肥过程中可被微生物利用的有机物的量，随着堆肥的进行，BOD_5 不断降低。有试验证明[18]，当每千克固体物料中 BOD_5 少于 50~55 克/千克时，堆体温度达不到 60℃。在最初的堆肥高温期，BOD_5 降低很快。Ishii 用机械化设备生产的堆肥产品 BOD_5 为 20~40 克/千克。但是原料的不同对于 BOD_5 的影响很大。有些固体废弃物原始 BOD_5 值就较低（同挥发性固体），使得这一参数与上述的挥发性固体相类似，对于不同原料的指标无法统一；而且对于 BOD_5 的测定，方法复杂、费时，不能及时反馈产品的结果，从而影响对操作过程的控制。

5）有机质的腐殖化程度

腐殖质因为影响土壤生态环境、团粒结构及肥力和植物生长，所以是土壤有机质中最重要的组分。在城市固体废弃物（MSW）堆肥中，总的腐殖质（HS）水平在堆肥过程中基本不变[19]。而在单独的牛粪堆肥（CSM）中，腐殖质随时间显著增加，这说明原材料类型对于腐殖质化过程有重要的影响[20]。用 NaOH 提取的腐殖质（HS）可分为胡敏酸（HA）、富里酸（FA）及未腐殖化的组分（NHF）[3]。在堆肥原料中 HA 含量低，而 FA 含量多[7,21,22]。但随堆肥过程的进行，二者的含量却发生显著的变化：在对 MSW 堆肥实验中，HA 在堆肥过程中含量增加，在 112 天时达稳定，占有机质的 13.5%；FA 含量在堆肥过程中下降，从占总有机质的 7.5% 下降到腐熟后的 4.5%[19]。

一般地，有机质腐殖化程度可通过以下三个参数来表示：腐殖化指数（HI = HA/FA）、腐殖化率（HR = HA/FF，FF = FA + NHF）及胡敏酸的百分含量（HP = HA × 100/HS）[14,20]。Chen 等[19]在对 MSW 堆肥的实验中，HI 从原材料的 0.91 上升到堆肥 30 天后的 2.0，然后再伴随堆肥过程进行缓慢上升，达到腐熟后的 3.0。HR 从原材料的 0.42 上升到 30 天后的 1.0，腐熟的堆肥则能达到 1.35；HP（HP = HA/HS×100）从原材料的 47.75%上升到堆肥 30 天后的 68.14%，最后腐熟堆肥达到 79.46%（表 5-6）。

表 5-6　城市生活垃圾堆肥的 HI、HR 和 HP 的变化

堆肥时间/天	HI	HR	HP
0	0.91	0.42	47.57
13	1.25	0.67	55.51
19	1.36	0.76	57.66
27	2.01	1.02	66.80
34	2.07	1.01	67.47
41	2.14	1.13	68.14
48	2.18	1.17	68.54
62	1.95	1.08	66.07
76	2.59	1.18	72.12
90	2.77	1.12	73.50
112	2.82	1.35	73.84
132	2.99	1.32	74.96

对单独牛粪堆肥（CSM），HI 从 2.1 增加到腐熟后的 5.0，而 HR 从 1.0 增加到最后的 1.8[10]。Riffaldi[9]等的实验证明：C_{HA}/C_{HA+FA}在接近 60 天时有大幅度上升，C_{HA}/C_{HA+FA}在稳定期 2 个月后比堆肥开始上升了 50%，代表了腐殖质化作用很大[23]，这些数值与 C/N 比（r = 0.972）及 C_{HA+FA}（r = 0.970）都有极显著相关性，可作为评价腐熟度的参数[24]。Roletto 等指出：腐殖化指数，胡敏酸碳占有机碳的百分数与 C/N 比有极显著的相关性。Balkema 等用造纸污水与稻草堆肥的实验并对实验结果进行了检验分析表明：腐殖化指数（HI）适合作城市垃圾堆肥的腐殖质物质含量的指标，并且以 C_{HA}/C_{FA}表示的 HI 与 C/N 比表示出了很好的相关性（P = 0.01），经可靠性检验的数据表明：可以作为评价堆肥腐熟度的 HI 最小值是 1.4[25]。

腐殖化度（DH）是代表腐殖化程度的一个指标，由 De Nobili 等[26]、Ciavatta 等[27]相继提出。Ciavatta 等[28]得出下列公式：

$$DH\% = (C_{HA+FA}/TEC) \times 100 \qquad \text{(TEC：水溶态碳)}$$

从该公式定义的观点看，DH 可以表达堆腐过程中腐殖酸的变化，通过计算腐殖酸占水溶性碳的比例来判断堆肥的腐熟程度。Ciavatta 等[22]采用静态垛强制通风堆肥方式对市政固体废弃物进行了试验，试验分别于夏季和冬季进行，所得结果如表 5-7 所示。

表5-7　堆肥TOC、TEC、HA+FA和腐殖化度（DH）的关系

堆肥时间	TOC /%干重	TEC /%干重	C_{HA+FA} /%干重	DH /%	C_{HA+FA}/TOC /%
冬天样品					
0	25.0	10.5	4.5	43.0	18.0
7	24.9	12.2	6.3	51.1	24.1
14	23.8	11.6	6.4	55.7	26.9
23	22.0	9.50	5.5	57.8	25.0
55	17.0	7.00	4.2	59.5	24.7
夏天样品					
0	29.5	13.9	8.2	59.1	27.8
7	28.6	13.2	7.4	55.6	25.9
14	25.9	10.3	5.7	55.3	22.0
23	24.5	10.6	6.2	57.9	25.3
55	21.3	9.10	5.2	57.6	24.4

从表中看出，DH的变化在不同季节显示了相反的趋势。Ciavatta[28]分析认为，夏季样品初始的DH值高，可能是由于开始时的假腐殖质物质加大了C_{HA+FA}的量，另一个造成冬夏DH值差别的主要原因是堆肥湿度的影响。冬季的堆肥湿度在大约一周内稳定降低到大致50%，而在夏季，湿度含量迅速降低，一周后湿度含量大约只有30%。在有机质的降解过程中需保持适当的高湿度水平，以确保堆体内微生物的活性。从Ciavatta的试验分析可以看出，DH值受湿度等的影响较大（即堆肥条件和原料），这对于DH指标的确定和应用有很大的局限。

6）生物可降解指数（BI）

生物可降解指数（BI）由堆肥中总有机碳的含量（TOC），水溶性糖的含量（SC）及堆肥的天数以下列方程式决定：

$$BI=3.166+0.039TOC+0.832SC-0.011\text{天数}$$

BI可用来评价腐熟度，腐熟的堆肥BI<2.4，不腐熟的堆肥BI>2.7[6]。Garcia等的试验结果也与此基本相似，其实验表明：BI值在2.9~3.7的堆肥没有腐熟，而腐熟的堆肥的BI值≤2[15,17]。

5.4.2.3　生物评价指标

经验证明，仅用化学分析方法评价腐熟度是不够的，必须结合生物分析的方法才可靠[29,30]。

1）植物毒性

用生物的方法测定堆肥的毒性，是检验正在堆肥的有机质腐熟度的最精确和最有效的方法[29,30]。用草种Cress（*Lepidum Sativum* L.）检验植物毒性，不但使我们能检测样品中的残留植物毒性，而且能预计毒性的发展[30]。植物毒性用发芽指数（GI）来评价，从理论上说，GI<100%，就判断是有植物毒性。但在实际实验中，如果 GI>50%，则认为堆肥已腐熟并达到了可接受程度，即基本没有毒性[30]。但是 Rittaldi 等认为：GI 在前 20 天迅速增长，30 天后，植物毒性就几乎完全消失了。在所有状况下，当发芽指数 GI 达到 80%～85%时，这种堆肥就可以认为是没有植物毒性或者说堆肥已腐熟了[31]。这个结论同时也得到了 Zucconi 等[32]试验结果的支持。Garcia 等根据对城市有机废物的实验认为：在堆肥过程中，根据堆肥的腐熟度可分为三个阶段：抑制发芽阶段，这个阶段一般发生在开始堆肥的第 1～13 天，这种堆肥对发芽几乎完全抑制；GI 迅速上升阶段，这个阶段一般发生在 26～65 天，34 小时后发芽种子的发芽指数 GI＝30%～50%；GI 缓慢上升至稳定阶段，继续堆肥超过 65 天，GI 可上升到 90%。这些结果表明：发芽的抑制性物质是在堆肥过程中慢慢消除的[33]。

2）微生物评价指标

在堆肥中存在着各种各样的微生物群落[34,35]，其中细菌占统治地位，但真菌、放线菌也有相当高的密度。这些微生物群落一方面参与 C、N、P 和 S 循环，具有脱氮作用，参与分解蛋白质和淀粉、氨化作用、分解纤维素等能力。另一方面由于土壤中硝化细菌很少[36,37]，所以堆肥中的硝化细菌群落对土壤肥力提高起着至关重要的作用[38]。我们知道，不同堆肥时期堆肥的温度不同，随着温度的变化，微生物的群落结构也随之相应变化。在堆肥初期，堆肥呈中温，嗜温菌较活跃，大量繁殖，主要是蛋白质分解细菌，产氨细菌数量迅速增加，在 15 天内达最多，然后突然下降，在 30 天内完成其代谢活动，在堆肥 60 天时降到检测限以下，当堆肥达到 50～60℃时，嗜温菌受抑制甚至死亡，嗜热菌则大量繁殖，分解纤维素的细菌，真菌都是中温菌及高温菌，它们在 60 天时最多，并在整个过程中保持旺盛活动。而正是在堆肥的高温期，堆肥中的寄生虫、病原菌被杀死，腐殖质开始形成，堆肥达到初步腐熟[39]。自养硝化细菌，由于堆肥前期的高温及氨气含量的增加，使其在堆肥初期被严格限制，在 80 天时数量最多，活动最旺盛，直到堆肥的最后也仍然存在。在堆肥的腐熟期主要以放线菌为主[39]。当然堆肥中微生物群落中某种微生物存在与否及其数量的多少并不能指示堆肥的腐熟程度，但是在整个堆肥过程中微生物群落的演替却能很好地指示堆肥腐熟程度[40～42]。因此，用微生物来评价堆肥过程是合适的，特别是用它来指示堆肥是否达到稳定阶段或是否已经腐熟[42]。

5.5 好氧发酵设备

有机物好氧分解的发酵过程是整个堆肥化系统的关键组成部分。物料通过预处理系统和设备已为高的发酵速率提供了先决条件——合格的原料，包括高的有机质含量；50 毫米左右的粒度；合理的 C/N 配比；合适的水分含量。发酵的整个工艺过程包括通风，温度控制，翻堆，水分控制，无害化控制，堆肥的腐熟等几个方面，作为发酵设备不仅应尽可能地满足工艺要求，而且要实现机械化生产需要。下面所涉及的各种各样的发酵设备之所以能够获得成功，长期以来被人们认可，无一不是以工艺要求为出发点应运而生的。特别对于实现大生产的动态发酵工艺，发酵设备必须具有改善、促进微生物新陈代谢的功能。例如翻堆、曝气、搅拌、混合，协助通风系统控制水分、温度，同时在发酵的过程中自动解决物料移动出料的难题。最终达到缩短发酵周期，提高发酵速率、提高生产速率、实现机械化大生产的目的，达到所要求的堆肥产品的质量标准。

5.5.1　发酵设备的分类

发酵设备的分类如表 5-8 所示。

表 5-8　堆肥发酵的分类

发酵设备	发酵装置
塔式发酵设备	多阶段立式发酵塔
	多层立式发酵塔
	多层桨式发酵塔
	活动层多阶段发酵塔
	直落式发酵塔
	窑型发酵塔
水平式发酵滚筒	达诺式发酵滚筒
	单元式发酵滚筒
	圆鼓形发酵滚筒
料仓型发酵装置	犁式翻堆机
	搅拌式发酵装置
	吊斗式翻堆机
	螺旋式发酵装置
	桨式翻堆机
皮带式条垛式翻堆机	条垛式发酵设备
	履带式条垛翻堆机
组合型发酵系统	达诺式滚筒，多层多段立式发酵塔
	达诺式滚筒，犁式翻堆机
	桨式翻堆机，吊斗式翻堆机
	桨式翻堆机，桨式翻堆机
熟化设备	带式熟化发酵仓
	板式熟化发酵仓
	其他熟化设备

5.5.2　高温（一次）发酵设备的结构与特点

5.5.2.1　塔式发酵设备

1）多阶段立式发酵塔

一般称这种发酵塔为托马斯发酵塔（图 5-6），共分为八层，在塔中的原料通过旋转臂上的犁形搅拌桨搅拌，并从上层往下层移动。每层的内壁往塔中输入新鲜空气，在这种好氧条件下，原料被桨进行搅拌和翻动。塔是封闭型的，从塔的上部到下部，分为低温区、中温区和高温区；其微生物保持在与其适宜的活动温度和所需空气环境下进行活动，以便生产出高质量的堆肥。

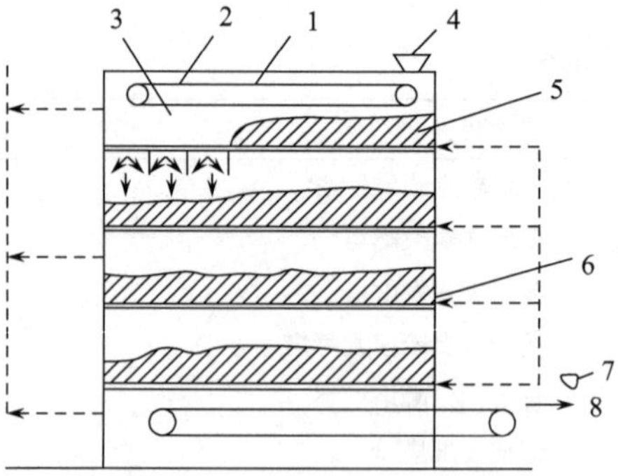

1-驱动装置；2-塔体；3-梨；4-进料口；
5-窥视孔；6-进风管；7-风机；8-出料口

图 5-6　多阶段立式发酵塔

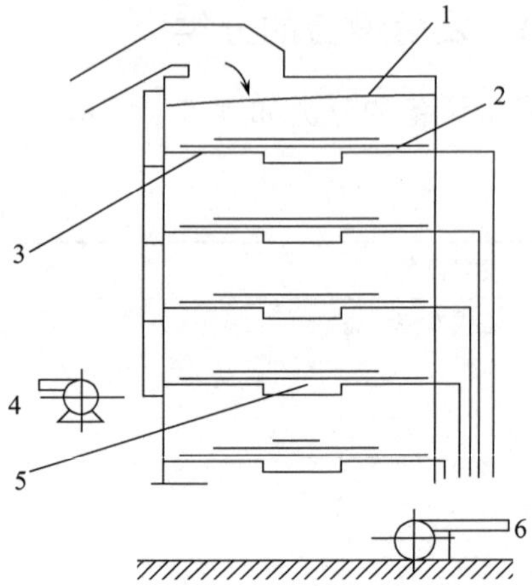

1-发酵料仓；2-旋转臂；3-出料门；
4-风机；5-驱动装置；6-液压装置

图 5-7　多层立式发酵塔

2）多层立式发酵塔

它也是一种圆柱形垂直多层塔，通常有五层（图 5-7），但是其具体的层数要根据所处理的原料来确定。

3）多层桨式发酵塔

在这种塔内，中心安有一圆柱形的旋转轴，上面支持着旋转桨。每层上都有旋转桨，并且每层都有排料口。如图 5-8 所示，所有的桨都通过其中心的轴和齿轮带动，同

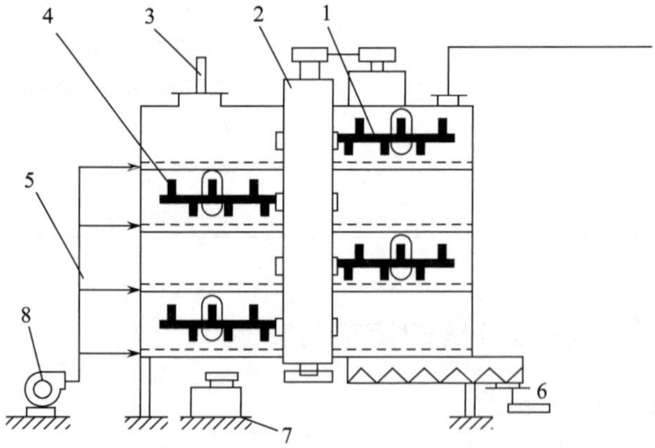

1-空气管道；2-旋转主轴；3-进料口；4-旋转桨；
5-空气干管；6-堆肥；7-电动机；8-鼓风机

图 5-8　多层桨式发酵塔

时以相当慢的速度进行旋转。在运行期间，每层上的可堆肥化物质同时被搅拌，并被桨往后翻动，同时在与桨旋转相反的方向堆积起来，通过反复的作用，物料一层层地从上往下运行。

4）活动层多阶段发酵塔

垃圾原料在最上层堆积高 1~2 米，并通过刮板装置保持在一定的高度。可堆肥化物在水平方向慢慢地运动着，空气从底部通入。在塔内边缘处安装有刮板装置，当原料以超过休止角堆放时，刮板装置使堆肥保持在一固定的高度。与进料数量相对应的物料往下落。以这种方式，可堆肥化物从顶部向下层运动。在这过程中，同时还进行通风和搅拌，通过发酵和分解后成为堆肥，其结构如图 5-9 所示。

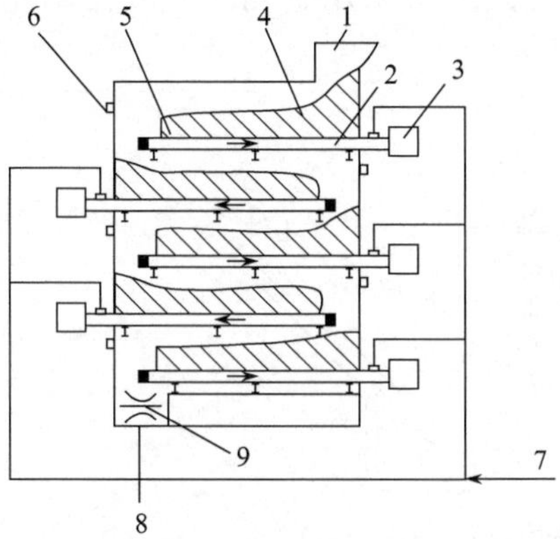

1-进料口；2-活动发酵层；3-活动驱动装置；4-刮板装置；5-落料装置；6-出气口；7-风机；8-出料口；9-出料运输带

图 5-9 活动层多阶段发酵塔

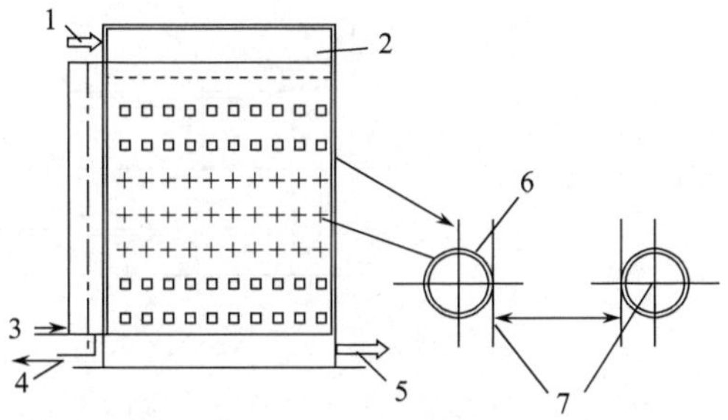

1-进料；2-布料装置；3-供气；4-排气；5-发酵后的堆肥物料；6-中部旋转（轴为多孔管）；7-旋转轴

图 5-10 多层次直落发酵塔

5）多层次直落发酵塔

这种发酵塔被称为约翰–汤普森发酵塔，它是采取间断地将可堆肥化物料从顶部加入。塔呈方形，通常用水泥或钢板制成。物料斜穿过许多层次的回转蝶形杆下落，或通过带有翅片的旋转轴慢慢地下落。空气通过蝶形杆或旋转轴表面以及塔的上下边缘进入和排出（图 5-10）。

6）窑形发酵塔

这种发酵塔配有通风装置，在某些情况下还有慢速搅拌机构。如图 5-11 所示，这种发酵塔带有进料与出料口，顶部有刮板装置，底部有螺旋形送出装置。为了保持塔内的好氧条件，塔的底部置有蜂窝状的散气管。

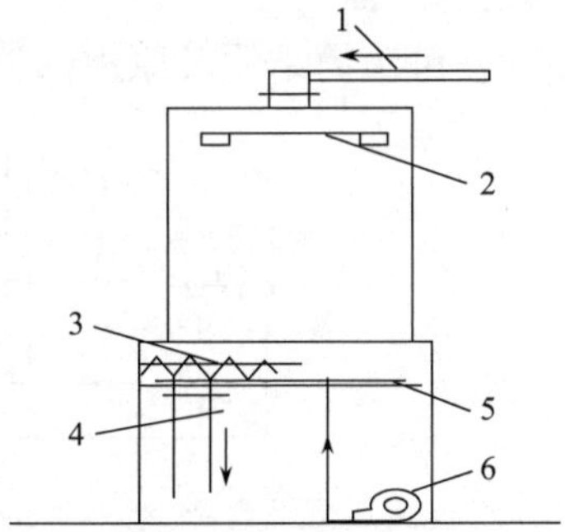

1-进料口；2-布料刮板装置；3-旋转叶片式出料装置；4-排料装置；5-散气管；6-风机

图 5-11 窑形发酵塔原理

5.5.2.2 水平式发酵滚筒

1）达诺式发酵滚筒

如图 5-12 所示，这种发酵滚筒在世界上使用的相当广泛。它之所以有较强的生命力，是因为结构简单，可以采用较大粒度的物料，使预处理设备简单化，物料在滚筒内反复升高、跌落，同样可使物料的温度、水分均匀化，达到曝气的目的，可以完成物料预发酵的功能。当物料从一端不断地进入滚筒时，物料随滚筒旋转而不断地塌落，以使物料每转一周，均能从空气流中穿过一次，达到充分曝气的目的，新鲜空气不断进入，废气不断被抽走，充分保证了微生物好氧分解的条件。物料随着滚筒的旋转在螺旋板的拨动下，不断向另一端推进，经过 36 或 48 小时，物料将移到出料端，经双层金属网筛的分选，得到预发酵的粗堆肥。达诺滚筒的主要参数：滚筒直径及长度：直径 2.5～4.5 米；长度：20～40 米；滚筒旋转速度：1～3 转/分钟；发酵周期：36~48 小时。

达诺滚筒的生产效率相当高，世界上经济发达国家常采用它与立式发酵塔组合应用，高速完成发酵任务，实现自动化大生产。

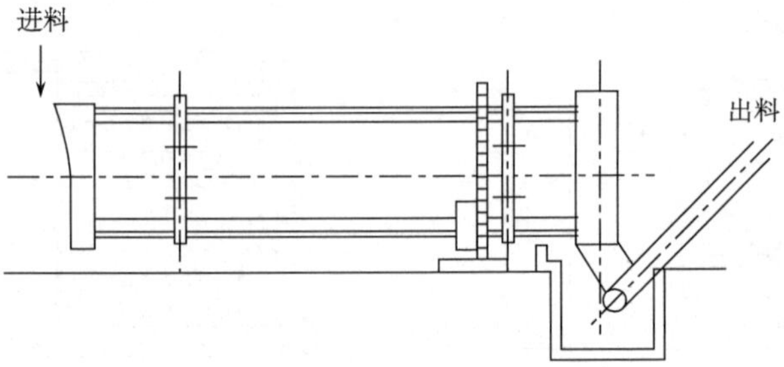

图 5-12　达诺式发酵滚筒

2）单元式发酵滚筒

这种发酵滚筒不同于前者的是在滚筒内设置了一系列的单元小间，每间彼此相邻，物料从一小间流向另一小间，一旦第一间空出，便可投料，因此投料是间断的，这样可以根据物料的性质，控制从投料到出料的时间，特别能避免物料在短时间内由另一端溢出。单元式发酵滚筒由于时间上能控制，使物料混合更均匀，无害化更充分，能收到更佳的效果。

3）圆鼓形发酵滚筒

圆鼓形发酵滚筒结构及原理都类似于达诺滚筒（图 5-13）。

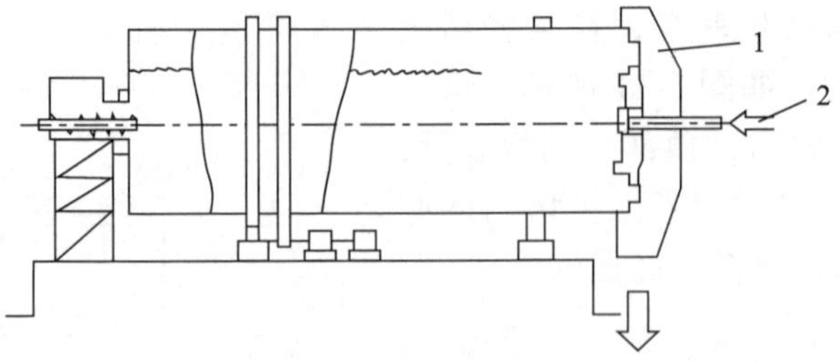

1-排料口；2-空气进入

图 5-13　圆鼓形发酵滚筒

5.5.2.3　料仓型发酵装置

1）犁式翻堆机

这种料仓型发酵装置有一种犁式搅拌设备，它具有与耕犁一样的功能，可以使物料保持通气状态，使物料翻堆成均匀状态，并将物料从进口处移向出口处。空气输送管道配有一种特殊的爪形散气口，通气装置安装在料仓的底部，通过强制通风提供所需的空气（图 5-14）。

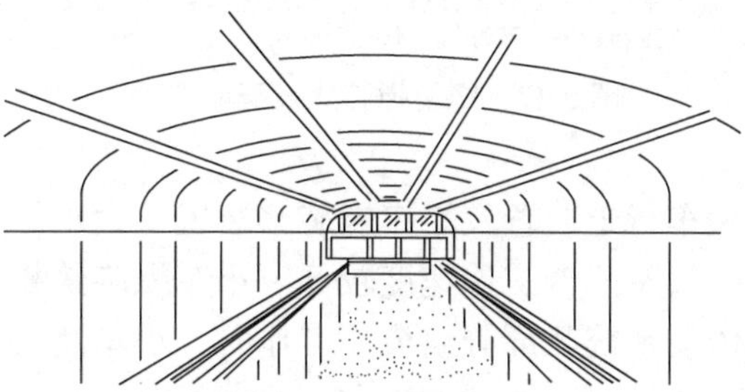

图 5-14　犁式翻堆机

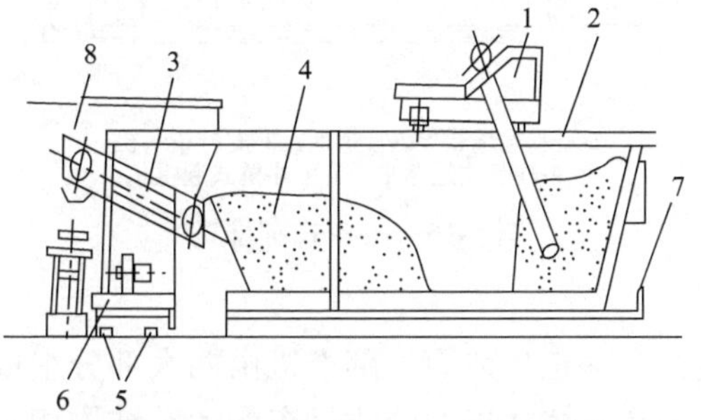

1-翻堆机；2-翻堆机行走轨道；3-排料皮带机；4-发酵仓；5-活动轨道；6-活动小车；7-空气管道；8-叶片输料机

图 5-15　搅拌式发酵装置

2）搅拌式发酵装置

这种发酵装置属水平固定类型（图 5-15），通过安装在槽两边的翻堆机来对物料进行搅拌，为的是使物料水分均匀并均匀接触空气，并使堆肥物料迅速分解防止臭气的产生。

3）吊斗式翻堆机

经过破碎后的物料，预处理阶段储放的物料以及预发酵后的物料通过进料输送带被送到发酵室内，如图 5-16 所示，通过往复式输送机、布料皮带机等将堆肥物料放到盒型发酵仓中。空气从底部管道中输入，在这个过程中，吊斗式翻堆机对物料进行翻动，也可以完成熟化工作。

4）螺旋搅拌式发酵装置

在预处理阶段中，经过破碎和分选的物料通过进料皮带送到装置的中心，又通过布料皮带将物料撒开。如图 5-17 所示，在这种情况下，安装在装置中的螺旋螺杆进行自转，并同时绕装置中心轴旋转进行搅拌。这样操作的目的是为了防止物料不均匀现象的发生。螺杆的形状和布置形式是为了保持空气的均匀分布，在装置中物料通过自重从上往下运动。

5）浆式翻堆机

浆式翻堆机可以根据发酵工艺的需要，定期对物料进行翻动、搅拌混合、破碎、输送物料（图 5-18）。加之仓内地面为软地面，可安排供气系统，这样对发酵仓内物料中微生物的繁衍十分有利，可加快发酵速度，缩短堆肥化周期。这种翻堆机实际应用广

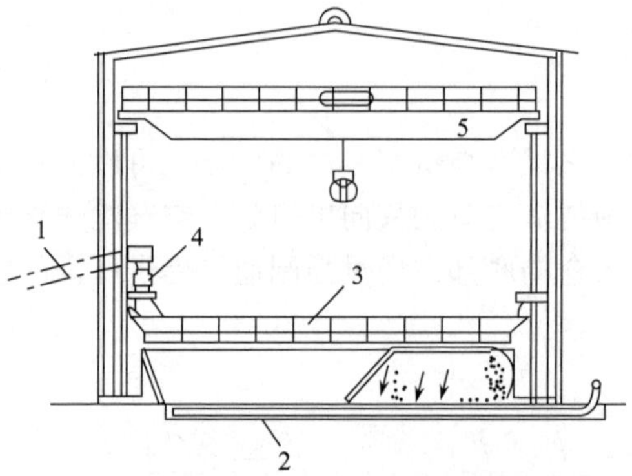

1-进料运输带；2-管道面；3-皮带布料机；
4-往复式运输带；5-吊斗桥式起重机

图 5-16 吊斗式翻堆机

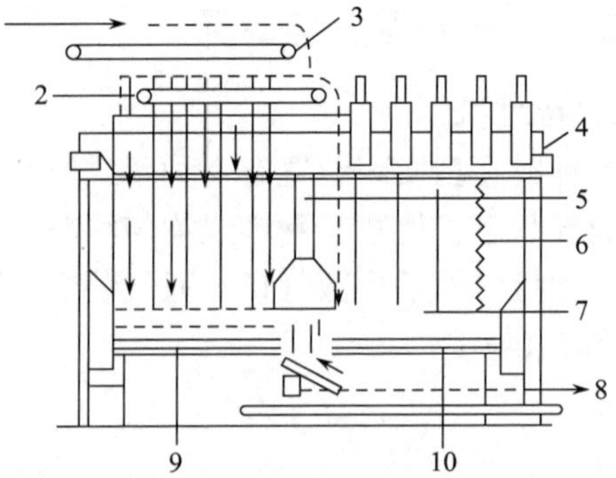

1-进料；2-布料皮带机；3-供料皮带机；4-旋转层；
5-中心主轴；6-搅拌机；7-氧气浓度和温度测量仪；
8-排料；9-旋转螺杆；10-空气

图 5-17 螺旋搅拌式发酵装置

泛，有一定生命力。翻堆机由两大部分组成，大车行走装置及小车螺旋桨装置。大车行走装置与桥式或龙门式吊车的大车结构相类似，只是前者工作速度较低。小车螺旋桨装置主要有可以移动的小车、立柱、螺旋桨及其传动系统几部分组成。工作时，小车及大车带动螺旋桨在发酵仓内不停地翻动，翻堆机的纵横移动，把物料定期地向出料端移动。翻堆机发酵仓的面积决定了处理能力，一般物料发酵时间 7~10 天，完成一次发酵后，物料基本达到无害化，成为堆肥。

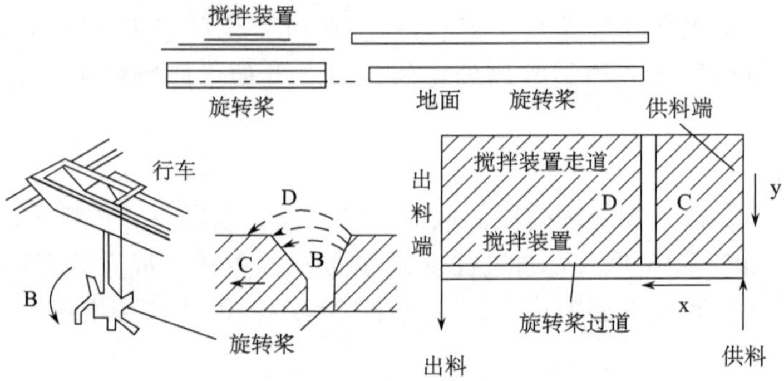

图 5-18 桨式翻堆机

5.5.2.4 条垛式发酵设备

条垛式发酵设备就是将物料铺开排成行，在露天或棚架下堆放，每排物料堆宽4~6米，高 2 米左右，堆下面可装置有供气通气管道，也可不设通风装置，根据实际情况，采用不同的翻堆发酵设备。

1）皮带式条垛翻堆机

这种机型的翻堆机常用在正规的大型条垛式堆肥厂中，堆肥化物宽 3~4 米，高 2 米，成长条状堆放，下面设置通风装置，条垛之间为皮带型翻堆机的行走轨道。翻堆机行走时，翻堆机的右侧抓耙机扬起物料，通过皮带转向左侧，这样右侧条垛物料随着翻堆机不断地移向左侧条垛的位置上，在物料移动的同时被翻动、搅拌、曝气。

2）履带式条垛翻堆机

此类型的翻堆机完全使用在露天堆放场，物料可以根据地形位置随意堆放，一般物料仍以条垛式铺排为多，堆下设置了通风装置。翻堆机的形状类似拖拉机（图 5-19），在机侧设有可移动的翻动链板，当翻堆机工作时，可移动的翻堆链板将物料带起、落下，并随之移动一个位置，完成翻堆任务，这种翻堆机行动灵活，翻堆能力强。

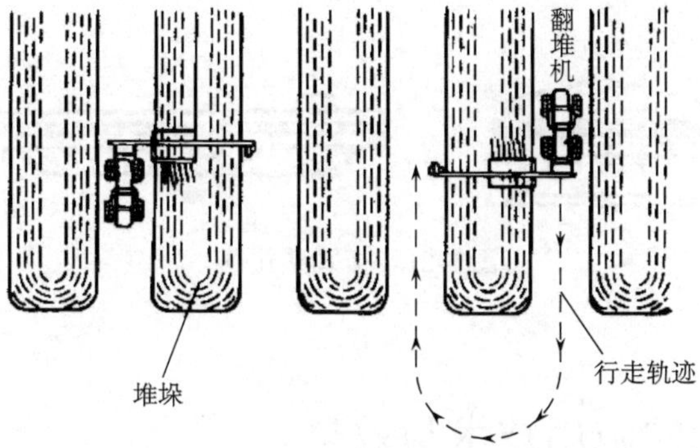

图 5-19　条垛翻堆机

5.5.3　熟化（二次发酵）设备

只有经过二次发酵后的熟化堆肥才是有价值的产品，才能被植物吸收，变成有用的养料，而且熟化堆肥能够有效地防止二次污染，在任何情况下不再分解释放出臭气及产生污水。因此堆肥的熟化也是相当重要的。熟化的工艺方法及设备也是多种多样的。因熟化过程中微生物的代谢毕竟不像一次分解那样激烈，在无条件的情况下，可以采用静态条垛式堆放，一般 3 米高。可以适当给予通风。有条件考虑大规模生产的地区，可以采用多层式或多层立式发酵塔，桨式立式发酵塔、水平桨式翻堆机等分解设备等，较多情况是采用仓式熟化设备。

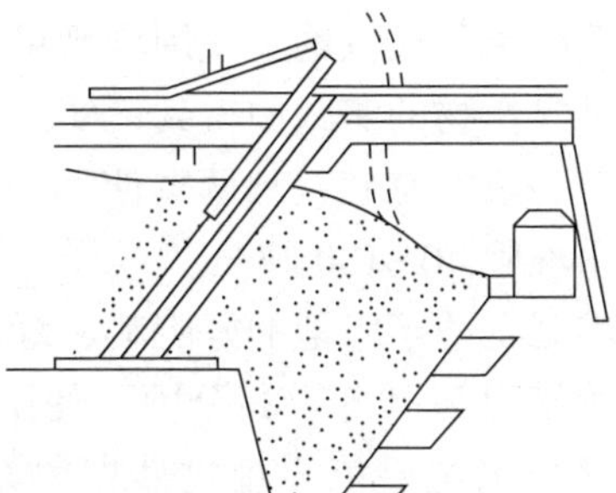

图 5-20　皮带式熟化仓

5.5.3.1　皮带式熟化仓

生堆肥经桥式布料机送进料仓，桥式布料机在料仓的顶部轨道上移动，这样，物料就随布料机的纵横移动均匀而等高地布置在料仓内（图 5-20），高度为 2.5~3 米。熟化时间为 20~30 天。

5.5.3.2 板式熟化仓

经过分选和破碎后的物料被送进旋转发酵装置内，破碎、搅拌后形成均质的生堆肥，然后物料又送进平板发酵仓内，发酵时间为7~10天。经过发酵后再经过精处理后制成堆肥。发酵系统主要是由单平板叶片组成，它由齿轮齿条驱动。这个单叶片通过从左向右旋转来搅拌物料，又从右到左空载回位，然后往复。叶片搅拌量可调。发酵仓是封闭型的并有一定负压。因此，它可防止臭气泄漏出来。发酵仓内配有通气装置，以便保持好氧条件，并配有水龙头和排水装置来控制水分（图5-21）。

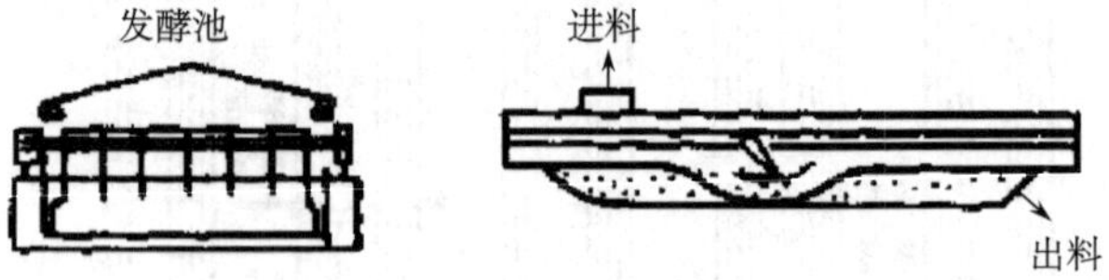

图5-21 板式熟化仓

5.6 商品有机肥的施用技术与效果

5.6.1 施用技术

堆肥的用途很广，既可以用作农田、绿地果园、葡萄园、菜园、苗圃、畜牧场、庭院绿化、风景区绿化、农业等种植肥料，也可以作蘑菇盖面、过滤材料、隔音板及制作纤维板等。

农田对堆肥的需求量很大。过去农田依靠厩肥、绿肥、植物根茎和收获物残渣来维护土壤的腐殖质供输，使用堆肥可以给作物供应更充足的养料，其效果已经从种植蔬菜和各种农作物的实践中得到证实。农田适于使用新鲜堆肥和成品堆肥，一般可连续使用2~4年，最好是春、秋两季使用。每公顷农田可使用20~60吨。如种植土豆等每公顷可使用堆肥40~100吨。

堆肥是适于绿地的好肥料，绿地适于施用细颗粒新鲜堆肥、成品堆肥或专用堆肥，可连续使用2~4年，每公顷可使用20~50吨，一般可连续使用3年。

葡萄园主要依靠植物残留物来进行有机物质的自然供输，但是也需要施加有机肥料。葡萄园适合使用新鲜堆肥和成品堆肥，可连续使用3~4年。在黏土地使用新鲜堆肥，每公顷的使用量为100~250吨，在每公顷沙土地上可使用1000吨成品堆肥。

菜地使用的堆肥量应按大棚菜园和普通菜地加以区分。普通菜地适于使用成品堆肥和专用堆肥，可连续使用2~4年，每公顷的施肥量为50~100吨，而大棚菜园除使用期限和堆肥类型与普通菜地相同外，使用量为每公顷10~15吨。

堆肥也适于作为载培蘑菇的盖面，但是应特别注意不能提高蘑菇的重金属含量。栽培经验证实，按体积计算，蘑菇盖面 70% 成品堆肥、20% 黑炭土、25% 含石灰的泥灰石和 5% 的黏土组配，这样能够增产。每平方米蘑菇田每年平均需施盖面 4~6 次，每次 20~25 千克。

苗圃可以全年施用堆肥，但应注意控制堆肥的碱含量。施用的堆肥种类以成品堆肥和专用堆肥为主，使用时应添加 20%~30%（体积）基质和泥炭堆肥混合物。第一年施肥每公顷可施 150~200 吨，连续施肥 2 年后，每公顷的施肥量不应超过 30~40 吨。

堆肥对畜牧场作物生长也有很大促进作用，施用成品堆肥和专用堆肥。施肥前，应测定堆肥的含盐量，以避免受盐的危害。每公顷的堆肥施用量为 100~150 吨，可连续施用多年。

堆肥也可以用于庭院与风景区的绿化。第一次施肥，每公顷可施 100~300 吨成品堆肥或专用堆肥，连续使用多年后，每公顷的施肥量应为 20~30 吨。用于风景区时，每公顷可施 1000 吨堆肥。

在林业上，每公顷土地可施 1500 吨成品堆肥或专用堆肥。

堆肥还可以作为脱臭的过滤材料，这种材料可广泛用于堆肥厂臭气过滤、饲养场和畜牧场地脱臭处理、废气净化装置中的过滤吸附介质、垃圾填埋场排气脱臭和垃圾焚烧厂烟气除尘等。在制造过滤材料时，以使用新鲜堆肥或有机物含量较高的粗颗粒堆肥最为适宜。

综上所述，表 5-9 是堆肥产品利用一览表。

表 5-9　堆肥产品利用一览表

用途	肥料等级	施肥频率	施肥期	施用法	施用量
谷物种植	初级堆肥或成品堆肥	2~4 年/次	秋天或春天	施入土壤表面	40~100 吨/公顷
牧场	细粒的初级堆肥或成品堆肥	2~4 年/次	全年均可	施入浅层表土	20~60 吨/公顷
果树种植	初级堆肥或成品堆肥	3 年/次	除收获季节外均可	施入土壤表面	100~200 吨/公顷
葡萄种植			葡萄收获后和返青前		
腐殖质供给	初级堆肥或成品堆肥	2~3 年/次		施入浅层表土	100~250 吨/公顷
保护地力	初级堆肥	2 年/次		施入浅层表土	200~300 吨/公顷
蔬菜种植	初级堆肥或特殊堆肥	2~4 年/次	除收获季节外均可	浅表层	60~100 吨/公顷
温室	成品堆肥或特殊堆肥	2~4 年/次	除收获季节外均可	浅层	10~15 吨/公顷
蘑菇培植	成品堆肥	4~5 次/年	全年均可	70% 堆肥低于 20% 黑泥炭和 5% 石灰、5% 黏土中（体积百分比）表层	40~50 千克/次
苗圃	成品堆肥或特殊堆肥	2 年/次	全年均可	表层	30~40 吨/公顷

值得注意的是，在堆肥使用中由于成品堆肥富含活的微生物，其耗氧量虽然比未腐熟堆肥低，但仍然易造成厌氧状态，所以在用于农田施肥时，千万不要将堆肥埋起来，最好撒在土壤表面让其曝露于空气中。堆肥层的厚度不要超过 1~2 厘米，如果是优质

的堆肥，即使厚度在1毫米也足够了。此外，堆肥不应装在密闭的容器里保存，而应与空气接触。

5.6.2　施用效果

5.6.2.1　堆肥施用对作物生长的影响

1）施用堆肥可以提供作物各时期生长所需要的养分

无论是秸秆还是畜禽粪便或是垃圾和污泥，其堆肥产品从根本上主要来自植物性产品，因此堆肥产品从组成和性质上都与作物相类似。在养分组成上适于作物生长的需要，在养分供应方式上能够在时间和空间上与作物吸收和利用同步，在性质上能够创造和提供植物生长所需的生态环境。

有机肥含有作物所需的大量元素和中、微量元素。一般情况下，堆肥含有作物生长所需的氮、磷、钾等大量元素，又含有硫、钙、镁、锌、硼、钼、铜和铁等中微量元素。因此与化肥相比，有机肥具有不偏肥、不缺素、稳供、长效等特点。

堆肥含有化肥所没有的养分。堆肥是在微生物作用下通过生物化学过程生产出的肥料，不像化肥是通过化学过程所生产的肥料，因此堆肥中含有氨基酸、蛋白质、糖、脂肪、胡敏酸等各种有机养分，其中有的可以为植物直接吸收利用，如可溶性糖、氨基酸和有机氮等，有的经分解后为植物吸收利用，是作物的重要营养源，对改善作物品质有重要意义。

施用有机肥把大量的微生物和酶带入土壤，同时也给土壤微生物提供了大量养分和丰富的酶促基质，促进了土壤微生物的生长和繁殖，提高了酶的活性。

2）堆肥可以提供作物生长所需要的刺激性物质

有机肥料含有大量的有机物质，经微生物分解转化产生的降解物如维生素、腐殖酸、激素等有刺激作用，能促进作物生长发育。在这些物质的刺激作用下，作物根系旺盛生长、提高对养分（特别是磷、钾）的吸收能力；同时增强作物的光合作用，提高光合能力，使作物根系发达，生长健壮，叶片多而宽，叶色浓绿，干物质累积多，成穗率高，穗部性状改善，产量提高。

3）增强作物的抗逆性

有机肥含有生物物质、抗生素等，能增强作物的抗逆性和对不良环境的适应能力。

（1）抗旱性、抗寒性

有机肥提高作物抗旱能力主要表现在两个方面：①有机肥能改善土壤结构，提高土壤保水能力。②研究表明作物的抗旱性与过氧化氢酶的活性，细胞膜的透性和脱落酸的含量密切相关。有机肥中的腐殖酸等物质能够提高作物的过氧化氢酶的活性，降低细胞膜的透性和脱落酸的含量，从而增强作物的抗性。

有机肥提高作物的抗寒能力表现在两个方面，一是有机肥的吸热保温作用，提高了土壤温度。二是有机肥中含有的某些刺激物质如黄腐酸等能提高作物的抗寒抗冻能力。用黄腐酸拌种或用沼气肥浸种都有明显的抗寒增产作用。

(2) 脱盐耐盐作用

施用有机肥，特别是秸秆还田、种植绿肥、水田养萍等有明显的抑盐脱盐作用。这是因为：①有机肥能提高土壤肥力，改善土壤结构，减少毛管水运动的速度和减少水分的无效蒸发，有明显的抑制返盐效果。②施用有机肥增加土壤有效钙的含量，同时有机肥分解产生的有机酸也能使被土壤吸附的钙活化，加强了对土壤吸附性钠的置换作用，导致脱盐脱碱。

(3) 抗病抗倒伏

有机肥提高作物的抗病作用表现在以下三个方面：①有机肥在分解转化过程中，由于微生物的作用合成的生理活性物质如维生素 B1、B6、B12、生物素、泛酸、叶酸、对氨基苯甲酸、生长素、链霉素等，有刺激作用，能促进作物健壮生长，提高作物自身的抗病能力。同时这些抗生物质又具有较强的防病抗病作用。②钙、钾等不仅是作物必需的营养元素，而且对防病抗病亦有重要作用，对蔬菜还有抗腐能力。③施肥不当如偏施化肥氮能引起稻瘟病、纹枯病、蔬菜烂菜等。

(4) 耐铝性

我国湿热的南方，酸性、强酸性土壤分布较广，土壤中存在的大量铝离子能降低磷的有效性，危害植物的根部生长，抑制植物对钙、镁的吸收，因而是某些植物生长不良的一个重要原因。防止铝毒的措施一是施石灰，提高土壤 pH；另一个办法是施用有机肥料。有机肥料经与土壤作用降解后，能产生多种有机酸和有机活性物质，并与土壤中的活性铝形成稳定的络合物，从而一方面减轻了铝的毒害，另一方面还能活化土壤中的磷。

5.6.2.2　施用堆肥可以提高作物产量和改善农产品品质

1）施用有机肥可以促进植物生长和增加作物产量

施用有机肥由于可以改善土壤结构，增加土壤肥力，同时可以提供作物全面的营养物质，因此可以达到提高产量的目的（表 5-10）。

表 5-10　施用堆肥对作物生长变化的影响

项目处理	株高/cm	开展度/cm	分枝数/个	挂果数/个	发病率/%	实产/千克	亩产/千克	增产/%
对照	60.3	74.4	6.1	8.6	34.4	168.1	1128.5	—
垃圾堆肥	75	78.4	6.2	10	28.6	217.2	1450.4	29.2

2）施用有机肥是改善农产品品质，保持营养风味的重要措施

有机肥养分全面，既含有多种无机元素，又含有多种有机养分，还含有大量的微生物和酶，具有任何化学肥料都不可比所拟的优越性，对改善农产品品质，保持其营养风味具有特殊作用。

有机肥含有的各种有机养分，有的可以为植物直接吸收利用，如氨基酸、糖、核酸降解物等，它们既是作物蛋白质、碳水化合物等的合成材料，又是作物重要的有机氮源和有机磷源，有着特殊的营养效果，对促进作物的代谢和品质好坏有着重要作用。

据中国科学院长沙农业现代化研究所何电源研究：土壤有机质与晚稻米的蛋白质含量呈显著正相关（r=0.938），用猪粪尿和绿肥作基肥单施，不仅使稻谷显著增产，而且糙米含蛋白质态氮和氨基酸总量都有大幅度提高（表5-11）。

表5-11 不同肥料对糙米蛋白质和氨基酸含量的影响（克/千克，风干糙米）

测定项目	绿肥	猪粪	猪尿	尿素	绿肥+尿素	猪粪+尿素
全N含量	13.2	14.2	14.0	13.0	12.6	12.3
蛋白质态氮	13.2	14.0	13.2	12.70	12.6	11.9
天冬氨酸	7.20	7.65	8.38	6.57	6.79	6.75
苏氨酸	2.70	2.87	3.21	2.44	2.60	2.60
丝氨酸	3.07	3.07	3.19	2.46	3.02	2.83
谷氨酸	13.42	13.65	14.46	11.60	12.38	12.14
脯氨酸	0.97	3.93	1.20	3.35	0.76	0.90
甘氨酸	3.69	3.80	4.36	3.37	3.50	3.35
丙氨酸	4.84	5.22	5.69	4.49	4.62	4.63
缬氨酸	5.46	5.54	6.03	4.95	5.18	5.27
甲硫氨酸	0.99	1.25	1.33	1.14	0.99	1.16
异亮氨酸	3.47	3.73	3.98	3.15	3.44	3.33
亮氨酸	6.77	7.17	7.68	6.16	6.42	6.33
酪氨酸	1.24	1.83	2.10	1.49	1.75	1.54
苯丙氨酸	4.07	4.40	4.76	3.68	4.11	3.90
组氨酸	2.31	2.53	2.64	2.18	2.56	2.52
赖氨酸	3.39	3.48	3.88	3.18	3.38	3.88
精氨酸	5.26	6.00	5.93	5.10	5.30	5.26
氨基酸总量	68.85	76.12	78.82	65.31	66.80	66.39

3）有机肥增强作物抗逆性，改善外观品质

有机肥增强作物的抗逆性，改善外观品质的作用从以下三个方面体现出来：

有机肥能改善土壤结构，增强土壤蓄水保水能力，减少水分无效蒸发，提高保温效果，从而提高了作物抗旱、抗寒和抗冻能力，使其在恶劣的气候条件下，能够较好地保持其内在品质和外观品质。

施用有机肥提高了土壤微生物的活性，增加了抗生物质，促进作物健壮生长；抗病性能提高，如能提高小麦抗青死病、大豆抗细菌性斑点病的能力，减轻了病害对作物外观品质的危害。

有机肥养分齐全，在作物生长发育期协调供应大量元素和微量元素，避免了作物因缺素而产生的病害，如马铃薯因缺钾而引起的黑斑病，甜菜因缺锌而引起的烂心病等，从而改善了作物品质。

5.6.2.3 施用堆肥可以提高土壤肥力

施用堆肥对土壤性质的影响主要包括三个方面：土壤物理性质，土壤化学性质和土壤微生物性质。此外对于含有浓度较高的有毒有害物质包括重金属和有机污染物的堆肥，尤其长期施用这种堆肥的土壤会积累这些有毒有害物质。表 5-12 为长期施用堆肥对土壤的可能影响。

表 5-12　施用堆肥对土壤性质的影响

化学性质	变化
有机质含量	增大
N、P、S 含量	不一
K、Ca、Mg 含量	增大
pH	升高
CEC	增大
微生物学性质	
细菌群体	增大
真菌和放线菌群体	增多
自养硝化细菌	增多
纤维素分解活性	增强
脲酶活性	增强
污染物	
重金属总量	增大
可浸提重金属量	增大
重金属的生物有效性	增大
难降解有机污染物含量	增大

1）改善土壤结构

我国中低产耕地土壤大致有旱薄土、盐碱土、白浆土、黏结土、冷浸土、砂板土、酸毒土等八大类。在这些土壤中，耕层薄、结构差属大多数，有机肥料是最好的土壤结构改良剂，通过有机肥料与土壤的相融，有机胶体与土壤矿质粘粒复合，可以促进土壤团粒结构的形成，从而改善了土壤理化性质（表 5-13）。新疆有不少绿洲荒漠土壤，由于受次生盐渍化的影响，土壤板结，肥力差，通过实行草田轮作和绿肥，作物倒茬轮作，既脱盐培肥了地力，又有增产增收的效果。翻压田菁鲜草 28. 5 吨/公顷，小麦增产幅度达 62%，而且第二年利用绿肥后，小麦仍可增产 18%（表 5-14）。

表 5-13　施有堆肥对土壤理化性质的改变

处理	有机质		容重		总孔隙度		持水量		pH
	含量/%	增加/%	克/立方厘米	降低/%	含量/%	增加/%	/%	增加/%	
未用堆肥	2. 06		1. 62		35. 1		14. 1		5. 9
用堆肥	4. 43	115	1. 15	40	57. 8	60	23. 6	67	7. 3

表 5-14　施绿肥对荒漠绿洲土的改良效果

处理	容重/(克/立方厘米)	水稳性团粒/%		速效氮/(毫克/千克)
		>0.25 毫米	<0.25 毫米	
压田菁	1.35	6.1	93.9	100
对照	1.38	4.6	95.4	60

改土的生产实践证明，有些中低产田如质地黏重的胶泥田，养分含量并不见得低，土壤生产力却要受“湿时一包糟、干时一把刀”的不良结构制约，施用有机肥料后，土壤腐殖质得到补充和更新，改变了土壤中胶体的性质，土壤干燥过程中板结紧实程度降低，单位体积内的土壤重量减轻，土体的孔隙度提高，相应地改善了土体的通透性能，调节了土体的水、肥、气、热比例，土壤性能变好了，作物产量也得以提高（表 5-15）。

表 5-15　云南胶泥田施用有机肥对水稻增产效果

试验处理	株高/cm	分蘖数	穗长/cm	空粒/(数/穗)	总粒/(数/穗)	实粒/(数/穗)	千粒重/克	产量/(千克/亩)	增产(千克/亩)
对照	91.9	4.8	19.84	84.69	10.53	74.6	25.75	238.3	0
干蚕豆秆糠(75 千克/亩)	101.1	5.1	19.91	87.83	8.83	78.98	26.58	263.0	24.5
干蚕豆秆糠(150 千克/亩)	99.3	5.5	20.15	86.84	9.25	77.58	26.25	267.0	28.7
干苕子糠(150 千克/亩)	101.8	6.0	19.62	94.96	10.34	84.57	26.42	271.6	33.4

2）增加土壤养分

有机肥料中的养分有两个重要特点，一是有机物质吸附量大，许多养分不易流失；二是有机肥料养分齐全，易分解，其所含营养元素的含量和配比很适合作物吸收利用。施用有机肥不但补充了土壤养分，同时从养分循环的角度看，还可以使作物从土壤中吸收的营养元素得到再生，减少土壤养分的亏缺（表 5-16）。

表 5-16　施用堆肥对土壤养分含量的变化

处理	全 N 含量/%	增加/%	全 P 含量/%	增加/%	碱解 N 含量/%	增加%	速效 P 含量/%	增加/%	速效 K 含量/%	增加/%
未用堆肥	0.14		0.06		109		8.9		64	
使用堆肥	0.19	34.3	0.12	101	154	41.1	25.5	186	107	76

3）提高土壤的生物活性

各种有机肥料都含有丰富的有机物质，如人畜粪含粗有机物 58. 15%、厩肥 39. 16%、秸秆 84. 95%、绿肥 83. 18%，为土壤微生物和酶提供了充足的养分和能源，加速了微生物的生长和繁殖，使之不仅数量增加，而且活性提高，在有机质的矿化、营养元素的累积、腐殖质的合成等方面起着重要作用。

5. 6. 2. 4　有机无机肥配合施用提高养分的利用率

1）有机无机配合，提高养分供给率

据测算，新中国成立以来，我国农田中养分的投入，从几乎全部来自有机肥，到有机肥与化肥并重，即使在当今化学肥料十分普及的情况下，有机肥中养分贡献仍占有一定的比例。在农田投入的全部养分中，有机肥氮、磷、钾投入都占相当大的比例，其中钾约占 80% 左右，说明有机无机配合对平衡农田养分具有重要作用。表 5-17 是我国 1949~1990 年对农田养分投入中有机肥和化肥结构的变化。

表 5-17　1949~1990 年我国农田养分投入中有机肥和化肥结构的变化

年份	肥料总投入量（万吨）	其中有机肥料所占比例/%			
		总量	N	P_2O_5	K_2O
1949	428. 5	99. 9	99. 6	100	100
1957	694. 8	91. 0	88. 7	96. 0	100
1965	912. 9	80. 7	70. 8	71. 5	99. 9
1975	1063. 2	66. 4	53. 0	54. 6	97. 3
1980	2400. 3	47. 1	30. 6	41. 8	92. 8
1985	3156. 5	43. 7	28. 6	38. 6	85. 1
1990	4163. 6	37. 4	23. 8	31. 7	79. 3

有机无机肥料配合施用，既能减少化肥的养分流失，又能减轻土壤对化肥中某些营养元素的固定，提高化肥利用率，从而从总体上提高养分的供给率。由于有机肥具有较大的阳离子交换量，因而能够对化肥中引起易淋失的养分有效地吸附和保存。例如土壤腐殖质对 NH_4^+ 和 NO_2^- 的吸附，从而提高了化肥肥效。

2）有机无机配合，是高产稳产的重要措施

有机肥不仅养分完全，供肥持续稳定，而且能改善土壤结构和理化性质，提高土壤肥力，活化土壤养分。

化肥是近代科学的产物，具有养分浓度高、肥效快、供肥强度大的优点。其致命的缺点是不能为土壤提供大量的有机物质，对改善土壤结构、改善土壤理化性质、增加土壤活性物质等较为不利，由于其养分浓度高，施用不当容易造成肥害，长期大量施用化肥还会降低其肥效、增高成本、造成污染。

把两种肥料配合施用，就能优势互补，扬长避短。有机肥的“容量因子”和化肥的“强度因子”相结合，充分发挥有机肥养分完全、肥效稳定持久的优点和化肥养分浓度高、肥效快的优势，在重施有机肥的基础上，根据土壤、气候、作物品种及田间生长情况，按照缺什么补什么的原则施用化肥，既满足了作物高产稳产的养分需求，又保证了土壤肥力的继续提高。

5.7 标准与检测

我国于1995年颁布的《固体废物污染环境防治法》是指导包括城市垃圾在内的固体废物处理和处置的根本性法律。根据《环境保护法》和《固体废物污染环境防治法》关于我国控制固体废物污染的目标和要求，指导固体废弃物处理工作，我国陆续制定了相关有机固体废弃物处理和利用的环境标准。根据颁发部门的不同，标准可分为三类：国家标准（GB）、行业标准（NY）和地方标准制（DB），国家标准为后两者的制定基础和依据，相关国家和地方部门进一步制定更为严格的标准，具体见表5-18。

表5-18 中国有关有机废弃物处理的环境标准

标准名称	代码	备注
城镇垃圾农用控制标准	GB 8172-1987	国家标准
城镇污水处理厂污染物排放标准	GB 18918-2002	国家标准
恶臭污染物排放标准	GB 14554-1993	国家标准
粪便无害化卫生标准	GB 7959-87	国家标准
农用污泥中污染物控制标准	GB 4284-84	国家标准
生活垃圾焚烧污染控制标准	GB 18485-2001	国家标准
生活垃圾填埋污染控制标准	GB 16889-1997	国家标准
污水综合排放标准	GB 8978-1996	国家标准
畜禽养殖业污染物排放标准	GB 18596-2001	国家标准
有机无机复混肥国家标准	GB 18877-2002	国家标准
城市生活垃圾堆肥处理厂技术评价指标	CJ/T 3059-1996	行业标准
城市生活垃圾堆肥处理厂运行维护及其安全技术规程	CJJ/T 86-2000	行业标准
城市生活垃圾好氧静态堆肥处理技术规程	CJJ/T 52-1993	行业标准
城市生活垃圾堆肥处理工程项目建设标准	建标［2001］213号	
城市生活垃圾焚烧处理工程项目建设标准	建标［2001］213号	
城市生活垃圾卫生填埋处理工程项目建设标准	建标［2001］101号	
城市生活垃圾卫生填埋技术规范	CJJ 17-2004	行业标准
城市污水处理厂污水污泥排放标准	CJ 3025-93	行业标准
商品有机肥标准	NY 525-2011	行业标准
生活垃圾填埋场环境监测技术标准	CJJ/T 3077-1996	行业标准
生活垃圾卫生填埋封场技术规程	CJJ112-2007	行业标准
畜禽场场区设计技术规范	NYT 682-2003	行业标准
畜禽场环境质量标准	NYT 388-1999	行业标准
畜禽粪便无害化处理技术规范	NYT 1168-2006	行业标准

续表

标准名称	代码	备注
畜禽养殖业污染防治技术规范	HJ/T 81-2001	行业标准
有机无机复混肥农业标准	NY 481-2002	行业标准
粪便处理设施运行管理规范	DB11/T 269-2005	地方标准
生活垃圾堆肥厂运行管理规范	DB11/T 272-2005	地方标准
生活垃圾焚烧大气污染物排放标准	DB11/502-2007	地方标准
生活垃圾粪便处理设施环境监测规范	DB11/T 273-2005	地方标准
生活垃圾卫生填埋场运行管理规范	DB11/T 270-2005	地方标准
生活垃圾转运站运行管理规范	DB11/T 271-2005	地方标准

针对规模化养殖场、畜禽粪便处理场地的国家标准和行业标准中，《畜禽粪便无害化处理技术规范》（NYT 1168-2006）、《畜禽养殖业污染防治技术规范》（HJ/T 81-2001）及《畜禽养殖业污染物排放标准》（GB 18596-2001）中都规定禁止未经无害化处理的粪便直接施入农田，必须经过无害化处理，符合《粪便无害化卫生标准》（GB 7959-87）或达到规定的卫生标准后，才能进行土地利用。

根据 2000 年制定的《城市生活垃圾处理及污染防治技术政策》的规定：卫生填埋场的规划、设计、建设、运行和管理应严格按照《城市生活垃圾卫生填埋技术标准》、《生活垃圾填埋污染控制标准》和《生活垃圾填埋场环境监测技术标准》等要求执行。垃圾焚烧应严格按照《生活垃圾焚烧污染控制标准》等有关标准要求。垃圾堆肥厂的运行和维护应遵循《城市生活垃圾堆肥处理厂运行维护及其安全技术规程》的规定。堆肥产品应符合《城镇垃圾农用控制标准》，《城市生活垃圾堆肥处理厂技术评价指标》及《粪便无害化卫生标准》有关规定。这些标准规定了生活垃圾处理过程中的污染控制标准，以及对堆肥原料的控制规定，如 CJ/T3059-1996 规定了堆肥原料应满足组成中（湿重）有机物含量不少于 20%，堆肥原料含水率范围为 40%~60%。

目前，我国污泥处置标准尚不完善，与此相关的标准仅有“农用污泥中污染物控制标准”（GB4284-84）、“城镇污水处理厂污染物排放标准”（GB18918-2002）和“城市污水处理厂污水污泥排放标准”（CJ3025-93）3 项，且其中多是原则性的文字。其中，“农用污泥中污染物控制标准”（GB4284-84）为 1984 年制定颁布，距今已有 20 多年，重金属指标有待重新研究、确定，有机污染物指标明显不足，病原菌指标更是空白，已经不能满足使用要求，更起不到控制污染的作用，急待进行修订。

目前，有关商品有机肥的标准主要包括《商品有机肥标准》、《有机无机复混肥国家标准》和《有机无机复混肥行业标准》3 个标准。有关堆肥产品质量控制的安全标准还不完善，这也影响到堆肥产品的推广使用，不利于堆肥施用地的环境安全。国外主要针对堆肥和固体废弃物、污泥制定了重金属含量的限量标准，但对商品有机肥和有机-无机复混肥中的有毒有害物质的标准很少。我国也只对农用城镇垃圾中部分重金属进行了限量。

此外，各地方政府也根据当地情况出台了相关标准，以北京地区为例，先后制定了生活垃圾如《粪便处理设施运行管理规范》、《生活垃圾堆肥厂运行管理规范》、《生活垃圾焚烧大气污染物排放标准》、《生活垃圾粪便处理设施环境监测规范》、《生活垃圾卫生填埋场运行管理规范》、《生活垃圾转运站运行管理规范》，可以看出，北京市在生活垃圾处理方面做了更为详细的规定。

在满足《粪便无害化卫生标准》（GB 7959-87）基础上，农业部出台了最新的《农业部有机肥料标准》NY525-2011 标准，该标准见表 5-19。该标准适用于以畜禽粪便、动植物残体等富含有机质的副产品资源为主要原料，经发酵腐熟后制成，作为商品进入流通的肥料。该标准对《农业部商品有机肥料标准》（NY525-2002）中较多指标有较大修正。具体为：

（1）技术指标：有机质（以烘干基计）≥45%，总养分（$N+P_2O_5+K_2O$）（以烘干基计）≥5.0%，水分（鲜样）含量≤30%，酸碱度（pH）5.5~8.5。

（2）重金属的限量指标：总砷（As）（以烘干基计）≤15 毫克/千克，总汞（Hg）（以烘干基计）≤2 毫克/千克，总铅（Pb）（以烘干基计）≤50 毫克/千克，总铬（Cr）（以烘干基计）≤150 毫克/千克，总镉（Cd）（以烘干基计）≤3 毫克/千克。

（3）蛔虫卵死亡率和粪大肠菌群数指标应符合 NY884 的要求。

表 5-19　《农业部有机肥料标准》NY525-2011 技术指标要求

指标	限值
有机质含量	≥45%（烘干计）
总养分（$N+P_2O_5+K_2O$）	≥5%（烘干计）
水分,%，鲜样计	≤30%
pH	5.5~8.5
蛔虫卵死亡率	95~100
粪大肠菌群数	0.1~0.01
总砷，毫克/千克，烘干计	≤15
总汞，毫克/千克，烘干计	≤2
总铅，毫克/千克，烘干计	≤50
总镉，毫克/千克，烘干计	≤3
总铬，毫克/千克，烘干计	≤150
杂质,%	-
粒径，毫米	-

综上所述，这些标准对于控制污染和固废资源化利用迈出了很重要的一步，但还缺乏较为详细的条例和规则，并且也没有进行环境预评估的相关规定。有关畜禽养殖场、污水处理厂和垃圾处理的相关标准还不足以作为这些有机废弃物的循环利用和资源化（如堆肥和厌氧发酵等）的强制性规定。随着国家对环境、资源问题的重视程度的提高和法律机制的不断健全，将有更多更为详细和完善的法律规定和国家标准出台。

5.8　发展与展望

5.8.1　堆肥过程中产生的环境问题

可用于堆肥的有机物包括畜禽粪便、秸秆、污泥、生活垃圾、园林废弃物、餐厨垃圾等。由于这些有机废弃物中含有大量的氮水化合物，特别是畜禽粪便，氮物质含量丰富，在其产生、储藏、流通、处理（包括堆肥）和应用过程中，会进一步降解和转化，如图 5-22 所示，肥料和畜禽粪便的氮素循环过程为：作物和生产中的 N 来源于对大气中 N_2 的固定，作物中的 N 被动物吸收后，氮素随其产生的粪便再次以肥料形式进入农业系统，在每个环节，氮素又会通过反硝化作用返回到大气中，如此不断循环利用。

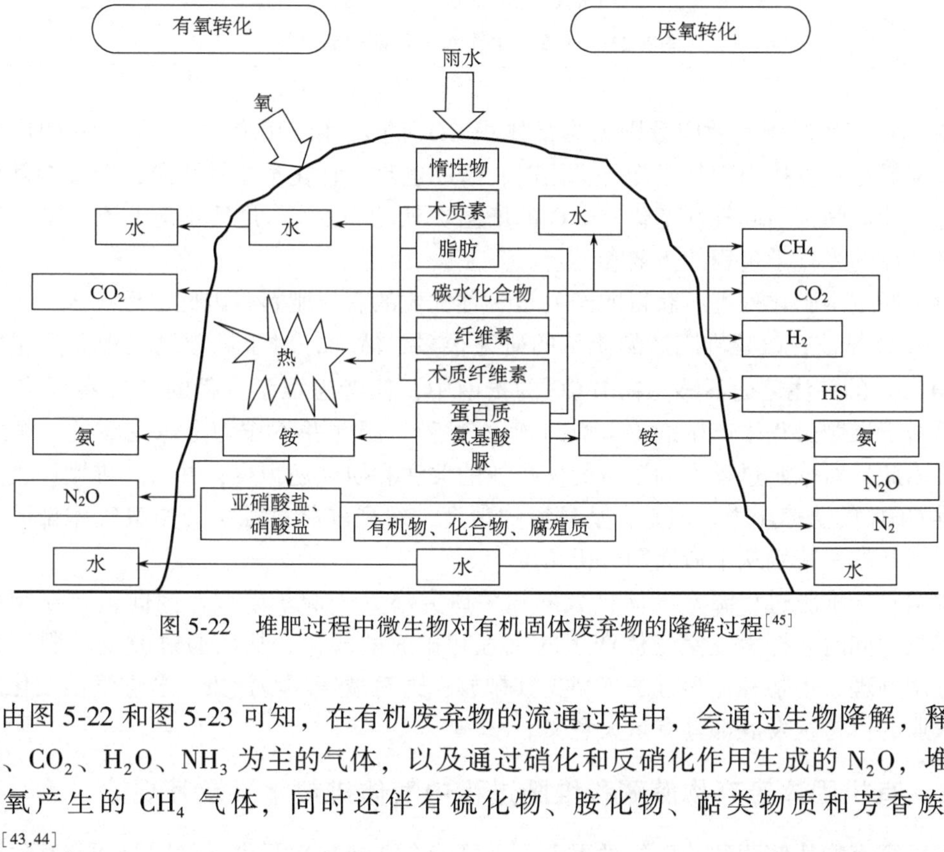

图 5-22　堆肥过程中微生物对有机固体废弃物的降解过程[45]

由图 5-22 和图 5-23 可知，在有机废弃物的流通过程中，会通过生物降解，释放出热能、CO_2、H_2O、NH_3 为主的气体，以及通过硝化和反硝化作用生成的 N_2O，堆体局部厌氧产生的 CH_4 气体，同时还伴有硫化物、胺化物、萜类物质和芳香族化合物等[43,44]。

这些气体中，以 NH_3 和 H_2S 为主的臭气已经成为畜禽养殖场和堆肥处理厂的主要环境问题，氨气的挥发不仅给操作人员带来不快，引起人和家畜的呼吸道疾病，有研究表明氨含量超过 25ppm 时影响鸟类健康和行为。而且 NO_x 进入大气后促进酸雨形成。众多研究表明，以 NH_3 为主的臭气排放是造成堆肥氮素损失和品质低下的主要原因，N 素损失量因物料、工艺条件的不同而范围很广，大约占初始氮的 7%～77%[46,47]。

CH_4、N_2O 气体则为温室气体，根据政府间气候变化委员会规定的气体增温潜势，

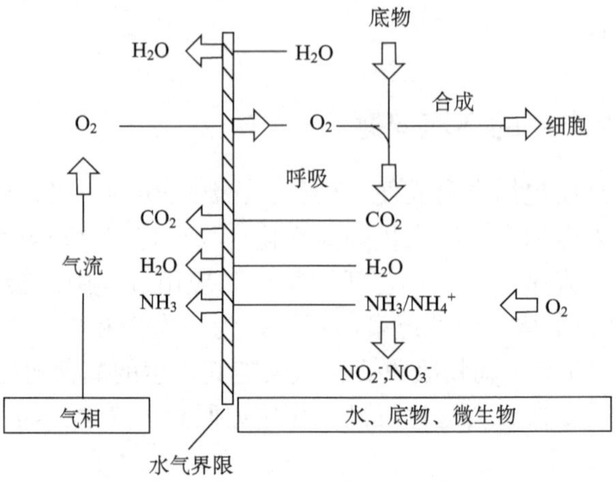

图 5-23 好氧微生物水气代谢过程[45]

CH_4 和 N_2O 产生的温室效应分别为当量体积 CO_2 的 21 和 310 倍[48]，大气中 CH_4 增加将通过辐射过程直接引起气候变化，同时，CH_4 也是一种化学活性物质，会影响其他化学成分，从而间接引起气候变化。N_2O 的增温贡献约为 6%，并且还是平流层中导致臭氧层被破坏的光化学过程的主要参与者。

由于经过堆肥化处理所获得的产品是一种优质的有机肥料，因此，近年来，关于控制堆肥 NH_3 排放，改善堆肥产品质量的研究很多，然而，对于堆肥过程中产生温室气体（GHG）的关注还远不够。在 IPCC 的指南中，仅考虑堆肥过程的 CO_2 释放[49]，这主要是由于堆肥过程中产生的 CO_2 源于生物过程，因此并不作为全球变暖的一个贡献因子。因此，对堆肥过程中的温室气体排放的关注和研究还很少，并且，堆肥厂也并没有减排 GHG 的法律压力。但是，从环境的角度，忽视堆肥过程中的温室气体排放贡献是值得怀疑的，特别从生命周期分析角度[50]。

我国对于堆肥过程温室气体排放的相关研究还处于起步阶段。因此，在控制堆肥 NH_3 排放的同时，探索温室气体产生的机理和排放的规律，从而通过改变堆肥工艺条件或应用物理、生物和化学方法来减少其排放，这对减轻环境污染、全球气候变化问题以及农业的可持续发展都具有重大意义。

5.8.2 有机固体废弃物储藏和堆肥过程中气体排放水平及其规律

有机废弃物从储藏到处理的过程中，极可能会造成二次污染，如因粪便和其他有机废弃物引起的 NH_3 排放是促进土壤和水道酸化以及造成湖泊富营养的一个原因。因此，《欧盟综合污染防治和控制指示》（*European Union Integrated Pollution Prevention and Control Directive*）做出了规定，大规模畜禽养殖场必须减排 NH_3，这个被提议的欧盟指示对国家大气污染物排放的限制可能也对其他畜禽养殖生产者提出了减排要求[51]。随着全球气候变化问题的加剧，NH_3、CH_4、N_2O 等气体的排放将引起越来越高的关注。

研究表明，粪便在储藏和降解过程中会有大量的氮损失，1%～19.6% 的氮随淋溶液流失，6.8%~77.4%的氮通过 NH_3 挥发损失[52~54]，N_2O 浓度可达空气中 N_2O 浓度的 100 倍之多[55]，N_2O-N 损失占总氮的 1.9%~2%[54]。厌氧储藏 NH_3 损失量较好氧堆肥小，可能带来的问题是增加了 CH_4 排放的潜力，厌氧储藏粪便但温室气体特别是 CH_4 的排放非常高，厌氧储藏的 CH_4 排放量接近于好氧堆肥的 10 倍[56]，但有学者认为，由于粪便储藏造成的 CH_4 排放少于动物肠道发酵所产生的甲烷量[57]。Hao[58]的研究表明，经储藏后矿物质氮含量显著提高，储藏期间，只有微量 CH_4 和 N_2O 产生[58,59]，CH_4 排放量约占总碳的 0.8%[59]。

Hellebrand 和 Kalk[60]监测了新鲜猪粪储藏期间（从 1998 年 4 月到 1999 年 11 月）的气体排放数据，发现氨气和甲烷排放主要在 3~4 周内，N_2O 排放在整个周期随地点和时间变化差异很大。N_2O 的最大排放主要在氨气和甲烷排放量下降后。平均氮损失约为初始氮的 6%，碳损失为 35%。N_2O 的产生主要是由于反硝化细菌的作用，也可能产生于硝化过程[55]。

粪便储藏过程中的气体排放与粪便种类有关，新鲜粪便的 N_2O 的产生量小于储藏过的粪便，而牛粪的 N_2O 排放量小于猪粪，粪便储藏过程中的氮素损失受粪便影响大于添加剂的影响[54,55,61]，猪粪氨气挥发占总氮的 23%~24%，碳、氮损失全都达到了 50%，而牛粪氨气挥发量占总氮的 4%~5%，碳、氮物质没有显著的损失[54]。

粪便储藏过程中的气体受储藏时间的影响，时间越长，损失量越大，短期储藏（35 天）的氮素损失范围为 1.4%~20.55%，长期储藏（180 天）的氮素损失范围为 17.1%~53.6%[61]，而气体释放受季节影响较小[54]。环境温度对堆体的影响非常小，堆体本身的过程是决定 CH_4 和 N_2O 排放的关键因素[59]。

经不同处理的粪便，储藏和应用期间的气体释放情况不同，Amon 等[56]发现，经厌氧降解的粪便应用到绿地后 NH_3 排放要比好氧降解后大得多，总的氮损失为好氧发酵的 35%。之后研究了未经处理、固液分离、厌氧消化、泥浆曝气和秸秆覆盖四种处理的粪便应用于土壤后温室气体的排放水平，结果表明，减少固体部分的干物质含量和易降解有机物的含量，粪便储存过程中的 CH_4 含量将被减少。NH_3 排放主要发生在应用于大田后，如果能适时应用，降低干物质含量以及低轨迹应用是降低 NH_3 排放的有效方法。未经处理的猪粪经固液分离可以降低温室气体的排放，但是可能会导致 NH_3 排放的增加。厌氧消化降低了 GHG 排放，但对于 NH_3 排放没有影响，用秸秆覆盖增加了 CH_4、NH_3 和 N_2O 的排放。泥浆曝气降低了 CH_4 的排放，但 N_2O 和 NH_3 排放分别增加了 126.5%和 86.4%，并且需要输入额外的能量，以及增加 CO_2 的排放[62]。而 Dinuccio 等[63]的研究则认为固液分离可能会增加 25% CO_2 当量的气体排放。他们的结果显示，通过固液分离储存的猪粪，固体部分的 N_2O 产生量要高于液体部分，液体部分主要产生 CH_4，固体和液体部分的 CH_4 排放总量要比原始猪粪高 3%，与原始猪粪相比，经分离的固体和液体部分的 CO_2 排放量总量增加了 10%，但是，经固液分离后，固体和液体部分排放的氨气总量要低于原始猪粪的排放量。如上所述，由于堆肥原料和方法的不同，会造成堆肥气体排放的不同。而操作活动所造成的排放则因堆肥工艺的不同而不同，不同添加剂对堆肥过程及气体的影响也不尽相同。关于堆肥 NH_3 释放控制的研究由来已久，而近年来学者们对全球气候变化的关注度也日渐提高，从 20 世纪 90 年代开始，越来越多的学者开始着眼于控制 GHG 排放的研究，而控制的方法总体上可以分为两类：一种主要通过改变工艺条件，即通过过程控制来实现对气体排放的控制；另一类则主要集中在添加剂的应用。

参 考 文 献

1 Holland S, Jones D T, Gray P. Combustion supported by nitrous oxide: Flame speeds and flammability limits in the hydrogen+ ethane+ nitrous oxide system. Combustion and Flame, 1971, 17 (1): 31-35

2 Garcia. Study on wate extract of sewage sludge composts. Soil Sci. Plant Nutr, 1991, 37 (3): 399-408

3 Chen Y, Inbar Y. Chemical and spectroscopical analyses of organic matter transformation during composting in relation to compost maturity. *In*: Hoitink, H. A. J., Keener, H. M. (Eds.), Science and Engineering of Composting: Design, Environmental, Microbiological and Utilization Aspects. Renaissance Publications, Ohio, 1993, 651-660

4 Zucconi F, Pera A, Forte M, et al. Evaluating toxicity of immature compost. Composting: theory and practice for city, industry and farm. Emmaus, Pa. (USA). JG Press, 1982. 61-70

5 Hoitink H A J, Kuter G A. Effects of composts in growth media on soilborne pathogens//The Role of Organic Matter in Modern Agriculture. Springer Netherlands, 1986, 289-306

6 Morel J L, Colin F, Germon J C, et al. Methods for the evaluation of the maturity of municipal refuse compost, 1985

7 Harada Y, Inoko A, Tadaki M, et al. Maturing process of city refuse compost during piling. Soil science and plant nutrition, 1981, 27 (3): 357-364

8 De Nobili M, Ciavatta C, Sequi P. Evaluation of organic matter stabilization during composting by means of humification parameters and electrofocusing. Compost: Production and Use. Proceeding of the International Symposium, San Michele all' Adige, Italy, 1989, 20-23

9 Riffaldi R, Levi-Minzi R, Pera A, et al. Evaluation of compost maturity by means of chemical and microbial analyses. Waste management & research, 1986, 4 (4): 387-396

10 Inbar Y, Chen Y, Hadar Y. Humic substances formed during the composting of organic matter. Soil Science Society of America Journal, 1990, 54 (5): 1316-1323

11 Hang R T. Compost Engineering. California, 1980

12 李国建，钱新东. 堆肥腐熟度指标的探讨. 城市环境与城市生态，1990，3 (2)：27-30

13 Zucconi. F, De Bertoldi M. Compost specifications for the production and characterization of compost from municipal solid waste, 1987

14 Jiménez E I, Garcia V P. Composting of domestic refuse and sewage sludge. II. Evolution of carbon and some "humification" indexes. Resources, conservation and recycling, 1992, 6 (3): 243-257

15 Garcia C, Hernandez T, Costa F, et al. Evaluation of the maturity of municipal waste compost using simple chemical parameters. Communications in Soil Science & Plant Analysis, 1992, 23 (13-14): 1501-1512

16 Chanyasak V, Kubota H. Carbon/organic nitrogen ratio in water extract as measure of composting degradation. Journal of fermentation technology, 1981, 59 (3): 215-219

17 Garcia C, Hernandez T, Costa F, et al. Humic substances in composted sewage sludge. Waste Manag Res, 1991, 9: 189-194

18 Ishii T, Kadoya K, Watanabe J, et al. Waterlogging injury to citrus trees as influenced by organic material application. Bulletin of the Experimental Farm College of Agriculture-Ehime University, 1986

19 Chen Y, Chefetz B, Hadar Y. Formation and properties of humic substance originating from composts. The science of composting. Blackie Academic and Professional, Glasgow, 1996, 382-393

20 Inbar Y, Chen Y, Hadar Y. Solid-state carbon-13 nuclear magnetic resonance and infrared spectroscopy of composted organic matter. Soil Science Society of America Journal, 1989, 53 (6): 1695-1701

21 Gonzalez-Prieto S J, Carballas M, Villar M C, et al. Carbon-and nitrogen-containing compounds in composted urban refuses. Bioresource technology, 1993, 45 (2): 115-121

22 Ciavatta C, Govi M, Pasotti L, et al. Changes in organic matter during stabilization of compost from municipal solid wastes. Bioresource Technology, 1993, 43 (2): 141-145

23 Salfeld J C, Söchtig H. Composition of the soil organic matter system depending on soil type and land use. Proo. Internat. Symp. Soil Organic Matter Studies, 1977

24 Riffaldi R, Saviozzi A, et al. Water extracts of fresh and mature farmyard manure. Biological Wastes, 1988, 23 (1): 65-72

25 Saviozzi A, R Levi-Minzi, et al. Maturity evaluation of organic waste. BioCycle: journal of waste recycling, 1988, 29 (3): 54-56

26 De Nobili M, Petrussi F. Humification index (HI) as evaluation of the stabilization degree during composting. Journal of fermentation technology, 1988, 66 (5): 577-583

27 Ciavatta C, Sequi P. Evaluation of chromium release during the decomposition of leather meal fertilizers applied to the soil. Fertilizer research, 1989, 19 (1): 7-11

28 Ciavatta C, Govi M, et al. An enzymatic approach to the determination of the degree of stabilization of organic carbon in fertilizers. Fertilizer research, 1990, 25 (3): 167-174

29 Wong M H, Lau W M, Yip S W. Effects of sludge extracts on seed germination and root elongation of crops. Environmental Pollution Series A, Ecological and Biological, 1981, 25 (2): 87-98

30 Zucconi F, Forte M, Monac A. Biological evaluation of compost maturity. Biocycle, 1981, 22: 27-39

31 Riffaldi R, Saviozzi A, Levi-Minzi R. Water extracts of fresh and mature farmyard manure. Biological Wastes, 1988, 23 (1): 65-72

32 Zucconi. F. Regulation of abscission in growing fruit. International Society for Horticultural Science, Den Haag (Netherlands). Symposium on growth regulators in fruit production. Netherlands: ISHS, 1981, 89-94

33 García C, Hernández T, Costa F. The influence of composting and maturation processes on the heavy-metal extractability from some organic wastes. Biological Wastes. Volume 31, Issue 4, 1990, 31 (4), 291-301

34 Finstein M S, M L Morris. Microbiology of municipal solid waste composting. Advances in applied microbiology, 1975, 19: 113-151

35 De Bectoloh M, Ferranti M P, Zucconi F. Compost: Production, Quality and use. Applied Science, 1987, 52-60

36 Alexander M. Comparative biochemistry and the uniqueness of microorganisms. Proceedings of the conference on rapid identification of biological agents. US Air Force School of Aerospace Medicine, Brooks Air Force Base, Texas, and Office of Naval Research, Washington, DC. 1967, 13-24

37 Acea M J, Diaz-Ravina M, Carballas T. Evolution of the total microflora and population of nitrifiers in a soil fertilized with cattle slurry, over a period of 33 months. Anales de Edafologia Agrobiologia, 1986, 45 (5-6): 721-727

38 Diaz-Ravina M, M Acea, et al. Microbiological characterization of four composted urban refuses. Biological Wastes, 1989, 30 (2): 89-100

39 Willson G B, Dalmat D. Measuring compost stability. BioCycle, 1986, 27: 7, 34-37

40 Citernesi U, De Bertoldi M. Composting of sludges mixed with the organic matter of urban solid wastes. Soil Fertility, Fertilizers, And Manures, 1979, 21 (12) : 45-50

41 De Bertoldi M, Zucconi F. Waste disposal in Italy. Compost-science-land-utilization, 1980, 21 (6) : 36-37

42 De Bertoldi M, Vallini G, Pera A. The biology of composting: a review. Waste Manage. Res., 1983, 1: 157-176

43 Williams T O. Odors and VOC emissions control methods. BioCycle, 1995, 36 (5): 49

44 Komilis D P, Ham R K, Park J K. Emission of volatile organic compounds during composting of municipal solid wastes. Water Research, 2004, 38 (7): 1707-1714

45 Schuchardt F. Composting of organic waste. Chapter 13. *In*: Jördening HJ, Winter J. Enviromental Biotechnology. Weinheim: Wiley-VCH, 2005

46 Frederick C M, John A, Pecchia J R, et al. Mass and Nutrient Losses During the Composting Of Dairy Manure Amended with Sawdust or Straw. Compost Science & Utilization, 2004, 12 (4): 323-334

47 Tiquia S, Tam N. Characterization and composting of poultry litter in forced aeration piles. Process Biochem, 2002, 37, 869-880

48 IPCC. Climate Change 1994. Radiative Forcing of Climate Change and an Evaluation of the IPCC IS92 Emission Scenarios. Intergovermental Panel on Climate Change. Edited by J. T. Houghton, L. G. Meira Filho, J. Bruce, Hoesung Lee, B. A. Callander, E. Haites, N. Harris and K. Maskell, 1995

49 IPCC. IPCC guidelines for national greenhouse gas inventories. volume 4: Agriculture, forestry, and other land use. Paris: OECD, 2006, 475-505

50 Lou X F, Nair J. The impact of landfilling and composting on greenhouse gas emissions-A review. Bioresource Technology, 2009, 100 (16): 3792-3798

51 Webb J, Chadwick D, Ellis S. Will storing farmyard manure in compact anaerobic heaps reduce emissions of ammonia and nitrous oxide during storage and after spreading? *In*: Anon. WA0707: DEFRA (Department for Environment, Food and Agriculture, UK), 2001, 1-23

52 Dewes T. Nitrogen Losses from Manure Heaps. Biological Agriculture & Horticulture, 1995, 11 (1-4): 309-317

53 Martins O, Dewes T. Loss of nitrogenous composting during composting of animal wastes. Bioresour Technol, 1992, 42: 103-111

54 Petersen S O, Lind A M, Sommer S G. Nitrogen and organic matter losses during storage of cattle and pig manure. Journal of Agricultural Science, 1998, 130: 69-79

55 Sibbesen E, Lind A M. Loss of Nitrous-Oxide from Animal Manure in Dungheaps. Acta Agriculturae Scandinavica Section B-Soil and Plant Science, 1993, 43 (1): 16-20

56 Amon B, Boxberger J, Amon T, et al. Emission data of NH3, CH4 and N2O from fattening bulls, milking cows and during different ways of storing solid manure. *In*: Eur Ag Eng. Ammonia and Odour Control from Animal Production Facilities, 397-404. Symposium, 6. -10. October 1997, Vinkeloord, The Netherlands, 1997

57 Chadwick D R, Mathews R, Nicholson R J, et al. Management practices to reduce ammonia emissions from pig and cattle manure stores. Anon. RMIRAN 2002. Tenth International Conference Of The European Cooperative Research Network On Recycling Of Agricultural Municipal, And Industrial Residuals In Agriculture Held In Strbské Pleso, Slovak Republic, May 14-18, 2002, 219-222

58 Hao X Y. Nitrate accumulation and greenhouse gas emissions during compost storage. Nutrient Cycling in Agroecosystems, 2007, 78: 189-195

59 Wolter M, Prayitno S, Schuchardt F. Greenhouse gas emission during storage of pig manure on a pilot scale. Bioresource Technology, 2004, 95: 235-244

60 Hellebrand H J, Kalk W D. Emissions caused by manure composting. Agrartechnische Forschung, 2000, 6 (2): 26-31

61 Dewes T, Schmitt L, Valentin U, et al. Nitrogen Losses During the Storage of Liquid Livestock Manures. Biological Wastes, 1990, 31 (4): 241-250

62 Amon B, Kryvoruchko V, Amon T, et al. Methane, nitrous oxide and ammonia emissions during storage and after application of dairy cattle slurry and influence of slurry treatment. Agriculture, Ecosystems and Environment, 2006, 112: 153-162

63 Dinuccio E, Balsari P, Berg W. GHG emissions during the storage of rough pig slurry and the fractions obtained by mechanical separation. Australian Journal of Experimental Agriculture, 2008, 48: 93-95

第 6 章　微生物肥料

6.1　概念、范畴与国内外进展

6.1.1　微生物肥料概念与范畴

6.1.1.1　概念

微生物肥料（microbial fertilizer）或生物肥料（biofertilizer）是指含有特定微生物活体的制品，应用于农业生产，通过其中所含微生物的生命活动，增加植物养分的供应量或促进植物生长，提高产量，改善农产品品质及农业生态环境[1]。微生物肥料是指含具有活性微生物或休眠孢子，如细菌（含放线菌类）、真菌及藻类等及其代谢产物的特定制剂，应用于作物生产具有供应植物养分或促进养分利用，包括增进植物养分和元素之供应量与总量，或刺激植物生长，或促进植物对营养和元素的吸收[2]。

6.1.1.2　范畴

目前，微生物肥料包括微生物接种剂，复合微生物肥料和生物有机肥[1]。

微生物菌剂：微生物接种剂（菌剂）指一种或一种以上的目的微生物经工业化生产增殖后直接使用，或经浓缩或经载体吸附而制成的活菌制品。微生物肥料从菌种组成来说，可分为单一菌剂和复合菌剂。单一菌剂（single species inoculant）由一种微生物菌种制成的微生物接种剂；复合菌剂（multiple species inoculant）由两种或两种以上且互不拮抗的微生物菌种制成的微生物接种剂。微生物肥料从菌种种类来说，可分为以下三种。细菌菌剂（bacterial inoculant）以细菌为生产菌种制成的微生物接种剂；放线菌菌剂（actinomycetic inoculant）以放线菌为生产菌种制成的微生物接种剂；真菌菌剂（fungal inoculant）以真菌为生产菌种制成的微生物接种剂。微生物肥料以功能类型划分，可分为以下几种。固氮菌菌剂（azotobacteria inoculant）以自生固氮菌和/或联合固氮菌为生产菌种制成的微生物接种剂；根瘤菌菌剂（rhizobia inoculant）以根瘤菌为生产菌种制成的微生物接种剂；硅酸盐细菌菌剂（silicate bacteria inoculant）以硅酸盐细菌为生产菌种制成的微生物接种剂；溶磷微生物菌剂（inoculant of phosphate-solubilizing microorganism）以溶磷微生物为生产菌种制成的微生物接种剂；光合细菌菌剂（inoculant of photosynthetic bacteria）以光合细菌为生产菌种制成的微生物接种剂；菌根菌剂（mycorrhizal fungi inoculant）以菌根真菌为生产菌种制成的微生物接种剂；促生菌剂（inoculant of plant growth-promoting rhizosphere microorganism）以植物促生根圈微生物为生产菌种制成的微生物接种剂；有机物料腐熟菌剂（organic matter-decomposing inoculant）能加速各种有机物料（包括作物秸秆、畜禽粪便、生活垃圾及城市污泥等）分解、腐熟的微生物接种剂；生物修复菌剂（bioremediating inoculant）能通过微生物的生长代谢活动，使环境中的有害物质浓度减少、毒性降低或无害化的微生物接种剂。

生物有机肥：生物有机肥指目的微生物经工业化增殖后与主要以动植物残体（如畜禽粪便、农作物秸秆等）为来源并经无害化处理的有机物料复合而成的活菌制品。

复合微生物肥料：复合微生物肥料指目的微生物经工业化生产增殖后与营养物质复合而成的活菌制品。主要类型包括以下两种方式：

（1）两种或两种以上微生物的复合：两种或两种以上微生物复合的微生物菌剂（肥）可以是同一个微生物菌种复合，如大豆根瘤菌的不同菌株（或血清组、DNA 同源组）分别发酵，吸附时混合，在不同大豆基因型的地区使用；也可以是不同微生物菌种复合，如固氮菌、解磷菌和解钾菌分别发酵，混合后吸附，以增强微生物菌剂（肥）功效。采用两种或两种以上微生物复合，彼此必须无拮抗作用，而且必须分别发酵，然后混合。

（2）一种微生物与各种营养元素或添加物、增效剂的复合：采用的复合方式为菌剂中添加大量营养元素，即菌剂和一定量的氮、磷、钾或其中 1~2 种复合；菌剂添加一定量的微量元素；菌剂添加一定量的稀土元素；菌剂添加一定量的植物生长激素；菌剂添加用无害化畜禽粪便、生活垃圾、河湖污泥等基质材料。总之，无论哪一种方式，必须考虑到复合物的量、复合制剂中 pH 和盐浓度对微生物有无抑制作用。

常见的复合生物肥料有以下几种：

（1）微生物微量元素复合生物肥料。微量元素在植物体内是酶或辅酶的组成成分，对高等植物叶绿素、蛋白质的合成、光合作用以及养分的吸收和利用方面起着促进和调节的作用，如铝、铁等是固氮酶的组成成分，是固氮作用不可缺少的元素。

（2）联合固氮菌复合生物肥料。由于植物的分泌物和根的脱落物可以作为能源物质，固氮微生物利用这些能源生活和固氮，故称为联合固氮体系。我国科学家从水稻、玉米、小麦等禾本科植物的根系分离出联合固氮细菌，并开发研制出具有固氮、解磷、激活土壤微生物和在代谢过程中分泌植物激素等作用的微生物肥料，可以促进作物生长发育，提高小麦单位面积产量。

（3）固氮菌、根瘤菌、磷细菌和钾细菌复合生物肥料。这种生物肥料可以供给作物一定量的氮、磷和钾元素。制作方法是选用不同的固氮菌、根瘤菌、磷细菌和钾细菌，分别接种到各种菌的富集培养基上，放在适宜的温度条件下培养，当达到所要求的活菌数后，再按比例混合，即制成菌剂，其效果优于单株菌接种。

（4）有机-无机复合生物肥料。单独施用生物肥料满足不了作物对营养元素的需要，所以生物肥的增产效果是有限的，而长期大量使用化肥，又致使土壤板结，作物品质下降，口感不好，因此，在复合生物肥中加入化肥，制成有机-无机复合生物肥料，便成为人们关注的一种新型肥料。

（5）多菌株多营养生物复合肥。这种生物肥料是利用微生物的各种共生关系，以廉价的农副产品或发酵工业的下脚料为原料，通过多种有益微生物混合发酵制成的微生物肥料。由于微生物的种类多，可以产生多种酶、维生素，以及其他生理活性物质，可直接或间接促进作物的生长。

6.1.2　微生物肥料国内外进展

6.1.2.1　微生物菌剂

世界上最早的微生物肥效菌剂是 1895 年在德国以“Nitragin”的商品名出现的根瘤菌接种剂[3]。到 20 世纪 30~40 年代，一些国家如美国、澳大利亚、英国均有了根瘤菌接种剂产业。美国从 1895 年首次进行根瘤菌剂商业生产，大发展时期是在 1929~1940 年，澳大利亚是在第二次世界大战之后发展根瘤菌剂生产。经过 100 余年的发展，微生物肥效菌剂种类日益增多，使用范围不断扩大。据不完全统计，目前世界上已有 70 多个国家和地区开发应用了微生物肥效菌剂，在欧美发达国家农业生产中，生物肥料的使用占肥料总量的 20% 以上。印度现已开发出了使用发酵罐生产鹰嘴豆、绿豆和大豆根瘤菌品系的技术，生产能力达到了商业化生产的要求[3]。1997 年，美国环境保护署（EPA）批准重组苜蓿根瘤菌菌株 RMPBC-2 进行商业化生产，这也是目前世界上唯一一株通过了遗传工程菌安全性评价并进入有限商品化生产的重组根瘤菌菌株（商品名为“Dormal plus”）。目前该重组根瘤菌菌株已经占据了美国苜蓿根瘤菌剂市场份额的 60%[3,4]，美国根瘤菌的选育目标是固氮能力在 600 千克 N/公顷，国际水稻研究所计划目标是在 10 年内构建一种超级固氮细菌，能减少水稻 50% 的氮肥用量。

在微生物肥效菌剂的新产品研发方面，美国盐湖城 NPI 公司已研究成功用温室法生产高质量的 AM 真菌接种剂，并研制了一整套保证纯度的设施和方法；美国 Agbio 公司微生物总公司生产的内生菌根菌肥 Agbio-Endos、外生菌根菌肥 Agbio-Ectos、固氮菌肥 Azo-Gree 以及芽孢杆菌类菌肥；加拿大生产的 Jump-Start、GreenNitrogen、“根瘤菌+PGPR”复合菌肥，意大利的玉米用固氮接种剂 Zea-Nit，巴西的 PGPR 生物肥料等，都已具有了相当的市场占有率。优良菌种的选育是微生物肥效菌剂发展的核心，如筛选超级固氮菌株、联合固氮细菌、泡囊丛枝状菌根等[5]。

我国微生物肥效菌剂的发展历史可追溯到 20 世纪 40 年代，最早开始研究应用的是大豆根瘤菌剂和花生根瘤菌剂，在东北和华北均进行了较大面积的应用，取得了良好的应用效果。50 年代从原苏联引进自生固氮菌、溶磷细菌和硅酸盐细菌等。60 年代又推广使用放线菌制成的“5406”抗生菌肥料和固氮蓝绿藻肥。70~80 年代中期开始研究由土壤真菌制成的泡囊-丛枝菌根（AM 菌根），特别是从 80 年代开始在牧草上大面积应用豆科牧草根瘤菌，有效地促进了豆科牧草的共生固氮作用，显著地提高草场土壤肥力和牧草产量，对我国豆科牧草人工草地的建植和退还草场的改良均起到了重要作用。[5]

6.1.2.2　生物有机肥

生物有机肥是指特定功能微生物与主要以动植物残体（如畜禽粪便、农作物秸秆等）为来源并经无害化处理、腐熟的有机物料复合而成的一类兼具微生物肥料和有机肥效应的肥料，是近年来随着城乡有机固体废弃物数量的不断增加和微生物技术的发展，在有机肥商品化使用基础上研制而成的新型肥料。由于微生物科学、集约化处理设施的引入，商品有机肥料已经融合了多种高新技术，可以概括地把这类高新技术叫做生物有机肥。有机肥料中的有机废弃物是指来自植物和动物生产、产品加工与流通、人类消费、环境治理等过程中产生的各类生物质废物。

生物有机肥区别于仅利用自然发酵（腐熟）所制成的有机肥料，其原料经过生物反应器连续高温腐熟，有害杂菌、害虫基本被杀灭，起到了一定的净化作用。生物有机肥的卫生标准明显高于传统农家肥，也不是单纯的菌肥，是两者的有机结合体，兼有微生物接种剂和传统有机肥双重优势。生物有机肥产品除了含有较高的有机质外，还含有具有特定功能的微生物，这是此类产品的本质特征。生物有机肥所含微生物应表现出一定的肥料效应，如具有增进土壤肥力、转化和协助农作物吸收营养、活化土壤中难溶的化合物供作物吸收利用等作用，或可产生多种活性物质和抗、抑病物质，对农作物的生长有良好的刺激与调控作用，可减少或降低作物病虫害的发生，以及改善农产品品质，提高产量。

微生物菌种种类与使用方法是生物有机肥料产品的核心。在生产过程中一般有 2 个环节涉及微生物的使用：一是在腐熟过程中加入促进物料分解、腐熟兼具除臭功能的腐熟菌剂，其多由复合菌系组成，常见菌种有光合细菌、乳酸菌、酵母菌、放线菌、青霉、木霉、根霉等；二是在物料腐熟后加入的功能菌，一般以固氮菌、溶磷菌、硅酸盐细菌、乳酸菌、假单胞菌、芽胞杆菌、放线菌等为主，在产品中发挥特定的肥料效应。

6. 1. 2. 3　复合微生物肥料

传统的微生物肥料产品中仅含有微生物和有机成分。与化学肥料相比，微生物肥料的推广使用虽然更符合食品安全的需求，但存在养分低、见效慢等不足。而在市场选择或农民使用中，希望将不同种类肥料的优点集于一体，同时达到减少化肥用量、增产、改善品质、保护环境安全的目的。随着生产工艺技术的突破，市场出现了含有无机成分的微生物肥料——复合微生物肥。这种肥料集微生物、有机和无机成分于一体，俗称“大三元”微生物肥料或“大三元”复合肥。

6. 1. 3　肥效微生物资源及研究应用

肥料应用微生物资源分为两类，一类是通过其中所含微生物的生命活动，增加了植物营养元素的供应量，导致植物营养状况的改善，进而产量增加，代表微生物是固氮、溶磷微生物等；另一类是广义的微生物肥料，其制品虽然也是通过其中所含的微生物生命活动作用使作物增产，但它不仅仅限于提高植物营养元素的供应水平，还包括了它们所产生的次生代谢物质，如激素类物质对植物的刺激作用，促进植物对营养元素的吸收利用，或者能够拮抗某些病原微生物的致病作用，减轻病虫害，而使作物产量增加。肥效微生物资源类型主要包括以下几种：

6.1.3.1 根瘤菌

根瘤菌是一类共生固氮细菌的总称，它的突出特点是能与豆科植物形成共生体，将大气中的氮分子转化成氨，供宿主植物作氮肥。虽然空气成分中约有80%的氮，但一般植物无法直接利用，花生、大豆、苜蓿等豆科植物，通过与根瘤菌的共生固氮作用，才可以把空气中的分子态氮转变为植物可以利用的铵态氮。在种子发芽生根后，根瘤菌从根毛入侵根部，在一定条件下，形成具有固氮能力的根瘤，在固氮酶的作用下，根瘤中的类菌体将分子态氮转化为铵态氮，与此同时，每个根瘤就是一座微型氮肥厂，源源不断地把氮输送给植株利用。豆科作物周围的土著根瘤菌数量很少，难以满足作物生长的需要。世界上的豆科作物都需要人工接种根瘤菌剂，根瘤菌剂给农作物生产的氮肥不会有环境污染，不需长途运输，使用过程中没有氮流失，而人工施用化学氮肥流失率往往大于50%。当豆科作物萌发并长出根毛后，根瘤菌受根毛分泌的凝集素的刺激和吸引，大量聚集在根际和根表上。根毛与根瘤菌接触后，首先是细胞壁变软，发生根毛卷曲，然后是细胞壁内陷，根瘤菌随之侵入根毛，直至根的皮层，根瘤菌在皮层大量繁殖并转变为类菌体，此时根部皮层大量增生，形成瘤状组织，最后突出根部形成根瘤，当有效根瘤的剖面呈粉红色时，说明根瘤进入成熟阶段，开始固氮，并向植株提供氮素。人工接种结瘤固氮性能优良的根瘤菌来提高共生固氮效率[3]。

全球豆科植物共有700多个属，19 700多个种，我国约有150多个属，1500多个种，在这近2万种豆科植物中做过结瘤情况调查的不过3000种，而进行过共生关系研究的仅0.5%左右。中国农业大学陈文新院士“根瘤菌资源多样性研究课题组”历经30余年的努力，为根瘤菌应用积累了丰硕的种质储备和研究成果：在全国32个省（市）700多县采集了根瘤标本近万份，从600多种豆科植物上分离、确认、保藏根瘤菌9000多株，其中许多豆科植物是中国特有生态类型的植物资源；发现了一批高抗逆性的菌株；初步建立了目前国际上数量最多和多样性最丰富的根瘤菌资源库，既为国家保存了十分可贵的根瘤菌资源，更为我国豆科植物接种根瘤菌，提供了种质资源保障。依条件的不同，根瘤菌可满足其宿主植物所需氮素营养的50%～100%，豆科作物可不施或少施氮肥。豆科植物的地下部分含植物总氮量的35%，残体被分解后还可供下茬作物利用。例如：人工接种根瘤的花生每年每平方米的固氮量为7.2～12.4克，即每亩花生可以从固氮作用中获得相当于10～17千克尿素的氮，特别在贫瘠土壤中，人工接种根瘤菌所需的氮素养分有2/3来自于共生固氮，仅1/3是从土壤吸收来的。根瘤每天固定的氮素有94%供给植株，仅有6%留在根瘤中。花生植株不断地从根瘤中得到氮素供应，终身受益。目前美国有80%的苜蓿在播种之前进行根瘤菌接种，加拿大和澳大利亚几乎所有的苜蓿均接种根瘤菌。巴西种大豆，均不施氮肥，只接种根瘤菌，可增产30%，卢旺达以根瘤菌接种豆科植物，增产40%～60%。我国20世纪50～60年代，花生、大豆接种根瘤菌增产10%或更多，绿肥作物紫云英接种根瘤菌增产更明显，高达1～3倍[3]。

6.1.3.2 溶磷微生物

土壤中许多微生物都具有不同程度的解磷能力，既有分解含磷土壤有机化合物的有机磷微生物，也有溶解无机磷酸盐的无机磷微生物。早在19世纪，有的土壤学家就曾指出土壤微生物对磷的转化作用。20世纪初，在欧洲相继有人研究了土壤中微生物转化磷的过程。1948年，Gerretsen研究了微生物对植物生长的影响，发现生长于不灭菌的土壤中的植物干物重比生长于灭菌土壤的植物干物重增加72%~88%，磷的吸收量增加79%~342%，其后。Sperber鉴定了由土壤解磷细菌产生的几种有机酸，认为解磷细菌通过分泌有机酸促进了土壤磷的释放。20世纪50年代，苏联研究者蒙基娜从土壤中分离到一种解磷巨大芽孢杆菌，分解核酸和卵磷脂的能力很强，接种于土壤中能提高土壤的有效磷含量。我国在20世纪50年代开始对解磷细菌研究与应用，1955年，我国东北农科院学者从东北黑钙土中分离出能分解有机磷的巨大芽孢杆菌。尹瑞龄等发现我国黑钙土壤中解磷菌含量较多，但种类较少，其中以芽孢杆菌和假单孢菌为主，碱土中解磷微生物的数量较少。林启美等分析了农田、林地、草地以及菜地土壤有机磷细菌数量及种群结构，发现土壤有机磷细菌数量比无机磷细菌多，且林地和菜地土壤中的解磷细菌主要是假单孢菌，在农田中只发现假单孢菌和沙门氏菌属两种解磷细菌。土壤解磷微生物包括细菌、真菌和放线菌等。目前报道具有解磷作用的细菌类有：*Bacillus*、*Pseudomonas*、*Erwinia*、*Agrobacterium*、*Serratia*、*Flarobacterium*、*Enterbacter*、*Micricoccus*、*Azotobacter*、*Rhizobium*、*Salmonella*、*Chromobacterium*、*Alcaligenes*、*Arthrobacter*、*Thiobacillus*、*Escherichia*；解磷真菌类有：*Penicillium*、*Aspergillus*、*Rhizopus*、*Fusarium*、*Sclerotium*；放线菌 *Streptomyces* 等，其中巨大芽孢杆菌是发现最早、解磷效果最好、使用国家多、推广面积大的菌株，它兼有溶解磷酸三钙的能力[6]。

6.1.3.3 解钾微生物

胶胨样芽孢杆菌（*Bacillus mucilaginosus*）是一种能分解硅酸盐矿物的细菌，国内一些学者也把它称为硅酸盐细菌，它能分解钾长石、云母等铝硅酸盐的原生质态矿物，使土壤中的不溶性K、P、Si等转变为可溶性元素供植物利用。同时还可产生多种生物活性物质，促进植物生长。硅酸盐细菌主要指胶胨样芽孢杆菌（*B. mucilaginosus*）和环状芽孢杆菌（*B. circulans*）及其他经过鉴定的种类。此类菌可分解土壤中难溶的磷、钾，此类菌发酵液中有激素类物质，在根际形成优势种，可抑制其他病原菌的生长，达到增产效果。

6.1.3.4 促生抗病微生物

根际促生细菌（PGPR）：根际细菌（rhizibacteria）是从根际分离所得，据其对植物的不同反应分为有益、中性、有害三种，Kloepper 和 Schroth 于1978年提出：将与根有密切联系并强定殖于根系，能促进植物生长的根际细菌定义为PGPR（plant growth-promoting rhizobacteria）。近年来，植物根际促生细菌已成为新的研究热点，随着微生物技术的发展和对根际细菌区系这一主题的广泛研究，现在清楚的知道，细菌对根中的生长刺激因素的反应比放线菌、真菌或藻类都强烈。Oostenorp 和 Sikora 研究指出根际细菌 G^-菌的细胞壁脂双层膜上具有与根表面外源凝集素（lectin）相结合的结构，因而与根具有较强的亲和力，较易在植物根部定殖。PGPR 的研究已有 90 多年的历史，近年来，PGPR 的存在和作用日益引起微生物学家、植保学家、农学家的关注，在已有的研究报道中有 *Acinetobacter*、*Actinoplanes*、*Aeromonas*、*Agrobacterium*、*Acaligenes*、*Arotebacter*、*Arthrobacter*、*Azotobacter*、*Bacillus*、*Bradyrhizobium*、*Cellulomonas*、*Enterobacter*、*Erwinia*、*Flavobacterium*、*Hafnia*、*Micromonospora*、*Pseudomonas*、*Pasteuria*、*Rahnella*、*Rhizobium*、*Serratia*、*Streptomyces*、*Xanthomonas* 等属的细菌株。现已为国际承认的有固氮作用的需氧芽孢细菌，包括多黏芽孢杆菌（*Bacillus polymyxa*），以及 1984 年定名为固氮芽孢杆菌（*Bacillus azolofixans*），其固氮酶活性可达 $69 \sim 240 \times 10^6$ 毫克分子乙烯/毫升/小时，用凯式定氮法检定其固氮能力为 3.3~6.0 毫克 N/克葡萄糖。此类菌剂 80℃ 干燥制成干粉后可长期储存，适合于制成粉状或颗粒状微生物肥料，是固氮菌类更新换代的最佳菌种[7]。

6.1.3.5 AM 真菌

丛枝菌根（Arbuscular Mycorrhiza，AM）真菌是自然界中分布最广、农业和生态意义都十分重要的一类土壤真菌。AM 真菌生态适应性强，资源丰富，迄今世界范围内已报道的 AM 真菌已超过 200 种，我国发现 38 属 104 种（包括 12 个新种）。众多研究表明，AM 真菌除广泛分布于农田、森林和草原土壤中外，在热带雨林、半干旱灌木丛、湿地、高山、低地、沙滩等，沙漠、碱土、盐土、贫瘠土、各种污染土壤、煤矿、废矿区、退化草场土壤中都有存在。AM 真菌的宿主范围也十分广泛，可与陆地上 90% 以上的植物形成丛枝菌根，特别是栽培植物中绝大多数的农作物、园艺作物、经济作物、牧草等都能被 AM 真菌侵染。

AM 真菌与植物根系形成的共生体对植物的作用主要体现在以下四个方面：①改善宿主营养状况，促进宿主的生长发育，提高产量和品质；②提高宿主抗逆性：抗旱、抗病、抗盐碱、耐酸、抗污染、抗重金属等；③改善土壤结构及理化性质；④生态意义重大：影响植物多样性及生态系统功能和稳定。由于 AM 真菌不能离体培养，只能通过与植物共生的方法进行分离培养，因此，这类真菌的资源收集与保藏都在专门的机构进行。

目前，已经建成的国际性和地区性 AM 真菌种质资源库有 5 个：国际 AM 真菌保藏中心（International Culture Collection of Arbuscular and Vesicular-Arbuscular Mycorrhizal Fungi，INVAM）由美国国家基金会资助，1985 年在美国佛罗里达成立，成立初期保藏菌种约 200 株。1990 年移到西弗吉尼亚大学，经过 19 年的建设库存菌株 1061 株，包括 70 个已知种和 45 个未定种，截至 2005 年，有 1400 株，包括 75 个已知种和 34 个未定种。亚洲 AM 真菌保藏中心（Centre for Mycorrhizal Culture Collection，CMCC）设在印度新德里 Tata 能量研究所，1994 年成立时保藏菌株 180 株。欧洲 AM 真菌保藏中心（European Bank of Glomales，BEG）1989 年由欧盟的科学家们所组成的一个非正式组织，现在设在英国，拥有的菌种约 50 株，而可提供外界研究的菌株只有 7 株。加拿大 AM 真菌根器官繁殖种中心（库）（Glomales *in vitro* collection，GINCO）保藏种 27 个。至 2012 年底，北京市农林科学院保藏 AM 真菌 5 个属 25 个种 136 个菌株[8]。

6.1.3.6 木霉菌

木霉属（*Trichoderma*）真菌，是一类普遍存在的真菌，常见于土壤中，是土壤微生物的重要群落，也见于植物残体及动物粪便上，从植物根围，叶围及种子、球茎表面经常可以分离到，它的显著特征是生长迅速，能够利用很多物质进行生长。目前国际上已查明并命名的木霉属真菌，包括与木霉属真菌关系密切且已正式以 *Trichoderma* 命名的肉座菌属 *Hypocrea* 无性型，共计 104 种，国内仅报道 20 余种[9]。木霉应用最为广泛的是生物防治的应用，大量的实验证明对土传病菌有良好抑菌效果，并已制成生物制剂投放市场。曾华兰等研究发现哈茨木霉（*T. harzianum*）T23 制剂可以促进花生出苗、花生植株的健壮生长和分枝，增加花生结荚数、有籽果率和花生仁的百粒籽重，从而提高花生产量。近几年还发现绿色木霉的菌丝对有毒金属，如 Cu 和 Cd 具有向化性，以及木霉在对有机污染的生物修复中具有一定的作用。Smith WH 的试验证明，绿色木霉能够降解有机氯。M. Estela Silva-Stenico 等在西海峡分离一株黑绿木霉（*T. atroviride*）T221，能将褐煤作为唯一碳源的培养基上生长，在 21 天的生长周期中底物煤减少了 82%，其中前 6 天头减少 50%。据焦琮等报道，康氏木霉不仅有效地防治了棉苗立枯病和菜豆炭疽病，而且可明显促进棉花和菜豆的生长发育。Altomare 等发现哈茨木霉菌株 T22 具有溶解可溶性或微溶性矿物质的能力，通过螯合或降解来溶解金属氧化物，促进植物对矿物质的吸收，提高植物的生长量。Klleifeld 和 Chet 发现，用泥土或糠作为基质的哈茨木霉菌株 T-203 培养物在刺激辣椒生长方面比以孢子悬浮液作为种子包衣剂有更明显的效果，暗示泥土或糠给 T-203 提供了丰富的养分来源，而使它能够在土壤中大量增殖。于新等研究表明，木霉菌株具有溶解可溶性物质的能力，促进植物对矿物质的吸收，从而促进植物生长。

6.1.4 其他功能的微生物资源

6.1.4.1 农药降解微生物

获取高效农药降解菌和降解基因的主要途径是从受污染的土壤、水体底泥、污水处理厂排出的污泥等受污染的环境介质中筛选、驯化、富集和分离。人们已分离了许多可降解农药的微生物，这些微生物包括细菌、真菌、放线菌和藻类。细菌主要有 *Pseudomonas* 、*Bacillus*、*Arthrobacter*、*Corynebacterim*、*Flavobacterium*、*Xanthomonas*、*Azotomonus*、*Thiobacillus* 等。真菌主要有 *Aspergillus* 、*Penlcillium*、*Trichoderma* 、*Fusarium* 等。在这些微生物中，往往一种微生物可降解多种农药，如细菌中假单孢菌属的一些种可降解 DDT、γ- BHC、艾氏剂、毒杀芬、马拉硫磷等 20 多种农药，而真菌中曲霉属的一些种可降解狄氏剂、异狄氏剂、七氯、敌百虫、澳硫磷、地虫磷等多种农药。同存在于自然环境中的藻类对有机磷也有降解作用，如小球绿藻属降解甲拌磷、对硫磷等。

6.1.4.2 有机污染降解微生物

持久性有机污染物主要有有机氯农药，包括滴滴涕、氯丹、灭蚁灵、艾氏剂、狄氏剂、异狄氏剂、七氯、毒杀酚、六氯苯和多氯联苯、呋喃；苯环类污染物，包括苯酚类、苯胺类、萘、蒽、菲、芘等；硝基类化合物；石油类污染物，包括烷烃、烯烃、卤代烃、芳烃等；以及医药和化工中间体和染料类污染物等。不同种类的微生物，其降解芳香族类化合物的途径不尽相同，好氧微生物与厌氧微生物降解芳香化合物的代谢途径就完全不同。好氧微生物在降解芳香化合物过程中，代谢的最初分支点是两个双羟酚中间产物，即儿茶酚和原儿茶酸。研究较多的细菌包括 *Pseudomonas putida*，*Acinetobacter calcoaceticus*，*Alcaligenes eutrophus* 等。好氧条件下的白腐真菌对芳香硝基化合物研究较多。许多厌氧微生物或兼性好氧微生物在厌氧条件下，也能降解芳香化合物。如在厌氧条件下，芳香硝基化合物主要进行硝基的还原反应，许多细菌都可以催化此反应的发生，其中硫化细菌和梭菌的研究较为深入。

6.1.4.3 有机废弃物降解微生物

有机废弃物主要包括农田废弃物、畜禽粪便资源等。对纤维素类、木质素类的有机废弃物的降解菌研究较多，包括细菌、放线菌、真菌以及白腐真菌等[10]。

细菌：具有纤维素降解能力的细菌包括食纤维黏菌（*Cytophaga*），纤维多囊黏菌（*Polyangium cellulosum*）、纤维单孢菌属（*Cellulomonas*）、纤维弧菌属（*Cellvibrio*）等。近年来发现一些高温菌具有降解纤维素的能力，例如日本 Tsukuba 发酵研究所分离出的约氏梭菌（*Clostridium josui*），南美微生物菌种保藏中心自阿根廷 Buenose Aires 的河床沉积物中分离的嗜热解纸莎草梭菌（*Clostridium thermopapyrolyticum*），这些菌种的共同特点是生长温度较高。

放线菌：土壤中放线菌有 2% ~ 4% 能分解农作物秸秆，主要有孢囊链霉菌属（*Streptosporangium*）、链霉菌属（*Streptomyces*）、小单孢菌属（*Micromonospora*）和诺卡氏菌属（*Nocardia*）。

真菌：真菌是降解秸秆效率最高的微生物类型。主要有木霉属（*Trichoderma*）、毛壳菌属（*Chaetomium*）以及白腐真菌（White-rot fungi）等。木霉属中，（*Trichoderma*）主要有绿色木霉（*Trichoderma viride*）、康氏木霉（*Trichoderma koningii*）、长柄木霉（*Trichoderma longibrachiatum*）等。秸秆中的木质素不易降解，白腐真菌是可降解秸秆中木质素的主要有效菌种。Zadrazil 等 1982 年研究了 200 多种白腐真菌后发现，有几十种白腐真菌能显著的提高秸秆木质素的降解率；Robert 于 1984 年发现白腐真菌菌丝可穿过组织细胞壁，破坏细胞壁结构，从而达到降解秸秆的效果。我国陆师义等报道，食用真菌中的平菇、凤尾菇、香菇、冬菇等木腐类真菌属于白腐菌类，分解木质素、纤维素的能力较强；袁彤光等（1998）也作过试验，同样证明了香菇白腐真菌生物降解木质素的显著作用。目前研究最多的白腐真菌有：黄孢原毛平革菌（*Phanerochete chrysosporium*）、烟管菌（*Berkandera adusta*）、变色栓菌（*Thametes versicolor*）、糙皮侧耳（*Pleurotus ostreatus*）、*Dichomitus squalens*、*Ceriporriopsis subvermispora* 等(表 6-1)。

表 6-1　产生纤维素、半纤维素、木质素酶的主要微生物类群

	细　菌	真　菌	放线菌
纤维素酶类	①兼性厌氧微生物：食纤维梭菌（*Clostridium cellulovorans*）、生孢食纤维菌（*Sporocytophaga*）、多囊纤维菌（*Polyangium cellulosum*）、白色瘤胃球菌（*Ruminococcus albus*）、产琥珀酸丝状杆菌（*Fibrobacter succinogenes*）、溶纤维丁酸弧菌（*Butyrivibrio fibrisolvens*）、热纤梭菌（*Clostridium thermocellum*）、解纤维梭菌（*Clostridium cellulolyticum*）、球形芽孢杆菌（*Bacillus sphaericus*）、双酶梭菌（*Clostridium bifermentans*）等 ②好氧微生物：粪碱纤维单胞菌（*Cellulomonas fimi*）、纤维单胞菌属（*Cellulomonas*）、纤维弧菌属（*Cellvibrio*）、运动发酵单胞菌（*Zymomonas mobilis*）、混合纤维弧菌（*Cellvibrio mixtus*）、噬胞菌属（*Cytophaga*）等	里氏木霉（*Trichoderma reesei*）、绿色木霉（*Trichoderma viride*）、米根霉（*Rhizopus oryzae*）、米曲霉（*Aspergillus oryzae*）、黑曲霉（*Aspergillus niger*）、镰刀霉（*Fusarium spp.*）、拟青霉（*Paecilomyces*）斜卧青霉（*Penicillium decumbens*）等	分枝杆菌（*Mycoba-cterium*）、诺卡氏菌（*Nocardia*）、小单孢菌（*Micromonospora*）、唐德链霉菌（*Streptomyces tendae*）及该属中的部分菌等
半纤维素酶类	热纤梭菌（*Clostridium thermocellum*）、解纤维梭菌（*Clostridium cellulolyticum*）、溶纤维丁酸菌（*Butyrivibrio fibrisolvens*）、枯草芽孢杆菌（*Bacillus subtilis*）、短小芽孢杆菌（*Bacillus. pumilus*）等	黑曲霉（*Aspergillus niger*）、曲霉（*Aspergillus*）、木霉（*Trichoderma*）、拟青霉菌属（*Paecilomyces*）、青霉（*Penicillium*）、酵母菌的部分菌（*Saccharomyces* sp.）等	白浅色链霉菌（*Streptomyces albogriseolus*）、诺卡氏菌形放线菌（*Nocardioform actinomycetes*）等
木质素酶类	假单胞菌的某些种（*Pseudomonas* sp.）	白腐菌（*Phanerochaete chrysosprium*）、褐腐菌（*Lentinus edodes*）、黄孢厚毛平革菌（*Phanerochete chrysosporium*）、彩绒草盖菌（*Coridusversicolor*）、变色栓菌（*Thametes versicolor*）、射脉菌（*Phlebiaradiata*）等	链霉菌（*Streptomyces*）、诺卡氏菌（*Nocardia*）、节杆菌（*Arthrobacter*）、小单孢菌（*Micromonospora*）等

6.1.5　微生物资源保藏机构

微生物资源保藏机构是保证微生物资源可持续利用的基础。微生物菌种资源保藏机构源起欧洲，捷克微生物学家 Fran-tisek Kral 最早从事微生物菌种的公共性保藏。1890~1911 年，Karl 收集保藏了世界上一大批有价值的菌种，并于 1900 年、1902 年、1904 年和 1911 年连续出版菌种目录。1911 年 7 月 22 日 Karl 去世后，Ernst Pribram 教授负责保管 Karl 的菌种，并于 1914 年将 Karl 的菌种带到奥地利维也纳州立血清研究

所。1911~1914年期间，由于疏于管理和保藏技术的限制，大部分菌种失活。第二次大战前夕，Pribram教授将Karl保藏室的部分菌种带到美国芝加哥Loyola大学，1938年Pribram教授遇车祸去世，带去的菌种命运也无从知晓，留在欧洲的菌种也因第二次世界大战而被毁掉。除Kral建立的菌种保藏室之外，20世纪初在巴黎、比利时、伦敦和日本的有关研究所也相继建立了几个菌种保藏机构，但无从查找相关资料。延续至今的是于1906年在荷兰建立的CBS（Centralbureau voor Schimmelcultures）。随后，美国、日本、英国等一些菌种保藏机构相继成立，如美国1925年成立America Type Culture Collection，简称ATCC。

我国近代微生物菌种保存始于20世纪20年代，仅零星的菌种存放于相关酿造实验室。建国之前，国家一直处于战乱时期，对微生物种质资源收集、保藏工作不重视。1950年冬，方心芳提出了设立全国性微生物菌种保藏机构的建议。1951年中国科学院成立了菌种保藏委员会，1953年初，菌种保藏委员会成为具有实体的科研机构。此外，一些从事微生物的研究单位相继成立了菌种保藏组，如中国农业科学院土壤肥料研究所的菌种保藏组，开始收集以根瘤菌、农用抗生素产生菌以及微生物肥料用菌等农业微生物菌种；中国医药生物制品检定所，收集医学细菌等[11]。

中国农业微生物菌种保藏管理中心：1979年，在原国家科委的组织领导下，中国农业微生物菌种保藏管理中心（Agricultural Culture Collection of China，ACCC）成立，设在中国农业科学院土壤肥料研究所（1979~2003挂靠中国农业科学院土壤肥料研究所管理，2003年以后挂靠中国农业科学院农业资源与农业区划研究所管理）。中国农业微生物菌种保藏管理中心成立的前身是1969年在中国农业科学院土壤肥料研究所成立的菌种保藏组。

中国农业微生物菌种保藏管理中心已发展成为农业微生物资源综合性保藏研究机构，保藏有细菌和放线菌、根瘤菌、食用菌、植物病原菌、厌氧微生物、小型丝状真菌及酵母菌资源，目前库藏资源共计737属，2476种，2万余株菌种，约30万份。中国农业微生物菌种保藏管理中心菌种资源库采用超低温冻结法、冷冻干燥法、矿物油保藏法和斜面转接法等保藏微生物菌株，中心设有液氮库、超低温冰箱库、4~10℃冷冻干燥菌种保藏库、4~10℃低温保藏库以及10~15℃低温矿油保藏库。中心网址为www.accc.org.cn。

6.2 工艺与原理

6.2.1 微生物肥料菌剂生产

微生物肥料菌剂主要采用发酵方法生产，主要采用现代生物发酵技术将单一菌种或复合菌种接种于有机物料与填充料经发酵而制成微生物肥料菌剂，包括液体发酵和固态发酵工艺。

6.2.1.1 液体发酵

液体发酵是以液相为连续相的生物反应过程。液体发酵整个生产过程中易于消毒灭菌和自动化操作。液体发酵又包括通风发酵（液体深层发酵）和厌氧发酵。根据操作方法的差异又可以分为分批发酵、分批补料发酵和连续发酵。液体发酵设备一般包括种子罐、发酵罐、灭菌设备、过滤通风设备、混合存储设备、控制设备等。液体发酵必须注重设备以及操作严格要求在内的每一个细节，否则极易发生杂菌污染。

6.2.1.2 固态发酵

固态发酵是指没有或几乎没有自由水存在下，在有一定湿度的固态培养、产孢基质中，一种或多种微生物的一个生物反应过程。从生物反应过程中的本质考虑，固态发酵是以气相为连续相的生物反应过程。固体发酵具有操作简便、能耗低、发酵过程容易控制、对无菌要求相对较低等优点。

6.2.1.3 微生物肥料发酵生产工艺

微生物肥料菌剂生产采用三级发酵生产，培养基采用锅炉房提供的蒸汽高压灭菌，斜面菌种首先在摇床培养扩繁，然后按照10%的接种量接种到种子罐，然后再按照10%的接种量接种到发酵罐发酵生产，每个生产环节进行污染检测控制，发酵好的菌液转移到储罐进行短期保存或直接转移发酵生产车间和肥料生成车间使用。

微生物菌剂一般生产技术环节为菌种→种子扩培→发酵培养→后处理→包装→产品质量检验→出厂。在生产之前，应对所用菌种进行检查，确认其纯度和应用性能没有发生退化。出现污染或退化的菌种不能作为生产用菌种（图6-1）。

1）发酵增殖

（1）种子扩培

菌种应连续转接活化至生长旺盛后方可应用。种子扩培过程包括试管斜面菌种、摇瓶（或固体种子培养瓶）、种子罐发酵（或种子固体发酵）培养三个阶段，操作过程要保证菌种不被污染、生长旺盛。

（2）培养基

培养基重要原料应满足一定的质量要求，包括成分、含量、有效期以及产地等。对新使用的发酵原料需经摇瓶试验或小型发酵罐试验后方可用于发酵生产。

种子培养基：种子培养基要保证菌种生长延滞期短，生长旺盛。原料应使用易被菌体吸收利用的碳、氮源，且氮源比例较高，营养丰富完全，有较强的pH缓冲能力。最后一级种子培养基主要成分应接近发酵培养基。

发酵培养基：发酵培养基要求接种后菌体生长旺盛，在保证一定菌体（或芽胞、孢子）密度的前提下，兼顾有效代谢产物。原料应选用来源充足、价格便宜且易于利用的营养物质，一般氮源比例较种子培养基低。可采用对发酵培养基补料流加的方法改善培养基的营养构成，以达到高产。

（3）灭菌

液体培养基、补料罐（包括消泡剂）、管道、发酵设备及空气过滤系统灭菌温度为121～125℃（压力0.103～0.168兆帕），0.5～1.0小时。液体培养基装料量为50%～75%发酵罐容积。

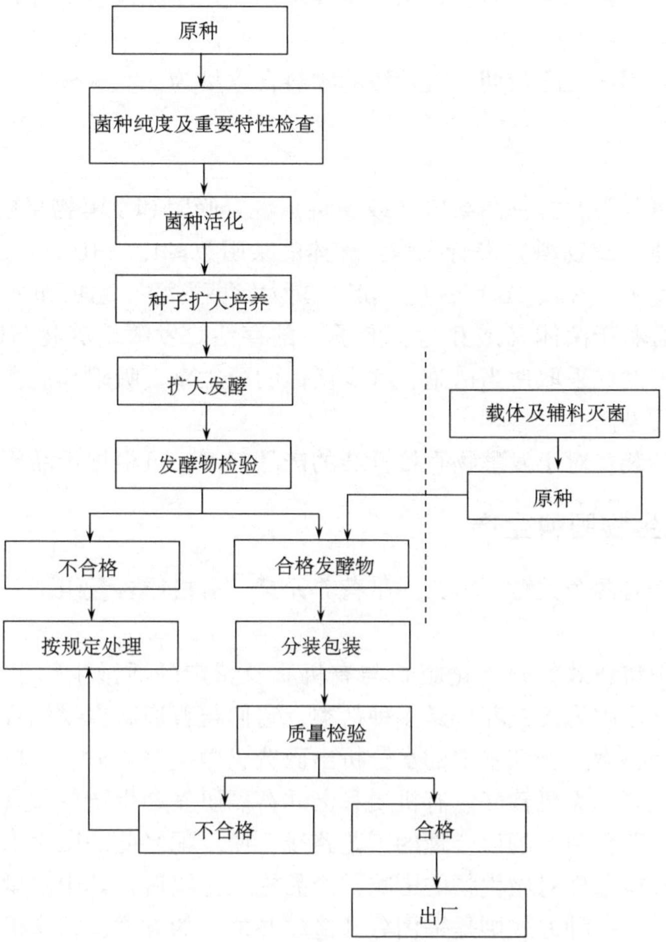

图 6-1　微生物肥料菌剂生产工艺流程

固体培养基物料灭菌温度为 121~130℃，1.0~2.0 小时；或采用 100℃灭菌 2~4 小时，24 小时后再灭菌一次。

在高温灭菌会产生对菌体生长有害物质或对易受高温破坏物料灭菌时，应采用物料分别灭菌或降低灭菌温度延长时间。培养基灭菌后需进行检查，若灭菌不彻底，培养基不得使用。

2）发酵控制

接种量的要求：摇瓶种子转向种子发酵罐培养的接种量为 0.5%~5%；在多级发酵生产阶段，对生长繁殖快的菌种（代时 < 3 小时），从一级转向下一级发酵的接种量为 5%~10%；对生长繁殖较慢的菌种（代时>6 小时），接种量不低于 10%。

培养温度：发酵温度应控制在 25~35℃，对特殊类型的菌种应根据其特性而定。在发酵过程中，可根据菌体的生长代谢特性在不同的发酵阶段采用不同的温度。

供氧：通常采用的供氧方式是向培养基中连续补充无菌空气，并与搅拌相配合，或者采用气升式搅拌供氧。对于好氧代谢的菌株或兼性厌氧类型菌株，培养基中的溶解氧不得低于临界氧浓度；严格厌氧类型菌株培养基的氧化还原电位不得高于其临界氧化还原电位。

物料含水量：固体发酵初期适宜发酵的物料含水量为 50% ~60% 。发酵结束时，应控制在 20% ~40% 。

3）后处理

后处理过程可分为发酵物同载体（或物料）混合吸附和发酵物直接分装两种类型。

发酵物同载体（或物料）混合吸附：载体的杂菌数≤1.0×10^4cfu/g；细度、有毒有害元素（Hg、Pb、Cd、Cr、As）含量、pH、粪大肠菌群数、蛔虫卵死亡率值达到产品质量标准要求；有利于菌体（或芽孢、孢子）的存活。发酵培养物与吸附载体需混合均匀，可添加保护剂或采取适当措施，减少菌体的死亡率。吸附和混合环节应注意无菌控制，避免杂菌污染。

发酵物直接分装：对于发酵物直接分装的产品剂型，可根据产品要求进行包装。

6.2.2 复合微生物肥料生产

肥料生产过程有两个关键环节，一是营养元素、有机质含量组配，二是功能微生物的添加与调配。

在肥料生产中将速效养分（化肥）与有机质及特定的活微生物组配在一起不是一件容易的事情，这是因为无机养分是多种盐类，它们与普通微生物混合后，如达到一定浓度，高渗透压会将微生物细胞中的水分析出而造成微生物死亡。简单的混配不可能达到产品中有效微生物、无机营养、有机质和谐共存。研发和生产单位采用选育抗逆性能良好的一种或几种芽孢菌，配以合理的工艺路线，使复配之前的微生物为芽孢状态，大幅度降低或减少不良条件对微生物的影响，产品施入土壤后，其中的微生物可以继续萌发而发挥其作用。另一种方式则是采用分开造粒并覆膜的方式，即有机物料与微生物一起造粒，无机养分另外造粒，造粒同时均覆膜，最大限度地减少了无机养分对微生物的影响，覆膜则起到了缓释的作用[12]。

6.2.3 生物有机肥生产

6.2.3.1 生物有机肥生产技术

自 20 世纪 80 年代中期以来，美、日、澳等西方发达国家就开始重视生物有机肥的研究与应用。大多数西欧国家生物有机肥料生产以处理城市生活垃圾和动物粪肥为主，添加农副产品下脚料如秸秆、甘蔗渣，甚至锯末以利于发酵，极少用纯植物材料。目前研究活工厂化处理畜禽粪便技术，包括快速发酵技术、除臭技术、发酵养分保全技术、发酵设备、有机肥制作的工艺设备与技术等。日本研制了卧式转筒式和立式多层式快速畜禽粪便堆肥装置，俄罗斯研制了有机发酵装置，美国开发了由大型旋转生物反应器组成的 BIOTEC2120 高温堆肥系统、由密闭大型发酵塔组成的 BEARD-ABT 动态高温堆肥系统，韩国研制了槽式螺旋搅拌发酵系统。另外，国外微生物除臭技术取得了很大的进展，主要以水洗、酸吸收、碱中和等传统控制方法居多。发酵过程中养分的挥发损失较大，发达国家在控制氮素损失减少氨气挥发方面采用多种方法，但这些方法主要用于畜禽粪便储存和运输过程中，而在堆肥过程中较少采用控制氮素损失的工艺和技术[13]。

6. 2. 3. 2 生物有机肥标准制定

20 世纪 90 年代，我国生物有机肥料处于一个较快的发展时期。限于当时无产品标准、质量无监督、行业无人管理等，生物有机肥料发展呈现出无序状态，市场混乱已近失控的程度。为了使我国生物有机肥料生产走上健康发展的道路，杜绝伪劣产品进入农田，加强对生物有机肥料产品的监管，迫切需要制定生物有机肥料产品标准和检验规程，这也是保护农民利益、提高产品质量和应用效果的迫切需要。鉴于此，农业部于 1994 年颁布了生物有机肥料标准（NY 227-1994《生物有机肥料》），本标准是我国生物有机肥料领域的第一个标准。此外，应用于秸秆的腐熟菌剂归入“有机物料腐熟剂”之中，产品指标执行国家标准 GB 20287-2006《农用微生物菌剂》或农业部行业标准 NY609 -2002《有机物料腐熟剂》，而没有依据此类产品的特殊性，制定相应的产品技术指标。

6. 2. 3. 3 生物有机肥腐熟生产工艺

微生物发酵技术是制作生物有机肥的关键要点，菌剂及发酵技术要具有效率高，腐熟彻底，升温快，发酵周期短的特点，发酵过程中可完全杀灭病原菌和有害杂菌。微生物快速腐熟菌剂处理有机废弃物，在 48~60 小时内可使堆体温度上升到 60℃以上，维持 10~20 天，可杀死有害病毒、病原菌，虫卵以及消除有机磷农药残留等，与普通有机肥相比，生物有机肥生产的技术含量相对较高，除了在腐熟过程中加入促进有机物料腐熟、分解的生物菌剂，以实现定向腐熟、除臭等目的，且在产品中加入具有特定功能的微生物，以提升产品的作用效果。

在发酵、腐熟过程中，物料的水分、C/N 比、温度等的调节及腐熟剂的使用是生产工艺的关键，特别是菌剂的应用直接影响着物料发酵的周期及腐熟程度。而如何确定发酵物料的腐熟度是整个生产的关键环节，只有彻底腐熟的物料才有利于后加入功能菌的存活并发挥作用。另外，有的产品中还加入无机养分，如何减少无机养分对功能菌的影响也是生产环节中必须考虑的一个重要问题。在发酵物料的后处理方面，大多数企业加入功能菌剂进行复配、定型，产品剂型以粉剂为主。此外，有 1/3 的产品在后处理过程中采用了造粒技术，多数以圆盘造粒为主，也有采用滚筒造粒或挤压造粒。颗粒产品克服了粉剂产品外观差、层次低及使用中随风飘扬的缺点，提高了产品的商品性，同时也提高了企业的生产成本，并对有效菌的存活产生了一定的影响[14,15]。

生物有机肥主要采用堆肥法。堆肥法是将要堆腐的有机物料与填充料按一定比例混合后，在合适的通气和水分条件下，通过微生物繁殖并分解有机物从而产生高温，杀灭其中的病原菌及杂草种子，使有机物达到稳定化而形成生物肥料。目前普遍采用的工艺主要有静态曝气、条形堆和发酵仓式发酵。

静态曝气堆肥工艺：将堆肥原料制成不同体积的垛，在堆肥过程中不进行物料翻堆，而是利用通气管道进行人工鼓风通气。该工艺具有容易控制温度和通风，堆肥产品稳定，能够较好地杀灭病原菌和杂草种子，占地少，堆肥时间短等优点，但是容易受到气候影响，在大量通气条件下氮损失较大，且耗能大。

条形堆工艺：将堆肥物料以条垛状堆制，垛断面可以是梯形，不规则四边形或三角形，通过定期的人工或机械翻堆来调控堆体的通气、水分和温度等状况。为了解决渗漏问题，堆肥条垛应在水泥或沥青地面进行，更好的办法是用水泥建成槽状。根据堆体的温度和通气状况，通过翻堆来调节堆体的温度和通气，一般堆肥前期微生物活动旺盛，翻动频率高，堆肥后期翻堆频率可以减少。此工艺的优点是所需设备简单，投资成本较低，翻堆时水分蒸发快，堆肥干燥快，堆腐产品稳定性好。缺点是占地面积大，需要频繁的监测，翻堆造成氮的损失和臭味散失，堆肥质量受气候条件影响大。

发酵仓式（槽式）工艺：物料堆放在密闭或半密闭的容器内，控制通气和水分条件，使物料发生生物转化和分解，可以高度的机械化和自动化。整个工艺包括通风、温度控制、水分控制、无害化控制和堆肥的腐熟几个方面。发酵仓式工艺的优点是堆肥设备占地面积小，能够很好的控制发酵过程的水、气和温度，并且堆肥过程中不受气候条件的影响，能够对废物进行统一的收集处理，防止环境的二次污染，同时解决了臭味问题，可以回收发酵过程中的热量。工艺缺点是设备投资高，运费和维修费高，产品存在潜在的不稳定性，几天的堆腐不足以达到腐熟，后熟期长。

堆肥的发酵工艺基本相同，上述工艺各有优缺点，在选择时应具体情况具体分析。一般资金有限但场地不受限制时，可采用静态曝气和条形堆工艺。在资金充足的条件下可采用发酵仓式工艺，以减少堆肥过程对环境的污染（表 6-2）。

表 6-2　生物有机肥主要工艺技术参数

序号	项　目	技术指标
1	物料水分含量	60%～70%
2	混合物料 C/N	<25
3	菌剂接种量	0. 3%～0. 5%
4	添加物	5%～10%
5	发酵始温	40℃
6	高温阶段	60～70℃
7	混合物堆积厚	70～90 厘米
8	pH	6. 0
9	通风条件	2～3 天/翻堆
10	发酵时间	发酵 15～20 天
11	发酵后产物水分	20%左右

物料发酵工艺流程：畜禽粪便等物料预处理→加入菌剂→堆积发酵→翻堆（翻板）→继续发酵→摊平（卸料）→晾干→粉碎→分筛去杂。功能生物有机肥生产工艺流程：腐熟物料+畜禽粪便等物料组合配比→剂型选择→加入功能菌剂→混合→包装。

6.2.3.4　生物有机肥产品类型生产工艺

通过按照设定比例将腐熟品放入输送带上，进入混合机进行充分混合，可生产粉状和粒状肥料产品。粉状产品生产方案是在混合阶段通过专用设备加入不同的功能菌剂，生产具有市场针对性的生物有机肥料，通过分装、打包，生产肥料产品；粒状产品的生产方案是，第一次混合阶段完成后，通过输送带到造粒机，采用团粒工艺造粒技术或挤压造粒技术造粒后，通过输送带传输到分装机，在分装阶段通过专用设备加入不同的功能菌剂，生产具有市场针对性的生物有机肥料产品。对于颗粒生物有机肥生产工艺而言，关键是造粒方式的选择，根据生产工艺要求，目前生物有机肥常用的造粒方式主要有团粒工艺（圆盘造粒、转鼓造粒）和挤压造粒工艺两种。挤压造粒（对辊挤压或环模辗压）过程升温不大，虽然随着连续生产时间的延长，设备受压面因摩擦而会使温度升高，但由于物料在设备内停留时间相当短，物料升温一般小于 5℃，故生产过程中工艺指标容易控制。团粒造粒工艺，成粒后产品的烘干需严格控制干燥温度，尽可能避免干燥物料温度超过 60℃，因此过程控制是保证产品质量的关键。针对近年来农业生产中对有机肥料的逐渐重视，各地在物料发酵及造粒生产方面相继进行了一些研究和开发，研制出诸如“生物有机肥球形颗粒机”、“新型有机肥造粒机”、“空心对滚差速生物有机肥料颗粒机”、“有机肥浅池连续发酵翻抛机”等新型产品[14,15]。

6.3　施用技术与效果

6.3.1　施用技术

6.3.1.1　微生物肥料使用原则

微生物肥料是活菌制剂，需要了解生物肥料的生产日期、使用量、用法等有关信息，在有效期内施用。储存时要避光、通风、干燥；二是要了解微生物的作用、适用作物及施用技术，如根瘤菌用于豆科作物共生固氮，豆科作物不同品种又有不同的根瘤菌肥；三是提倡“早、近、匀”的施用技术。即施用时间要“早”，一般作基肥、种肥与苗肥施用。施入地点离作物根系要“近”。种子与苗肥要拌“匀”；四是避免在高温、干旱条件下使用；五是避免阳光长时间直射，施后及时覆土；六是不宜与杀菌剂农药混用，以免影响肥效。

6.3.1.2　微生物肥料使用方法

微生物肥料的施用方法较多，主要有拌种、穴施、基肥、追肥、蘸根、种肥、淋芽、沾蔓等。不同肥料对不同的作物有最适施用方法、施用量和施用时间。田间试验表明，在李树幼果期根际浇施微生物肥料 5~10 毫升 1~2 次，可明显增强树势，提高果实品质，水稻用菌根菌肥拌土法比浸根法的增产效果更好。在因施用方法不同而引起的产量或品质差异不显著的情况下，就需考虑哪种方法更省工省时经济有效。如用基施、沾秧根、追施 3 种方法给水稻使用生物钾肥，结果分别比对照增产 3.9%、2.9%和 2.3%，差异不显著，这就应推荐较省工的基施或追施。

6.3.1.3 微生物肥料增产使用技术

我国化肥用量居高不下，而利用率偏低，致使农业环境恶化严重。微生物肥料的绝大多数增产效果都是在正常施肥或减肥条件下追施微生物肥获得的，所以在配施其他肥料时还应考虑合适的方法。在施用氮肥的基础上，配合基施（耙面肥）15 千克/公顷的硅酸盐菌剂对水稻的增产顺序为：未配施磷钾肥、配施磷肥、配施钾肥、配施磷钾肥。施磷肥时，该菌剂对水稻既有较高的产量，又可获得较好的经济效益。土壤类型、质地、pH、肥力和水分条件都会影响施入土壤的微生物肥料中的微生物的生长发育，从而影响肥效。如在榆中、武威和永登的试验结果表明，使用联合固氮菌剂给小麦拌种，在弱酸性至弱碱性土壤使用效果好，土壤 pH 大于 9 时增产效果不明显；且含有机质较高的壤质土比沙质土增产效果好，黏土效果不如壤土。土壤肥力水平过高，特别是土壤中碱解氮大于 200 毫克/千克时，则接种无效。

20 世纪 70 年代在耕作改制稻田绿肥紫云英北移过程中，新种地区种植紫云英时，是否应用紫云英瘤菌肥料成为技术关键。接种与否差异极大，增产幅度可达数倍，原因是新栽种紫云英地区土壤中没有相应的紫云英根瘤菌（*Mesorhizobium huakuii*）结瘤，植物生长不良。在种植紫云英不同年数的田块上接种试验表明，种过 1 年紫云英的田块增产 60%～100%，种过 2 年的增产 20%～60%，种过 3 年的增产 15%～40%，种过 4 年以上的仍能增产 10%左右。1989 年以来非根瘤菌类微生物肥料的文献以应用效果试验的报道为主，其中增产的占绝大多数，约 98%，只有个别报道不增产，但是，这些增产效果是同时施用化肥或有机肥而获得的，单施微生物菌剂而增产效果不稳定。在与化肥结合施用条件下，微生物肥料比传统化肥增产 5%～10% 和 10%～15% 的分别占总增产报道总数 30.8% 和 22%，增产 15%～20% 的试验占 13.8%，报道增产 20% 以上的占 20.8%。

6.3.1.4 微生物肥料使用注意事项

控制化肥在土壤中的浓度：在微生物肥料的生产使用过程中，肥料中的化肥和微生物菌剂通常会发生接触，而这两者的接触对微生物活性会产生一定的影响，此类影响会因为化肥浓度不同而异。举例来说，固氮菌在低浓度时随时间的延长，活菌数反而会增加；而解磷和解钾菌都具有中间活菌减少后期增加的现象，即在一定化肥浓度范围内，无机养分可以促进固氮菌的生长，化肥在低浓度时能够促进解钾菌的生长。实验数据表明：尿素对巨大芽孢杆菌的无抑菌质量浓度为 6.25 克/升，最低抑菌质量浓度为 100 克/升；硫酸钾对巨大芽孢杆菌的无抑菌质量浓度为 3.13 克/升，最低抑菌质量浓度为 100 克/升。目前所生产的“大三元”微生物肥料，大部分无机成分浓度均远低于前述实验结果中要求的无抑菌质量浓度。

尽量避免与农药同时使用：根据肥料专家的试验结果，代表不同种类的 5 种农药：多菌灵、甲基托布津、溴氰菊酯、阿维菌素、草甘膦对 8 种细菌（蜡状芽孢杆菌、巨大芽孢杆菌、嗜几丁质芽孢杆菌、侧孢芽孢杆菌、胶胨样芽孢杆菌、圆褐固氮菌、大豆根瘤菌、细黄链霉菌）有一定的抑制作用，但无杀灭作用。试验中化肥的质量浓度远高于生产中浇施、滴灌和喷施的质量浓度，农药也远高于生产中的使用浓度，所以在“大三元”微生物肥料的正常施用过程中，该5类农药不会造成杀灭微生物菌种的不良后果，但还是应尽量避免与农药同时使用。

6.3.2　微生物肥料菌剂施用效果

6.3.2.1　增产作用

地区差异性：目前我国约20多个省（市、区）都有微生物肥料的应用。其中华中地区最多，报道的试验次数为44次；华北和西北次之，分别为43和34次；华南和东北较少，前者为9次，后者为8次。不同地区又因土壤、温度和气候等各种条件的不同，应用方法和应用效果也不一样。西北地区的应用效果最好，华北地区次之，东北略低于华北，华南和华中效果相近，前者略高，西南地区效果最差[16]。

作物差异性：微生物肥料在我国应用于30多种作物上，其中，禾谷类作物应用最多，其次是油料和纤维类，应用较少的是烟草、糖、茶、药、牧草等。但不同作物因不同的生理特点、环境、接种物的种类和农业措施，应用效果也不一样，如菌根菌类肥料，由于其菌丝有助于吸收水分和养分而有利于植物抗旱，用于林业生产上效果较好。糖料作物的增产效果最好，其次为茶叶，蔬果增25.4%，牧草类增产26.1%。纤维、薯类、油料的增产效果分别为17.1%、17.8%、15.0%。微生物肥料对禾本科作物的增幅最低[16]。

种类差异性：据1989年以来的文献综合分析，各类微生物肥料的平均增产效果不同，范围在12.2%~22.3%。需要指出的是，对解磷微生物肥料的机理研究较多，但增产效果较少论及；而菌根菌类微生物肥料主要用于林业生产，有关增产效果的数据较少，但从不多的数据也可看出其施用效果较好，增产约22.3%。上述几种报道较多的菌肥中，解钾菌肥料的增产效果最低，但在甘薯上用作基肥效果较好，增产率为23.2%；复合微生物肥料的增产效果约为21.2%；固氮菌类肥料和光合细菌类肥料，增产效果相近；PGPR类作为研究的热点，效果也较好[16]。

6.3.2.2　品质改善

微生物肥料改善作物品质和获得无公害产品的作用日渐重视，就1989年以来的文献看，关注增产效果的报道为多，对品质的研究主要在产值较高的一些经济作物上，如蔬菜、水果、棉麻、油料、烟草、茶以及药用植物等，而对粮食作物研究较少。从已有的研究可以看出微生物肥料对作物品质有改善作用，主要表现为：降低蔬菜硝酸盐含量，减少棉籽及油菜中的棉酚和芥酸含量，提高蔬菜和水果含糖量和维生素C含量，提高纤维类作物纤维的长度和强度，增加上等烟的比例，增强作物的抗病性等。

6.3.2.3　中低田改造

我国现有耕地的78%属于中低产田，在中低产耕地改良和土壤退化治理中，微生物肥料大有用武之地。据FAO估算，自然界生物固氮量（纯氮）约2亿吨/年，豆科植物根瘤菌贡献其中的65%~70%。美国1997年统计数据表明，依靠豆科作物所固定的氮为620万吨，约占其年施肥总量的1/3。我国2004年豆类种植总面积1280万公顷，如果按国际上统计的几种常见豆科作物最高固氮量的平均数为300公斤/公顷·年计算，固氮总量可达380万吨，约占同年氮肥消耗总量的1/10。

6.3.3 生物有机肥施用效果

6.3.3.1 提高作物产量，改善作物品质

生物有机肥克服了化肥养分单一、供肥不平衡的缺点，注重生物、有机、无机相结合的养分互动互补作用，施用后既可提高作物产量，也可有效改善作物品质，提高农产品的安全性。生物有机肥营养物质释放缓慢，以氮素营养而言，多以NH_4^+或氨基酸形式供给植物，进入植物细胞后无需消耗大量能量和光合作用产物，直接参与细胞物质的合成，故植物生长快，积累的糖分等物质多，产品质量好，且很少有硝酸盐等有害物质污染。

6.3.3.2 提高土壤肥力，改善土壤理化性质

土壤有机质含量是土壤肥力的物质基础，是衡量土壤肥力的一项重要指标。施用生物有机肥不仅能补充被消耗的有机肥料，而且还能不断提高土壤有机质含量。据路克国等研究，施用生物有机肥后，土壤容重较对照降低12.5%，毛管孔隙度增加9.8%，可以明显改善土壤结构，提高土壤保水保肥和通气能力。相关研究证明，生物有机肥料中的有机质经微生物分解后，可缩合成新的腐殖质，它能与土壤中的黏土及钙离子结合，形成有机无机复合体，促进土壤中水稳性团粒结构的形成，从而可以协调土壤中水、肥、气、热的矛盾，改善土壤结构，使土壤疏松、耕性变好。

6.3.3.3 调节微生物区系，改善土壤微生态系统

腐熟的有机肥中一般含有酵母菌、乳酸菌、纤维素分解菌等有益微生物，而加有功能菌的生物有机肥还可能含有固氮菌、硅酸盐细菌、溶磷菌、光合细菌及假单胞菌等一些有益菌。这些微生物除了具有产生大量活性物质的能力外，还具有固氮、溶磷、解钾、抑制植物根际病原菌等功能，有的则具有改善土壤微生态环境的能力。此外，生物有机肥施入土壤后能够调节土壤中微生物的区系组成，使微生态系统结构发生改变。另一方面，生物有机肥本身也带入大量有活性的微生物，在某种程度上讲，生物有机肥的施入起到了接种微生物的作用。

6.3.3.4 活化难溶化合物，提高土壤向作物提供营养的水平

一般情况下，生物有机肥料中添加有固氮微生物，该类微生物可通过其中固氮酶的作用，将空气中的N_2还原为可被作物吸收利用的NH_4^+。虽然微生物的固氮效率因土壤条件的不同而有较大差异，但生物有机肥中微生物固氮作用的存在无疑成为未来为作物提供氮素营养的一条重要途径。此外，生物有机肥中还添加了一定数量的溶磷微生物和硅酸盐细菌，施入土壤后经增殖并与其他土壤微生物协同作用，可分解土壤中某些原次

生矿物，将这些矿物所固定的磷、钾等养分释放出来，把无效态磷、钾转化成可供作物吸收利用的有效态养分，直接被作物吸收利用，提高土壤供肥能力。

6.3.3.5　改善土壤生态，减少植物病虫害的发生

生物有机肥具有改善土壤生态环境及改变土壤微生物区系的作用，在减少作物病虫害发生方面发挥着更为重要的作用。这是因为在生物有机肥中含有多种功能菌，在微生物的生长繁殖过程中，能分泌出多种抗生素及植物生长激素，不但能抑制植物病原微生物的活动，起到防治植物病害的作用，而且能刺激作物生长，使其根系发达，促进叶绿素、蛋白质和核酸的合成，提高作物的抗逆性。据蔡燕飞等研究，利用畜牧业废弃物资源研制的生物有机肥对番茄青枯病有明显的控制作用，在连作地对照地块番茄青枯病发生率 100% 的情况下，腐熟的生物有机肥处理番茄平均发病率仅 46%，生物有机肥显著地降低了番茄青枯病发生率。

6.4　标准与检测

6.4.1　标准

6.4.1.1　微生物肥料标准

目前我国微生物肥料执行的是 1994 年 5 月 13 日农业部颁发的农业行业标准《微生物肥料（NY227-94）》，于 1994 年 5 月 30 日始实施。该标准规定了产品的外观、有效活菌数、水分、细度、有机质含量、pH、杂菌率等作为产品的技术指标，其中有效活菌数、杂菌率是产品质量的关键。该标准在微生物肥料剂型中规定了液体、固体、颗粒三种剂型的外观特征，并根据微生物肥料应用菌株的生物学特性，适应性的规定了各类菌剂产品的指标特征，对不同剂型、不同功能微生物品种的有效活菌数进行了区别规定，且规定有效期不得低于六个月，并规定在产品标明的失效期前有效活菌数应符合指标要求，出厂时产品有效活菌数必须高出本指标 30% 以上。产品无害化指标中主要规定了蛔虫死亡率大于 95% 以上、大肠杆菌值为 10^{-1}、以及汞、锡、铬、砷、铅的最高含量等（具体成品技术指标和成品无害化指标列见表 6-3、表 6-4）。

表 6-3　微生物肥料成品技术指标

项目 \ 剂型		液体	固体	颗粒
外观		无异臭味液体	黑褐色或褐色粉状、湿润、松散	褐色颗粒
有效活菌数				
根瘤菌肥料				
慢生根瘤菌，亿/毫升	≥	5	1	1
快生根瘤菌，亿/毫升	≥	10	2	1

续表

项目 \ 剂型		液体	固体	颗粒
固氮菌肥料，亿/毫升	≥	5	1	1
硅酸盐细菌肥料，亿/毫升	≥	10	2	1
磷细菌肥料				
有机磷细菌，亿/毫升	≥	5	1	1
无机磷细菌，亿/毫升	≥	15	3	2
复合微生物肥料，亿/毫升	≥	10	2	1
水分		–	20~35	<10
细度，毫米		–	粒径 0.18	粒径 2.5~4.5
有机质（以 C 计），%（以蛭石等作为吸附剂不在此列）			20	25
pH		5.5~7.0	6.0~7.5	6.0~7.5
杂菌数%	≤	5	15	20
有效期		不得低于六个月		

注：在产品标明的失效期前有效活菌数应符合指标要求，出厂时产品有效活菌数必须高出本指标 30% 以上。

表 6-4　微生物肥料成品无害化指标

编号	参　数	单　位	标准限值
1	蛔虫卵死亡率	%	95~100
2	大肠杆菌值		10^{-1}
3	汞及化合物（以 Hg 计）	毫克/千克	≤5
4	锡及化合物（以 Cd 计）	毫克/千克	≤3
5	铬及化合物（以 Cr 计）	毫克/千克	≤70
6	砷及化合物（以 As 计）	毫克/千克	≤30
7	铅及化合物（以 Pb 计）	毫克/千克	≤60

6.4.1.2　生物有机肥料标准

生物有机肥料执行 2005 年 1 月 4 日农业部发布的《中华人民共和国农业行业标准，生物有机肥（NY 884-2004）》，2005 年 2 月 1 日实施。该标准在剂型中规定了粉剂、颗粒二种剂型，以有效活菌数、水分、有机质含量、pH 作为产品的技术指标，其中有效活菌数定为不低于 2000 万个/克，有效期规定不得低于六个月，无害化指标中主要规定了蛔虫死亡率大于 95% 以上、大肠杆菌小于 100 个/克（毫升），生物有机肥产品中 As、Cd、Pb、Cr、Hg 含量指标应符合 NY/T 798-2004 中 4.2.3 的规定。此外，特别指出生物有机肥产品中加入无机养分，应明示产品中总养分含量，以（N、P_2O_5、K_2O）总量表示[17]（表 6-5）。

表 6-5　生物有机肥产品技术要求

项　目		粉剂	颗粒
有效活菌数（cfu），亿/克	≥	0.20	0.20
有机质（以干基计），%	≥	25.0	25.0
水分，%	≤	30.0	15.0
pH		5.5~8.5	5.5~8.5
粪大肠菌群数，个/克（毫升）	≤	100	100
蛔虫卵死亡率，%	≥	95	95
有效期，月	≥	6	6

注：生物有机肥产品中 As、Cd、Pb、Cr、Hg 含量指标应符合 NY/T 798-2004 中 4.2.3 的规定。若产品中加入无机养分，应明示产品中总养分含量，以（N P_2O_5 K_2O）总量表示。

6.4.1.3　复合微生物肥料标准

复合微生物肥料执行 2004 年 4 月 16 日农业部发布的《中华人民共和国农业行业标准，（NY/T 798—2004）》，2004 年 6 月 1 日实施。该标准规定了产品的外观、有效活菌数、总养分、杂菌率、水分、pH、细度等作为产品的技术指标，其中有效活菌数、杂菌率是产品质量的关键。该标准规定了液体、固体、颗粒三种剂型，并根据不同剂型对有效活菌数、杂菌率、有效期进行了区别规定，其中含两种以上微生物的复合微生物肥料，每一种有效菌的数量不得少于 100 万个/克（毫升）。在无害化指标中主要规定了蛔虫死亡率大于 95% 以上、大肠杆菌小于 100 个/克（毫升），以及汞、锡、铬、砷、铅的最高含量（具体成品技术指标和成品无害化指标列见表 6-6、表 6-7）[18]。

表 6-6　复合微生物肥料产品技术指标

项　目		剂　型		
		液 体	粉 剂	颗 粒
有效活菌数（cfu）[a]，亿/克（毫升）	≥	0.50	0.20	0.20
总养分（$N+P_2O_5+K_2O$），%	≥	4.0	6.0	6.0
杂菌率，%	≤	15.0	30.0	30.0
水分，%	≤	—	35.0	20.0
pH		3.0~8.0	5.0~8.0	5.0~8.0
细度，%	≥	—	80.0	80.0
有效期[b]，月	≥	3	6	

a 含两种以上微生物的复合微生物肥料，每一种有效菌的数量不得少于 0.01 亿/克（毫升）；b 此项仅在监督部门或仲裁双方认为有必要时才检测。

表 6-7　复合微生物肥料产品无害化指标

参数		标准极限
粪大肠菌群数，个/克（毫升）	≤	100
蛔虫卵死亡率,%	≥	95
砷及其化合物（以 As 计），毫克/千克	≤	75
镉及其化合物（以 Cd 计），毫克/千克	≤	10
铅及其化合物（以 Pb 计），毫克/千克	≤	100
铬及其化合物（以 Cr 计），毫克/千克	≤	150
汞及其化合物（以 Hg 计），毫克/千克	≤	5

6.4.1.4　有机物料腐熟产品标准

有机物料腐熟剂的产品指标执行国家标准 GB 20287-2006《农用微生物菌剂》或农业部行业标准 NY609 -2002《有机物料腐熟剂》。《有机物料腐熟剂》标准规定了外观、有效活菌数、纤维素酶活、蛋白酶活、水分、细度、pH 作为产品的技术指标，其中有效活菌数、酶活是产品质量的关键，在剂型中规定了液体、固体、颗粒三种剂型，并对不同剂型的有效活菌数、保质期、以及产品要求中进行了区别规定，如以农作物秸秆类为腐熟对象的产品测定纤维素酶活，以畜禽粪便类为腐熟对象的产品测定蛋白酶活[19]（具体成品技术指标见表 6-8）。

表 6-8　有机物料腐熟剂产品的技术指标

项目		剂　型		
		液 体	粉 剂	颗 粒
有效活菌数（cfu），亿/克（毫升）	≥	1.0	0.50	0.50
纤维素酶活[a]，U/克（毫升）	≥	30.0	30.0	30.0
蛋白酶活[b]，U/克（毫升）	≥	15.0	15.0	15.0
水分,%	≤	–	35.0	20.0
细度,%	≥	–	70	70
pH		5.0~8.5	5.5~8.5	5.5~8.5
保质期[c]，月	≥	3	6	

注：a 以农作物秸秆类为腐熟对象测定纤维素酶活。

b 以畜禽粪便类为腐熟对象测定蛋白酶活。

c 此项仅在监督部门或仲裁双方认为有必要时检测。

6.4.2　检测

6.4.2.1　微生物肥料微生物指标检测[18]

外观（感官）的测定：取少量样品放到白色搪瓷盘（或白色塑料调色板）中，仔细观察样品的颜色、形状、质地。

有效活菌数的测定：采用平板计数法，根据所测微生物的种类选用适宜的培养基。若采用最大可能数（Most Probable Number，MPN）5 管法。具体步骤包括：

系列稀释：称取样品 10 克（精确到 0.01 克），加入带玻璃珠的 100 毫升的无菌水中（液体菌剂取 10.0 毫升加入 90 毫升的无菌水中），静置 20 分钟，在旋转式摇床上 200 转/分钟充分振荡 30 分钟，即成母液菌悬液（基础液）。用无菌移液管分别吸取 5.0 毫升上述母液菌悬液加入 45 毫升无菌水中，按 1∶10 进行系列稀释，分别得到 $1:1\times10^1$，$1:1\times10^2$，$1:1\times10^3$，$1:1\times10^4$……稀释的菌悬液（每个稀释度应更换无菌移液管）。

加样及培养：每个样品取 3 个连续适宜的稀释度，用无菌移液管分别吸取不同稀释度菌悬液 0.1 毫升，加至预先制备好的固体培养基平板上，分别用无菌玻璃刮刀将不同稀释度的菌悬液均匀地涂于琼脂表面。每一稀释度重复 3 次，同时以无菌水作空白对照，于适宜的条件下培养。

菌落识别：根据所检测菌种的技术资料，每个稀释度取不同类型的代表菌落通过涂片、染色、镜检等技术手段确认有效菌。当空白对照培养皿出现菌落数时，检测结果无效，应重做。

菌落计数：以出现 20~300 个菌落数的稀释度的平板为计数标准（丝状真菌为 10~150 个菌落数），分别统计有效活菌数目和杂菌数目。当只有一个稀释度，其平均菌落数在 20~300 个时，则以该平均菌落数计算。若有两个稀释度，其平均菌落数均在 20~300 个时，应按两者菌落总数之比值决定。若其比值小于等于 2 应计算两者的平均数；若大于 2 则以稀释度小的菌落平均数计算。

霉菌杂菌数的测定：采用马丁培养基，测定方法以相同。

杂菌率的测定：除样品有效菌外其他的菌均为杂菌，样品杂菌率=杂菌数/(杂菌数+有效活菌数) ×100 。

水分的测定：将空铝盒置于干燥箱中 105℃ ±2 ℃烘干 0.5 小时，冷却后称量记录空铝盒的质量。然后称取 2 份平行样品（颗粒型样品，应先粉碎过 1.0 毫米试验筛），每份 20 克（精确到 0.01 克），分别加入铝盒中并记录质量。将装好样品的铝盒置于干燥箱中 105±2 ℃下烘干 4~6 小时。取出置于干燥器中冷却 20 分钟后进行称量。样品水分含量=（样品和铝盒的质量-烘干后样品和铝盒的质量）/(样品和铝盒的质量-空铝盒的质量）×100。

6.4.2.2　生物肥料粪大肠菌群检测[20]

粪大肠菌群系指一群在 44.5±0.5℃ 条件能发酵乳糖、产酸产气、需氧和兼性厌氧的革兰氏阴性无芽孢杆菌。粪大肠菌群数为每克（毫升）肥料样品中粪大肠菌群的最可能数（ MPN ）。检测过程包括：

样品稀释：在无菌操作下称取样品 10.0 克或吸取样品 10 毫升，加入到带玻璃珠的 90 毫升无菌水中，置于摇床上 200 转/分钟充分振荡 30 分钟，即成 10^{-1}稀释液。用无菌移液管吸取 5.0 毫升上述稀释液加入到 45 毫升无菌水中，混匀成 10^{-2}稀释液。这样依次稀释，分别得到 10^{-3}，10^{-4}等浓度稀释液（每个稀释度须更换无菌移液管）。

乳糖发酵试验：选取三个连续适宜稀释液，分别吸取不同稀释液 1.0 毫升加入到乳糖胆盐发酵管内，每一稀释度接种 3 支发酵管，置 44.5±0.5℃ 恒温水浴或隔水式培养箱内，培养 24±2 小时。如果所有乳糖胆盐发酵管都不产酸不产气，则为粪大肠菌群阴性；如果有产酸产气或只产酸的发酵管，则按以下进行。

分离培养：从产酸产气或只产酸的发酵管中分别挑取发酵液在伊红美蓝琼脂平板上划线，置 36±1℃ 条件下培养 18~24 小时 。

证实试验：分离平板上挑取可疑菌落，进行革兰氏染色。染色反应阳性者为粪大肠菌群阴性；如果为革兰氏阴性无芽胞杆菌则挑取同样菌落接种在乳糖发酵管中，置 44.5±0.5℃ 条件下培养 24±2 小时。观察产气情况，不产气为粪大肠菌群阴性；产气为粪大肠菌群阳性。证实实验为粪大肠菌群阳性的，根据粪大肠菌群阳性发酵管数，查 MPN 检索表，得出每克（毫升）肥料样品中的粪大肠菌群数。

6.4.2.3　生物肥料中蛔虫卵死亡率的测定[21]

将碱性溶液与肥料样品充分混合，分离蛔虫卵，然后用密度较蛔虫卵密度大的溶液为漂浮液，使蛔虫卵漂浮在溶液的表面，从而收集检验。具体步骤包括：

蛔虫卵分离：称取 5.0~10.0 克样品（颗粒较大的样品应先进行研磨），放于容量为 50 毫升离心管中，注入 NaOH 溶液 25~30 毫升，另加玻璃珠约 10 粒，用橡皮塞塞紧管口，放置在振荡器上，静置 30 分钟后，以 200~300 转/分钟频率振荡 10~15 分钟。振荡完毕，取下离心管上的橡皮塞，用玻璃棒将离心管中的样品充分搅匀，再次用橡皮塞塞紧管口，静置 15~30 分钟后，振荡 10~15 分钟。

离心沉淀：从振荡器上取下离心管，拔掉橡皮塞，用滴管吸取蒸馏水，将附着于橡皮塞上和管口内壁的样品冲入管中，以 2000~2500 转/分钟速度离心 3~5 分钟后，弃去上清液。然后加适量蒸馏水，并用玻璃棒将沉淀物搅起，按上述方法重复洗涤三次。

离心漂浮：往离心管中加入少量饱和 $NaNO_3$溶液，用玻璃棒将沉淀物搅成糊状后，再徐徐添加饱和 $NaNO_3$溶液，随加随搅，直加到离管口约 1 厘米为止，用饱和 $NaNO_3$ 溶液冲洗玻璃棒，洗液并入离心管中，以 2000~2500 转/分钟速度离心 3~5 分钟。用金属丝圈不断将离心管表层液膜移于盛有半杯蒸馏水的烧杯中，约 30 次后，适当增加一些饱和 $NaNO_3$ 溶液于离心管中，再次搅拌、离心及移置液膜，如此反复操作 3~4 次，直到液膜涂片观察不到蛔虫卵为止。

抽滤镜检：将烧杯中混合悬液，通过覆以微孔火棉胶滤膜的高尔特曼氏漏斗抽滤。若混合悬液的浑浊度大，可更换滤膜。抽滤完毕，用弯头镊子将滤膜从漏斗的滤台上小心取下，置于载玻片上，滴加二三滴甘油溶液，于低倍显微镜下对整张滤膜进行观察和蛔虫卵计数。当观察有蛔虫卵时，将含有蛔虫卵的滤膜进行培养。

培养：在培养皿的底部平铺一层厚约 1 厘米的脱脂棉，脱脂棉上铺一张直径与培养皿相适的普通滤纸。为防止霉菌和原生动物的繁殖，可加入甲醛溶液或甲醛生理盐水，以浸透滤纸和脱脂棉为宜。将含蛔虫卵的滤膜平铺在滤纸上，培养皿加盖后置于恒温培养箱中，在 28~30℃ 条件下培养，培养过程中经常滴加蒸馏水或甲醛溶液，使滤膜保持潮湿状态。

镜检：培养 10~15 天，自培养皿中取出滤膜置于载玻片上，滴加甘油溶液，使其透明后，在低倍镜下查找蛔虫卵，然后在高倍镜下根据形态，鉴定卵的死活，并加以计数。镜检时若感觉视野的亮度和膜的透明度不够，可在载玻片上滴一滴蒸馏水，用盖玻片从滤膜上刮下少许含卵滤渣，与水混合均匀，盖上盖玻片进行镜检。

判定：凡含有幼虫的，都认为是活卵，未孵化或单细胞的都判为死卵，蛔虫卵死亡率 = 100×（镜检总卵数 N1-N2 培养后镜检活卵数）/ 镜检总卵数。

6.5　发展趋势与展望

6.5.1　微生物肥料生产现状

据统计，全世界每年以微生物肥效菌剂形式生产的生物肥产量在 500 万~800 万吨，而生物有机肥的产量在 10 亿吨以上。西方一些国家对畜禽粪便的资源化非常重视，在一些国家 50% 以上甚至 100% 的畜禽粪便生产生物肥料，技术途径包括微生物发酵处理、发酵后作为菌的吸附载体、厌氧发酵生产生物能源。据专家预测，到 2010 年生物有机肥料将占到化肥使用量的 10%，其市场容量将达到 1400 万吨。我国现已形成了 800 多家生产企业、年产量达到 900 多万吨、年产值达到 100 亿元以上的一个产业，已成为肥料家族中不可或缺的重要一员，并已成为我国农业生物产业的重要组成部分。目前登记的生物有机肥料产品数量达 1200 多个，包括 11 类产品，产品中使用的菌种达 100 多种，包括细菌、真菌、放线菌等种类。生物有机肥料在国家生态示范区、绿色和有机农产品基地中已成为肥料主力军，其用量超过 400 万吨，约占我国生物有机肥料年产量的 50%，且这一数字还呈不断上升趋势。

6.5.2　微生物肥料发展趋势

植物和微生物肥料菌种应用范围逐渐扩大：微生物肥料起源于豆科作物专用根瘤菌接种剂。但我国的农业生产必须以粮食生产为核心，必然导致豆科作物种植面积较小，且大豆、花生产区经常用根瘤菌剂就会出现老产区接种效果差、根瘤菌剂生产与保藏局限性等问题。我国根瘤菌剂生产和应用量一直不大，始终没有形成产业规模，仅有少数几家公司生产，生产的根瘤菌肥料种类也较少。随着有机农业、生态农业发展，微生物肥料应用范围扩大到一些高附加值作物，如烟、茶、设施蔬菜等，微生物菌株的应用也从开始的根瘤菌发展到固氮菌、磷细菌、解钾菌、放线菌、真菌、VA 菌根等。从微生物制剂功能上看，农药、污染物降解、有机物腐熟降解也进入微生物肥料的范畴。

微生物肥料由“单一”趋向“复合”：微生物肥料由“单一”趋向“复合”体现在两个层次，分别体现在菌株和功能上。微生物肥料菌株研究是从单一菌株开始，但由于微生物肥料施用环境的复杂性致使其肥效并非单一功能菌作用的结果，国内微生物肥料生产实际中多趋向于将固氮菌和磷、钾细菌等复合在一起施用。微生物肥料由于其微生物活动的特性，必将在微生物种群繁殖生长的同时向作物根际分泌一些次生代谢产物，而其中的一些次生代谢产物具有改善植物营养、刺激生长和抑制病菌等综合功能。

另外一些微生物菌株具备多重功能，如有些自生固氮菌除有固氮作用外，还能抑制病菌；有些杀虫细菌同时具有抑菌作用。

微生物肥料菌种选择趋向多源，耐储藏特性菌株得到重视：目前，我国应用的各种微生物肥料中固氮菌类（包括根瘤菌类）都是无芽孢菌类。由于无芽孢杆菌不耐高温和干燥，在剂型上只好以液体剂或将其吸附在基质（如草炭或蛭石等）中制成接种剂，以便于存储和运输。液体菌剂或固体菌剂用作拌种剂，每公顷用量很少（7.5～15 千克）；如作为基肥则用量大（每公顷 750 千克左右），难以运输和施用，成本也高。无芽孢菌抗逆性低，制成液体剂或吸附剂都不耐存储，难以进入商品渠道。抗逆性微生物菌株、环境适应性较强的微生物菌株具有较广阔的市场空间。

微生物肥料剂型生产工艺亟待改进，发展微生物肥料的新剂型（除草炭载体粉剂外，还研制液体剂型、冻干剂型、矿油封面剂型、颗粒剂型等，以适应不同的使用环境），研究黏着剂的使用以及提高接种效果的营养添加剂技术，研制多功能菌株联合微生物肥料等，构建复合抗逆型组合，如“根瘤菌+PGPR”复合菌肥、“真菌+细菌”复合菌肥等。

参 考 文 献

1 NY/T 1113-2006《微生物肥料术语》
2 杨秋忠. 微生物肥料功能与微生物肥料应用展望. 天津，2012
3 陈文新. 中国根瘤菌. 北京：科学出版社，2011
4 管凤贞，邱宏端，陈济琛等. 根瘤菌菌剂的研究与开发现状. 生态学杂志，2012，31（3）：755-799
5 葛诚，李俊，沈德龙. 微生物肥料生产及其产业化. 北京：化学工业出版社，2007
6 龚明波. 溶磷微生物分离、应用及其相关基因的克隆与功能鉴定. 中国农业科学研究生院，2011
7 顾金刚. 防治烟草黑胫病根际细菌的分离与筛选. 中国农业科学研究生院，2000
8 王幼珊. 我国丛枝菌根真菌资源及其在农业中的应用. 北京，2012
9 顾金刚等. 木霉属真菌的分离与鉴定中国微生物学会微生物资源专业委员会成立大会暨第一届学术研讨会论文摘要集，2009
10 闫峰，徐凤花，顾金刚等. 木霉属真菌的生物降解及生物转化作用研究进展. 微生物学杂志，2009，3：15-18
11 顾金刚，姜瑞波. 微生物资源保藏机构的职能、作用与管理举措分析，中国科技资源导刊 2008，5：53-57
12 曹宝玲，吴细华，葛诚. 复合微生物肥料的生产及应用探讨. 中国热带农业，2008，2：22-26
13 李艳霞，王敏建，王菊思等. 固体废弃物的堆肥化处理技术. 环境污染治理技术与设备，2000，1（4）：39-45
14 李国学，张福锁. 固体废物堆肥化与有机复混肥生产. 北京：化学工业出版社，2000
15 朴哲，崔宗均，苏宝林. 高温堆肥物质转化与腐熟进度的关系. 中国农业大学学报，2001，6（3）：74-78
16 王素英，陶光灿，谢光辉等. 我国微生物肥料的应用研究进展. 中国农业大学学报，2003，8（1）：14-18
17 NY884-2004《生物有机肥》
18 NY/T 798-2004《复合微生物肥料》
19 NY609 -2002《有机物料腐熟剂》
20 GB/T19524. 1-2004《肥料中粪大肠菌群的测定》
21 GB/T19524. 2-2004《肥料中蛔虫卵死亡率的测定》

第7章 增值尿素

7.1 概念、范畴与国内外进展

7.1.1 概念与范畴

增值尿素（Value-added urea）是增效肥料的一种，专指在尿素生产过程中加入腐植酸、海藻酸和氨基酸等天然活性物质所生产的尿素改性产品。增值尿素具有如下特点：①增效明显，添加的增效剂具有常规的可检测性；②增效剂为天然物质及其提取物，对环境、作物和人体无害；③增效剂微量高效，添加量在0.3‰～3‰；④工艺简单，成本低；⑤含氮量不低于46%，符合尿素含氮量国家标准[1]。

海藻酸尿素（Alginic acid urea）是增值尿素产品的一种，指在尿素的生产过程中，经过一定工艺向尿素中添加海藻酸溶液，使尿素含有一定数量的海藻酸，并且可以促进作物根系生长，降低氨挥发损失，使尿素的利用率得到提高的一类尿素增效产品。

腐植酸尿素（Humic acid urea）是增值尿素产品的一种，指在尿素的生产过程中，经过一定工艺向尿素中添加改性腐植酸溶液，使尿素含有一定数量的腐植酸，并且可以促进作物根系生长，降低氨挥发损失，使尿素的利用率得到提高的一类尿素增效产品。

氨基酸尿素（Amino acid urea）是增值尿素产品的一种，指在尿素的生产过程中，经过一定工艺向尿素中添加改性的氨基酸溶液，使尿素含有一定数量的氨基酸，并且可以促进作物根系生长，降低氨挥发损失，使尿素的利用率得到提高的一类尿素增效产品。

增值尿素与树脂包衣、肥料包裹、硫包衣、脲醛改性、添加脲酶或硝化抑制剂等途径改性的肥料产品相比，具有工艺简单、成本低、产能高，更适于在大田作物推广应用的特点。增值尿素产业在我国发展很快，利用氨基酸、腐植酸、海藻酸等改性的增值尿素年产量已超过300万吨，每年推广面积1.5亿亩，增产粮食45亿千克，农民增收80多亿元，减少尿素损失超过60万吨。增值尿素为农业增产、农民增收、环境保护和促进我国肥料产业技术升级做出了重要贡献。未来10年，我国增值尿素产业可形成1000万吨生产能力。

7.1.2 国内外进展

尿素是我国化学氮肥的主要品种，占氮肥消费总量的65%。尿素氮肥因其活性强，损失途径多，利用率低。国内外大量研究证明，未被作物利用的氮肥基本上不能在土壤中直接留存。我国农田氮肥的利用效率一直处在较低的水平，全国大田作物当季氮肥利用率平均只有30%左右，明显低于发达国家50%～60%的水平。2011年，我国农业消费的尿素超过5000万吨（商品量），通过挥发、淋洗和径流等途径损失掉的尿素氮肥就达到2000多万吨（商品量），直接经济损失500多亿元人民币，不仅造成能源与资源的巨大浪费，而且对环境也造成极大威胁。对普通尿素进行增值改性，开发增值尿素新产品，是提高氮肥利用率、减少损失和减低环境风险的重要途径[2,3]。

7.1.2.1 海藻提取物在农业生产和肥料增效中的作用

16 世纪英国人就开始利用海藻制作肥料，在日本、法国、加拿大等地早期就有采集海藻制作堆肥的习惯，大不列颠岛的 South、Wales 和德国的 Keswics 等地也有用海岸边腐烂的海藻或海藻灰作为农作物和蔬菜肥料的经验，而且效果很好。17 世纪法国政府推广在沿海地区利用海藻作为土壤肥料，并明文规定采集海藻的条件、收割时间以及海域等；1880 年有人第一次进行施用海藻肥的实验，表明海藻肥具有明显的效应[4]。海藻生长在海洋的特殊环境中，含有陆地植物无可比拟的特殊成分，如碘化物、多酚化合物、多卤代萜类化合物、甾醇类化合物、多不饱和脂肪酸和海藻多糖等[5-7]。

韩丽君等采用荧光分光光度检测法和小麦胚芽鞘切段生物试法对 16 种中国东部沿海生长的海洋藻类中的生长素含量进行了定量分析，结果表明，红、绿及褐藻中均有生长素（IAA）存在[8]。Jacobs 对蕨藻、马尾藻、裙带菜的其他两类植物生长素、苯乙酸和羟基苯乙酸的含量和结构进行了确认[9]。海藻中含有植物生长素和类植物生长素已得到证实。孙杰等用高效液相色谱仪测定了烟台沿海常见海藻中各种氨基酸的组成，并对其进行营养评价。结果表明，4 种海藻样品经酸水解处理，均含有 16 种氨基酸，包括 7 种人类必需的氨基酸，2 种半必需氨基酸和其他 7 种非必需氨基酸[10]。

当前世界市场上应用最多的海藻肥来源于欧洲的泡叶藻（*Ascophyllum nodosum*）干粉，还有一些产品是由墨角藻、昆布、马尾藻等褐藻制成。在提取工艺上，澳大利亚、新西兰和挪威的大部分厂家通过热水对干的或湿的海藻进行萃取，有时还要添加碳酸钠或氢氧化钾进行水解。李国庭以天然海藻为主要原料，配以少量的氢氧化钾，在高压下进行水解，经固液分离等步骤制得天然、有机、高效、多功能海藻生物肥产品。通过正交试验确定的最佳水解条件如下：水解温度为 120℃，水解时间为 6 小时，50 克洗净的干海藻加 KOH 5 克，水 180 毫升。经检测分析，试验样品的质量指标达到了有关企业标准的要求，其植物生长素等活性物质的质量分数达到了 195×10^{-6}[11]。

国外运用海藻肥对土豆、玉米、小麦、花生、甜菜、黄瓜、番茄、葡萄等一系列作物、水果作过对比实验，均表现出很好的效果。海藻肥对农作物提早成熟、提高产量和改善品质、抵抗病虫害以及在水果保鲜等方面均有明显作用，可使作物增产 10%～30%，果蔬保存时间也明显延长[12-16]。

国内的研究人员在黄瓜、番茄、辣椒、白菜、小麦、大豆、花生、葡萄等农作物、果树及蔬菜上所做的试验表明，使用海藻肥基施、叶面喷施、浸种等可提高种子发芽率，促进根系发育和主茎的粗大，提高叶片叶绿素的含量，增强光合速率；可提高根系活力，增强作物对土壤养分的吸收；可促进农作物的成熟；提高产量和品质；增强作物抗逆性；对水果的保鲜以及抵抗病虫害方面均具有明显作用[17-21]。温延臣等比较了不同海藻液对苗期玉米生长的影响，结果显示，与普通海藻液相比，发酵海藻液可显著提高玉米的根系活力和硝酸还原酶活性[22]。

海藻中的有效物质能够在很低的浓度下产生作用，有人提出可能是微量元素起的作用，但早在8世纪初，就有科学家证实海藻肥中所含的微量元素在作物所需微量元素中所占比例微不足道。目前，关于海藻肥的作用机理仍在进行试验研究，但有一点可以肯定的是，海藻肥对于作物产量、品质以及健康的积极效果来源于海藻中卡拉胶（Colloid）、植物荷尔蒙、氨基酸、矿物质和糖类的协同作用。卡拉胶作为一种天然助剂，通过吸附和渗透作用促进作物对其他营养成分的吸收。作为一种天然添加物，氨基酸和矿物营养可促进蛋白质的合成和植物组织器官的健壮。海藻肥中的糖类物质实际上是一些多糖（如海藻酸），作为一种天然的螯合剂使大量的阳离子营养物质，如铜、锰、镁、钙还有铁能够被作物吸收利用。多糖还作为一种诱导剂，刺激生长调节物质和天然抗生素的形成[23]。

红外光谱和扫描电镜分析表明，海藻提取物与尿素共混后之间发生了相互作用，这种作用主要表现为氢键的相互作用力，而这种氢键相互作用使得海藻提取物和尿素形成了α-螺旋或高分子网络结构的载肥体系，可延缓尿素在土壤中的释放和转化[24]。

目前，国内外对海藻和海藻提取物的研究主要集中在废水处理、重金属吸附、食品添加剂等方面，海藻肥料多为液体肥和有机肥，对海藻酸尿素的生产和研究很少，仅有的几项研究都得出了海藻提取物对尿素有良好增效作用的结果。华南农业大学对海藻工业废渣对尿素增效作用进行了研究，中国海洋大学生物工程开发有限公司申报了海藻尿素发明专利（申请号：200910014717），中国农科院农业资源与农业区划研究所申报了发酵海藻液肥料增效剂（申请号：2012102156937）和海藻酸尿素（申请号：201110402369）的发明专利，研究制定了增效剂和增值尿素的企业标准（Q/3700DRX 002-2011），并在瑞星集团实现了海藻酸尿素的产业化生产，在海藻酸尿素的增效机理和产品标准等方面的研究仍需深入和加强。

7.1.2.2 腐植酸在农业生产和肥料增效中的作用

腐植酸广泛存在于土壤、泥炭、褐煤、风化煤、湖泊、河流和海洋中，由生物（主要是植物）的残骸经过微生物分解和一系列地球化学过程而形成的有机质，是一类成分复杂的天然有机物质[25]。

我国的腐植酸资源主要分布于褐煤、泥炭和风化煤中。我国有丰富的褐煤资源。1985年的探明储量为12646亿吨，以内蒙古东北部与东北三省相邻地区的褐煤储量为最多，达468.7亿吨。主要矿区有扎赉诺尔、伊敏河、霍林河、平庄、大雁等。早第三纪沉积的褐煤有东北的沈阳、舒兰、浑春等地以及山东黄县、山西繁峙、广西百色、南宁和广东茂名。我国风化煤资源分布广、储量大，特别是山西、新疆、内蒙古、黑龙江、江西、云南、四川和河南等省，部分地区的优质风化煤游离腐植酸含量可达50%，灰分含量低于20%，据初步调查，山西省有风化煤资源80亿吨，内蒙自治区有风化煤资源50亿吨，新疆南湖煤田有风化煤资源3.5亿吨[26,27]。

腐植酸具有酸性、亲水性、离子交换性，并有络合性和较高的吸附能力、缓冲、催化能力等特性，原因在于腐植酸的复杂结构和官能团的作用。腐植酸主要由碳、氢、氧、氮、硫等元素组成，是一种多价酚型芳香族化合物与氮化合物的缩聚物。分子质量几万到几百万，结构组成复杂，含有酚羟基、羟基、醇羟基、醌羟基、烯醇基、磺酸基、胺基、游离的醌基、半醌基、醌氧基、甲氧基等多种官能团。各组成部分间通过键合、氢键、吸附等化学、物理作用结合在一起。腐植酸类肥料可增加土壤中有机质的含量，能有效地改善土壤的水、肥、气、热状况，使土壤变得疏松肥沃。研究发现，腐植酸可以促进土壤团粒结构的形成[28,29]。

在土壤中施用腐植酸可增强作物根的生长和呼吸作用，提高根系活力，通过叶面和根部促进营养吸收[30,31]，对土壤脲酶活性也有一定的抑制作用，降低氨挥发损失量[32-34]。腐植酸能促进植物的光合作用，增加植物体内干物质的含量。腐植酸能够显著增加植物叶片中叶绿素的含量，并且在多种作物上表现出了效果[35-37]。研究发现腐植酸尿素可以提高氮肥利用率，一般可以提高 5~23 个百分点[38-40]。土壤中添加腐植酸不但可以提高肥料利用效率，而且可以对作物生长发育起到良好的刺激作用[41]，可以增强作物抗逆性能，并提高植物产品品质[42,43]。

腐植酸与尿素或碳酸氢铵有机结合，首先要对腐植酸原料进行活化提取，提高腐植酸活性，生产中应用的主要是腐植酸与尿素结合生产腐植酸尿素。腐植酸作为尿素增效剂，加工办法有以下几种。

（1）以有机溶剂为介质制成缓溶性 HA-尿素缩聚物。20 世纪 60~70 年代日本学者最早用液氨作溶剂，在加压的条件下，使腐植酸与尿素反应制备腐植酸尿素（UHA）；或用甲醇或丙醇分别溶解尿素和腐植酸（HA），然后将二者混匀，反应后回收溶剂，制得 UHA 产物；有的在 HA 碱液中加入尿素、甲醛进行缩合反应制成不溶性的固体复合物；也有人将尿素与 HA 加热熔融后，再用 30% 甲醛溶液处理，得到甲酰化复合物[44]。

（2）以水为介质制成腐植酸尿素。中国科学院山西煤炭化学研究所开发的长效腐植酸尿素工艺，采用低于 50℃条件下，用水作反应介质进行复合反应或包涂。这种腐植酸尿素的制备过程发生了离子交换、氢键缔合、羰基加成、自由基反应以及物理-化学吸附[45,46]。

（3）腐植酸与尿素在高温下制成腐植酸尿素。据日本专利报道，腐植酸与尿素在较高温度（130~150℃）下加热使其形成粒状复合物制造 UHA；也可用硝基腐植酸（NHA）与尿素在高温下反应，制成 UHA[44]。

梁宗存等采用化学和波谱分析法分析泥炭、褐煤、风化煤腐植酸（HA）与尿素的相互作用机理，研究发现：HA 与尿素发生了极其复杂的反应。腐植酸各种活性含氧官能团都参与了反应，其中羧基对反应深度影响最大。它不仅与尿素分子形成大量氢键和/或络合配位键，而且有一定量的 $COO—NH_4^+$ 离子键；酚羟基也有类似作用，但离子化倾向较弱；羰（醛）基主要与尿素—NH_2 发生亲核加成反应，形成 C ═N 键；醌基有可能以自由基断片形式参与反应，形成离子键或共价键；酯（醚）键也被裂解，参与了某种反应，这些键都有较高的化学稳定性，这可能就是 UHA 在农业应用中有较高的氮利用率和肥效期延长的主要原因之一[47]。

在农业生产中，腐植酸肥料主要是用于刺激作物生长、改良土壤结构、增强土壤肥力等。20 世纪 70 年代，我国开发出腐植酸铵、腐植酸钠、腐植酸复混肥等腐植酸类肥料。90 年代，中国科学院山西煤炭化学研究所和江苏省通州市联合开发了腐植酸包膜尿素产品。经3年努力，建立了产能6000吨/年的腐植酸包膜尿素中试生产设备，该技术工业条件温和，用水和少量添加剂作介质，在常温常压条件下，腐植酸与尿素直接进行络合反应包膜，但仍未实现产业化。由于目前我国仅有《含腐植酸水溶肥料》的行业标准，而腐植酸复混肥、腐植酸液体肥等肥料都没有相应的行业标准，这给我国腐植酸肥料在产品登记、产品质量检测、产品运输以及出口优惠等方面造成了很大的障碍，不仅不利于腐植酸肥料的销售，也阻碍了腐植酸肥料的推广。2009年，全国肥料和土壤调理剂标准化技术委员会成立的腐植酸肥料工作组，主要负责腐植酸肥料行业的标准制度建设及相关培训和样品收集等工作。2011年，中国农科院农业资源与农业区划研究所通过研发腐植酸肥料助剂，开发了腐植酸尿素新产品，申报了发明专利并研究制定了相关产品标准，2012年10月，腐植酸肥料工作组向国家标准化管理委员会申报了腐植酸尿素的国家标准的制定工作。

7.1.2.3 氨基酸在农业生产和肥料增效中的作用

聚天冬氨酸（PASP）是一种水溶性多肽，相对分子质量为1000~6000，天然存在于软体动物和蜗牛类的壳内黏液中，内含肽键和羧基等活性基团，具有极强的螯合、分散和吸附等作用，广泛应用于工业水处理、日用化学品以及农业肥料增效剂等领域。PASP研究以美、德和日本等国最为活跃，1996年美国Donlar公司因在合成技术研究方面的突出贡献被授予首届“总统绿色化学挑战奖”。随后，德国Bayer公司和BASF公司也相继实现了规模化生产。我国近年也加强对PASP的开发研究，1996年天津大学等教学和科研单位陆续开展了实验室研究。2000年天津大学成功进行了小试生产，其后国内企业也陆续实现了工业化生产。2006年发布了聚天冬氨酸的行业标准（HG/T 3822-2006）[48,49]。目前全国持证生产聚天冬氨酸的企业有北京天音艾实华科技有限公司（商品名：绿丰源）、北京中农瑞利源科技有限公司（商品名：金属蛋白酶）、石家庄德赛化工有限公司（商品名：聚天冬氨酸）等20家左右，产能不足2万吨，产量接近1万吨，其中80%作为肥料增效剂添加到肥料（尿素、复合肥、冲施肥、叶面肥）中制成增效肥料，用于农业生产。

聚天冬氨酸（多肽）开始多用于水处理和金属缓蚀领域作为一种新型绿色阻垢剂使用，第一次作为肥料增效剂应用是2003年山东禹城中农润田化工有限公司与中国农科院等单位合作，率先将聚天冬氨酸添加到尿素中，进行了田间试验，取得良好的增产效果。2005年10月，商品名多肽尿素（即聚天冬氨酸尿素）在山东禹城中农润田化工公司试车成功，随之转入大批量生产。2004年，北京天音艾实华科技有限公司研发的“增效尿素及其制备方法和应用”获得国家发明专利。2006年，“多肽尿素工艺开发与应用”通过成果鉴定，达国际领先水平。从此，国内的多家尿素企业，如鲁西化工、明水大化集团、瑞星集团、江苏灵谷化工等企业均生产多肽尿素。目前，多肽类尿素在全国的年销售量已突破300万吨。

PASP由于有良好的螯合作用，它的吸收促进率可达5~10倍，因此可提高土壤营养元素的有效性。使用分子质量3000~5000的PASP与肥料配合施用，能增强植物对肥料的摄取，使植物更有效地利用养分。PASP含有羧基，能迅速与养分离子结合并与作

物根系分泌的 H^+ 交换，完成养分离子被作物吸收的过程。天门冬氨酸单体本身具有成环性，可与二价离子形成螯合物，使中微量元素 Mn^{2+}、Fe^{2+}、Zn^{2+} 等变成易吸收态，使养分富集、活化，从而提高了肥料利用率。中国农业科学院洛阳国家旱农实验基地在花生上的试验表明，施用 PASP 后，土壤中氮、磷、钾养分在各个时期保持较高的有效性，氮肥、磷肥和钾肥的利用率分别提高 60.3O%、5.3% 和 16.7%，可节省化肥 20% 左右，且不易发生缺素症状[50]。

聚 γ-谷氨酸（简称 γ-PGA）是由谷氨酸单体通过 α-氨基和 γ-羧基形成肽键的阴离子型高分子聚合物，可通过微生物发酵获得。与常规复合肥对照施用等量的 γ-PGA 增效复合肥作水稻基肥，亩产量与对照相比提高了 47.88 千克，增幅达 12.04%。在葡萄、烟草上的试验也取得了良好的效果[51,52]。施用聚 γ-谷氨酸增效复合肥比习惯施肥提高油菜产量达 5.7%~11.5%，比普通复合肥提高油菜产量 3.3%~7.8%[53]。

湖北新洋丰肥业有限公司和华中农业大学合作开发了聚 γ-谷氨酸增效复合肥。其是新一代聚肽型缓释增效肥，同时具有包膜缓释肥和螯合缓释肥以及促进作物生长和提高作物抗逆性状的特征，能提高肥料利用率，具有很好的节肥、增产增收的效果[52]。

综上所述，前人对海藻肥在提高作物产量和品质、增强作物抗性等方面做了大量研究，但对海藻提取物在提高氮肥利用率、海藻酸尿素产品开发及增效机理方面的研究很少。我国对腐植酸的研究较早，对腐植酸对尿素增效作用的研究较多，也建成了年产 6000 吨的腐植酸包膜尿素中试生产线，但没有实现产业化推广。多肽尿素虽实现了大规模产业化生产，但由于增效机理研究滞后，也没有研究和建立起科学的标准，影响产业的发展。增值尿素在我国仍是新生事物，亟待加强增效机理和标准的研究，一方面为不断开发新型增效剂建立理论基础，另一方面规范增值尿素行业的发展和促进新产品技术升级。

7.2 工艺与原理

7.2.1 增效剂的生产工艺与原理

增值尿素产品的氮含量不低于 46%，因此，添加到尿素中的增效剂是微量高效的，增效剂的分子量较小，活性较高。通常利用微生物发酵、聚合、螯合等技术生产增效剂。

7.2.1.1 海藻酸增效剂的生产工艺与原理

海藻酸增效剂是以海藻为主要原料，利用微生物发酵的方法制备小分子的发酵海藻液增效剂。发酵海藻增效剂中含有的海藻酸、吲哚乙酸、赤霉素、萘乙酸等有机物质和生理活性物质可促进作物根系生长，提高根系活力，增强作物吸收养分的能力；可抑制土壤脲酶活性，降低尿素的氨挥发损失；发酵海藻增效液中的物质与尿素发生反应，通过氢键等作用力延缓尿素在土壤中的释放和转化过程。另外，含海藻酸尿素还可以起到抗旱、抗盐碱渗透、耐寒、杀菌和提高农产品品质的作用。中国农业科学院农业资源与农业区划研究所、烟台大学和青岛海力源生物科技有限公司合作开发了“物理–生物–

化学”复合协同海藻酸增效剂生产新工艺（图 7-1），提取的海藻酸增效剂具有分子量小、活性高、安全、高效的特点，并制定了相应的增效剂企业标准。

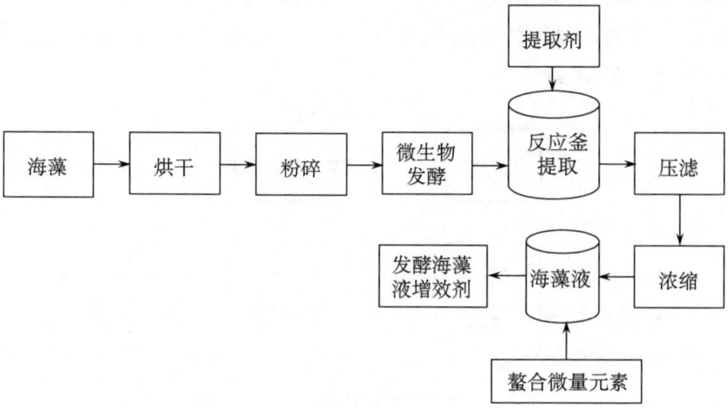

图 7-1　海藻酸增效剂的生产工艺

7.2.1.2　腐植酸增效剂的生产工艺与原理

腐植酸增效剂是以风化煤、褐煤为主要原料，通过微生物发酵技术，提取高分子活性腐植酸，通过螯合技术制备的尿素增效剂。中国农业科学院农业资源与农业区划研究所利用风化煤资源，建立了微生物发酵工艺（图 7-2），并通过分子构建和螯合技术等，研制了高活性的锌腐酸、硼腐酸、镁腐酸、钙腐酸等系列氮肥增效剂，锌腐酸等增效剂中含有大量羧基、酚羟基、羰基等活性基团和中微量元素锌（硼、镁、钙等），可促进作物生长，增强光合作用，对土壤脲酶活性有很好的抑制效果；与尿素发生反应产生腐脲，减缓尿素在土壤中的分解和释放速度。此外，含腐植酸尿素还能起到改良土壤、培肥地力、补充和活化土壤微量元素等作用。

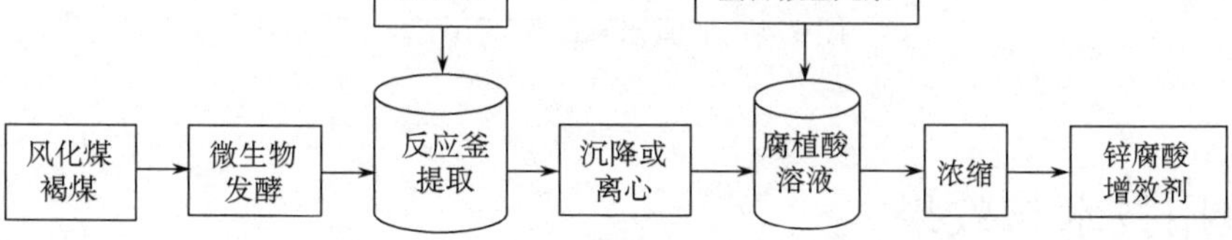

图 7-2　锌腐酸增效剂的生产工艺

7.2.1.3　氨基酸增效剂的生产工艺与原理

氨基酸的种类很多，被用作肥料助剂的氨基酸主要有谷氨酸、天门冬氨酸等。中国农业科学院农业资源与农业区划研究所新近研制的禾谷素氮肥增效剂，是以天然谷氨酸为主要原料经聚合反应而成（图 7-3），通过螯合技术生产的尿素增效剂。禾谷素中的谷氨酸是植物体内含量最高的氨基酸，同时，谷氨酸是植物体内多种氨基酸合成的前体，在植物的生长发育过程中起着至关重要的作用。谷氨酸可以在植物体内形成谷氨酰胺，储存氮素并能消除因氨浓度过高产生的毒害作用。因而，该增值尿素产品可促进作物生长，改善氮素在作物植株体内的储存形态，降低氨对作物的危害，提高养分利用率，并可补充土壤的微量元素。

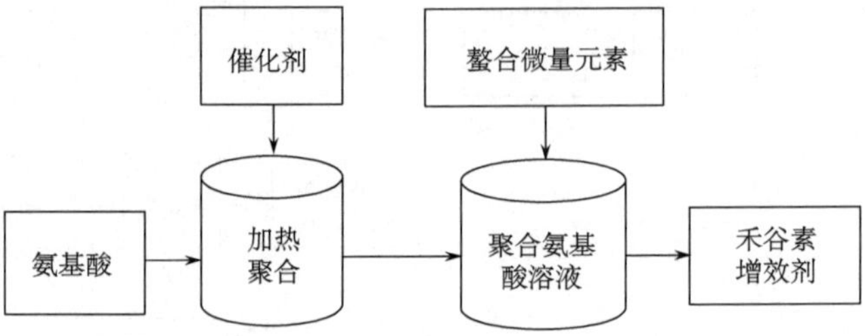

图 7-3　禾谷素增效剂的生产工艺

7.2.2　增值尿素的生产工艺与原理

增值尿素专指在尿素生产过程中加入腐植酸、海藻酸和氨基酸等天然活性物质所生产的尿素改性产品。根据增效剂添加量的多少，在尿素生产过程的相应工段添加到尿素熔融液中（图 7-4）。一般情况下，增效剂的添加量超过 15 千克，须在一段蒸发之前添加；添加量低于 15 千克时，在一段蒸发和二段蒸发之间添加。增效剂添加到尿素熔融液中，蒸去增效剂中的水分，在高塔顶端通过旋转喷头喷出，在下落的过程中自然冷却成粒。增值尿素中增效剂固形物的添加量一般在 0.05%～0.5%，可根据增效剂的固形物含量计算得出增效剂的添加量，利用计量泵精确添加。

图 7-4　增值尿素的生产工艺

7.3　施用技术与效果

7.3.1　增值尿素的增效原理

增值尿素可通过以下一种或几种方式的综合作用实现作物的增产和肥料利用率的提高：①通过对土壤环境，特别是对微生物和酶活性的影响延缓养分的转化和释放；②降低氨挥发损失；③对作物生长有促进作用，间接促进作物对养分的吸收和利用；④对肥料本身的化学价键特性产生影响。

7.3.1.1 对土壤脲酶活性和氨挥发的影响

利用土壤培养的方法研究了增值尿素新产品对土壤脲酶活性的影响，结果表明，与普通尿素（CK）相比，增值尿素能显著抑制土壤脲酶活性，抑制时间在7天左右（表7-1），即在施入土壤一周内，增值尿素能显著降低土壤中脲酶的活性，从而降低了尿素的分解转化率，延长了尿素有效期。与等量普通尿素相比，海藻酸尿素（A）在施入土壤第1、2、4、7天时，土壤脲酶活性分别降低19.5%、17.3%、17.9%和8.8%，而腐植酸尿素（HA）则分别降低19.6%、17.3%、17.1%和11.1%。

表7-1 不同类型尿素对土壤脲酶活性（25℃）的影响（NH_4^+-N 微克/100克土）[54,55]

培养天数	1	2	4	7	14	28
CK	560.3	584.5	630.5	649	417.2	403.6
A	451.1	483.8	517.2	592.5	479.2	411
HA	450.73	483.07	522.83	576.67	443.40	379.17

由表7-2看出，与普通尿素（CK）相比，海藻酸尿素（A）、锌腐酸尿素（HA）和禾谷素尿素（G）三种增值尿素均能显著降低氮的氨挥发损失量，利于肥料利用率的提高。根据试验，在土壤培养的各时间段，增值尿素的氨挥发累积量均显著低于等量的普通尿素。培养至35天时，海藻酸尿素（A）的氨挥发累积量较等量普通尿素（CK）的降低了56.0%，锌腐酸尿素（HA）的氨挥发累积量降低了41.4%，禾谷素尿素（G）的氨挥发累积量降低了36.7%。

表7-2 不同类型尿素氨挥发累积量（25℃条件下）的动态变化（毫克 N/pot）[54-56]

培养天数	1	3	5	7	10	14	21	35
CK	0.011	0.064	0.322	1.480	2.236	2.902	5.254	7.497
A	0.011	0.056	0.160	0.489	1.138	1.382	2.555	3.297
HA	0.010	0.054	0.063	0.245	0.562	1.001	2.989	4.392
G	0.022	0.081	0.728	0.945	1.463	1.768	3.000	4.743

7.3.1.2 对作物根系生长和活力的影响

增值尿素对成熟期玉米的根长和根系活力的影响研究结果表明（图7-5），海藻酸尿素（A）、腐植酸尿素（HA）和氨基酸尿素（G）处理的玉米根系长度显著高于普通尿素（CK），分别高出12.3%、14.6%和25.0%，施用增值尿素可增强玉米对中下部土壤养分的吸收能力。

由图7-6可看出，腐植酸尿素处理的玉米根系活力均高于对照，其中HA2和HA4达到显著水平，二者分别比普通尿素提高根系活力9.48%和7.92%。

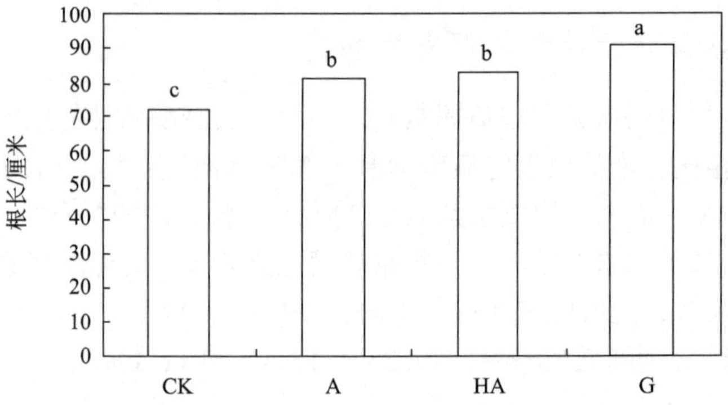

图 7-5 增值尿素对成熟期玉米根长的影响（袁亮等，2011）

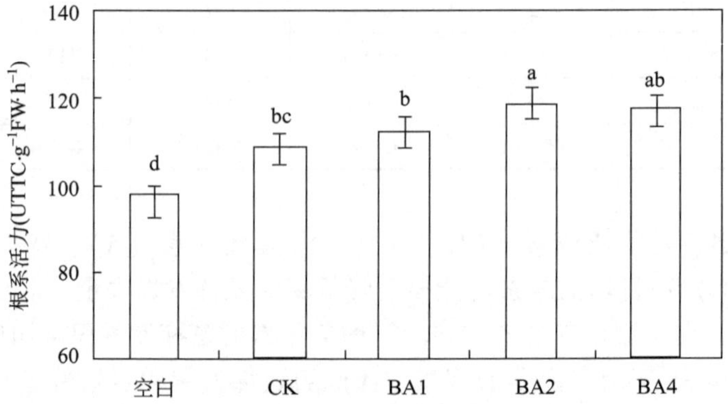

图 7-6 腐植酸尿素对成熟期玉米根系活力影响[57]

7.3.1.3 对尿素化学键的影响

将腐植酸尿素与普通尿素进行红外分析，与普通尿素（图 7-7）进行对比发现，后者（图 7-8）在 2641、2471、2177、1332、1154cm^{-1} 处明显缺失，而在 3259 和 1627 cm^{-1}处出现新峰，综合结果说明，腐植酸尿素相对于普通尿素三键和累计双键含量降低，C 单键减少；N—H、胺、酰胺等增加，醇、酚浓度升高。

利用同位素^{15}N 研究了腐植酸尿素施入土壤后的去向（表 7-3），结果发现，与施入等量尿素相比，腐植酸尿素的氮肥利用率提高 5～13 个百分点，氮的损失则降低了 4～13 个百分点。

表 7-3 腐植酸尿素施入土壤后的去向[57]

尿素类型	氮肥利用率/%	土壤残留 N/%	N 损失/%
普通尿素	37.3	18.8	43.9
腐植酸低量	42.5	17.9	39.6
腐植酸中量	50.5	19.1	30.4

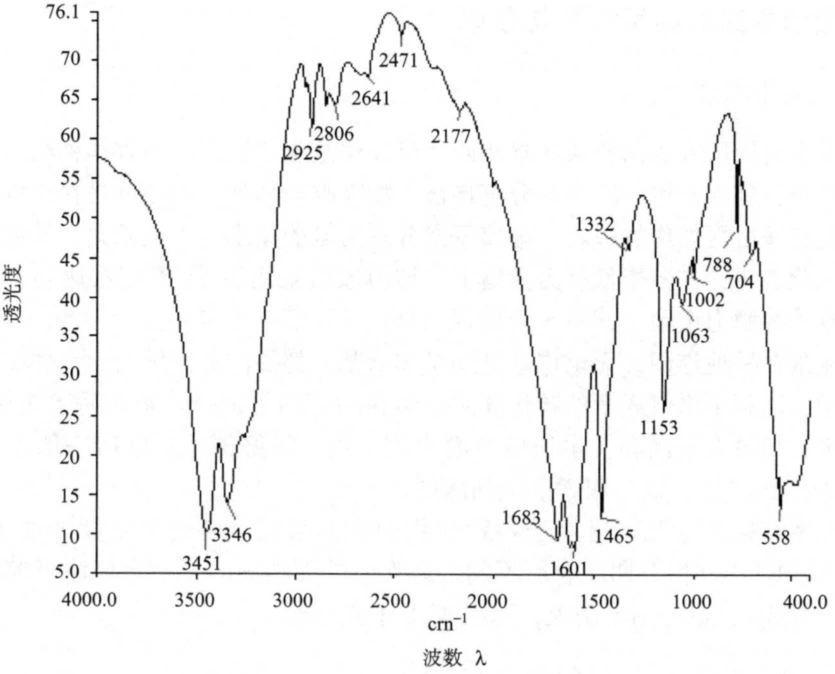

图 7-7　尿素的红外吸收光谱[57]

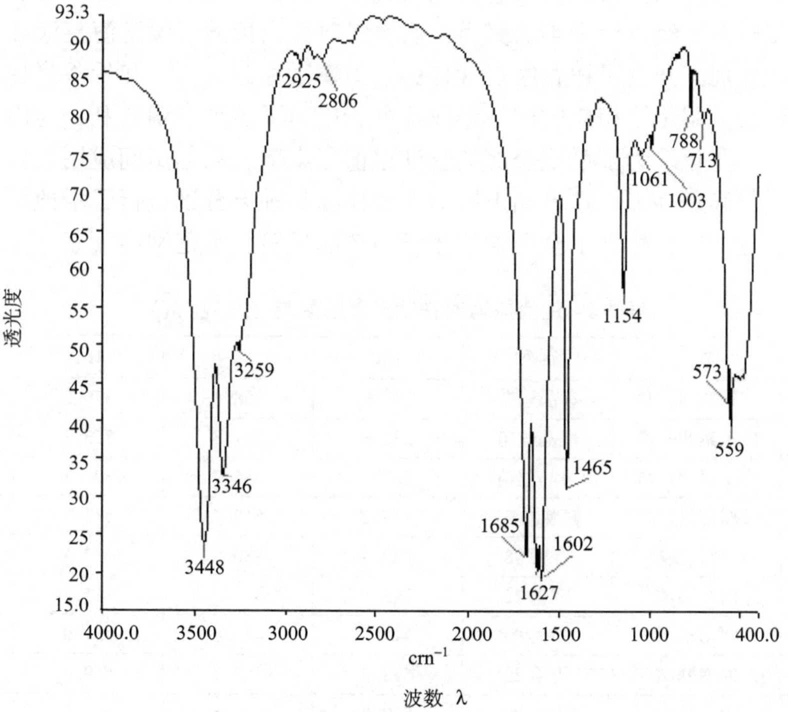

图 7-8　腐植酸尿素 HA 的红外吸收光谱[57]

7.3.2　增值尿素的施用技术与效果

7.3.2.1　施用技术

增值尿素的使用方法与普通尿素相同，可以作基肥和追肥，不宜作种肥。增值尿素是酰胺态氮肥，施入土壤后除少部分直接被作物吸收利用外，大部分是在土壤中脲酶的作用下转化成铵后再供作物吸收。增值尿素分解为氨的速度与土壤肥力、气温和湿度关系很大。试脸表明，在冬季低肥力土壤上，增值尿素施用后 11 天左右达到产生氨的高峰，而在夏季高肥力土壤上，3~5 天即现高峰。

增值尿素在旱地施用，无论作基肥还是作追肥，都要注意深施盖土，使肥料处在湿润的土层中，以利于增值尿素的转化和防止转化后氨的挥发；若施肥后土壤墒情不足，可适量浇水，切忌大水漫灌。水田应在灌水前施用，最好深施，施后一般不要急于灌水，需隔 3~5 天再灌，以防尿素淋洗到深层。

增值尿素作根外追肥，适用于各种作物的叶面喷施，合适的浓度一般为 0.1% ~ 0.5%，因作物种类和生育期而有所不同。尿素做叶面喷施时，一定要注意缩二脲的含量必须低于 0.5%，也可用于滴灌，每次 4~8 千克/亩。

7.3.2.2　增产效果和肥料利用率

中国农业科学院农业资源与农业区划研究所在国家“863”计划、国家科技支撑计划等项目的支持下，经过近十年的努力，研发出改性腐植酸、发酵海藻液和聚合氨基酸等系列尿素增效剂，开发了锌腐尿素（HA）、海藻酸尿素（A）和禾谷素尿素（G）等增值尿素新产品，制定了相应的产品企业标准，申请了多项发明专利，与山东瑞星集团合作，实现了产业化。为了系统全面的验证增值尿素新产品的田间应用效果，在全国范围内，于不同气候条件下，在不同土壤类型和作物品种上分别进行了增值尿素新产品的应用试验与示范推广，建立了全国增值尿素新产品试验、示范网络（表 7-4）。

表 7-4　增值尿素对作物产量的影响（千克/亩）

作物	地点	品种	CK	A	HA	G
水稻	广东惠州杨村	粤晶丝苗	292.2	358.5	376.3	339.7
水稻	广东惠州平潭	粤晶丝苗	331.6	351.3	365.2	325.8
水稻	广东惠州冷坑	粤晶丝苗	357.7	386.9	370.1	372.6
水稻	江西南昌广福	赣晚籼 37	475.2	519.4	517.2	522.7
水稻	吉林公主岭	吉粳 88	422.3	480.0	492.5	524.3
小麦	山东禹城	济麦 22	395.5	416.7	415.2	414.2
玉米	河南遂平	郑单 958	417.9	449.6	451.9	444.6
玉米	河南驿城	浚单 20	523.6	562.9	569.6	557.0
玉米	山东禹城	郑单 958	559.2	606.5	624.9	600.4
玉米	吉林公主岭	先玉 335	684.6	689.1	699.6	680.2
棉花	新疆乌鲁木齐	伊陆早 7 号	267.9	315.8	330.2	309.2

试验设置0、低、中、高4个施氮水平（氮水平根据当地的常规氮肥用量设置），分别在吉林、新疆、陕西、山东、河南、浙江、湖北、江西、广东、重庆等地的春玉米、棉花、冬小麦、夏玉米、水稻等大田作物上进行了海藻酸尿素（A）、锌腐酸尿素（HA）和禾谷素尿素（G）3种增值尿素与普通尿素（CK）的对比试验和广泛的增值尿素新产品田间效果验证试验与应用示范（表7-4），作物平均增产9.6%，氮肥利用率平均提高7.9%（表7-5）。在不同区域、不同作物上，3个增值尿素的表现有所差异，可优选效果最好的产品在适宜的地区推广应用。如含腐植酸尿素在棉花上的应用效果最好，含海藻酸尿素和含腐植酸尿素在玉米和南方水稻上的应用效果相对较好，含氨基酸尿素在江西水稻上的增产效果较明显，可在这些作物的种植区域重点推广应用。

表7-5 增值尿素对氮肥利用率的影响（%）

作物	地点	品种	CK	A	HA	G
水稻	广东惠州	粤晶丝苗	22.3	24.6	30.5	26.5
水稻	江西南昌	赣晚籼37	36.4	39.2	39.0	39.5
水稻	吉林公主岭	吉粳88	32.4	37.6	36.7	31.5
玉米	吉林公主岭	先玉335	31.8	36.5	33.0	32.2
玉米	山东禹城	郑单958	39.5	44.5	44.7	42.1
小麦	山东禹城	济麦22	33.6	37.2	37.7	33.4

7.4 标准与检测

添加了增效剂的增值尿素产品进入市场，需要制定相应的企业标准、行业标准甚至国家标准，通过标准质量控制，使增值尿素行业规范和健康发展。增值尿素的质量控制指标，一是考虑产品的含氮量不低于46.0%，符合尿素含氮量国家标准；二是规定的其他指标应具备常规的可检测性，使用常规的实验室仪器设备和方法即可检测。增效剂添加到尿素中后，可能与尿素发生化学反应，改变增效剂本身的性质，这增加了对增效剂的直接检测难度，相应地增加了制定增值尿素产品标准的难度。经多年的研究，并参考、利用现行标准中的指标和方法（如HG/T 4135-2010稳定性肥料、NY/T 1971-2010水溶肥料），中国农业科学院农业资源与农业区划研究所联合相关企业，研究制定出了含海藻酸尿素、含腐植酸尿素和含氨基酸尿素的企业标准（表7-6~表7-8）。标准中均规定增值尿素产品的含氮量不低于46%，对含水量、缩二脲含量、粒度等指标也做出了要求，同时根据不同产品的特点制定了相应的检测指标和检测方法。

含海藻酸尿素的企业标准（表7-6）已分别在山东省和河北省质量技术监督局备案，标准号分别为Q/3700DRX 002-2011和Q/WXWA 04-2013，标准中规定了含海藻酸尿素产品海藻酸的含量、尿素残留差异率和氨挥发抑制率等指标。

表 7-6　含海藻酸尿素标准指标

指标名称			指标值
海藻酸的质量分数,%		≥	0.03
总氮（N）（以干基计）的质量分数,%		≥	46.0
尿素残留差异率,%		≥	10
氨挥发抑制率,%		≥	10
缩二脲的质量分数,%		≤	1.5
水分的质量分数,%		≤	1.0
亚甲基二脲[a]（以 HCHO 计）,%		≤	0.6
粒度的质量分数[b],%	d 0.85~2.80mm	≥	90
	2.00~4.75mm	≥	90

a 若尿素生产工艺中不加甲醛，可不做亚甲基二脲含量的测定。

b 指标中的粒度项只需符合二档中的任一档即可，包装标识中应注明。

中国农业科学院农业资源与农业区划研究所通过多年研究，提出了含腐植酸尿素和含谷氨酸尿素的标准控制指标（表 7-7，表 7-8），并建立了相应指标的检测方法，企业标准已在河北省技术监督局备案，标准号分别为 Q/WXWA 07-2013 和 Q/WXWA 05-2013。在含腐植酸尿素标准中除规定腐植酸含量和氨挥发抑制率指标外，还规定了含腐植酸尿素中的腐植酸沉淀率，用于评价添加到尿素中腐植酸的质量。含谷氨酸尿素标准中主要增加了谷氨酸的含量和氨挥发抑制率指标。

表 7-7　含腐植酸尿素标准指标

指标名称		指标值
腐植酸的质量分数,%	≥	0.12
总氮（N）的质量分数,%	≥	46.0
腐植酸沉淀率,%	≤	40
氨挥发抑制率,%	≥	10

注：缩二脲含量、水分含量、亚甲基二脲含量和粒度指标同表 7-6。

表 7-8　含氨基酸尿素标准指标

指标名称		指标值
谷氨酸的质量分数,%	≥	0.08
总氮（N）的质量分数,%	≥	46.0
氨挥发抑制率,%	≥	10

注：缩二脲含量、水分含量、亚甲基二脲含量和粒度指标同表 7-6。

近年来，增值尿素产业在我国发展很快，预计未来 3～5 年内可形成年生产能力 1000 万吨。然而，由于产品标准研究和制定工作相对滞后，缺乏相应的行业或国家标准质量控制，企标多，同一增值尿素产品，不同企业有不同的名称、不同的标准和不同的检测方法，市场显得比较混乱。如以含天门冬氨酸尿素产品为例，有的企业叫多肽尿素，有的叫金肽尿素、智能肽尿素、SOD 尿素、双酶尿素、富肽尿素、锌肽尿素、优肽尿素、复合肽尿素等，五花八门，名称多、乱、杂。市场调研结果表明，增值尿素产品多为正规大型尿素企业生产，质量和效果大都有保证。但是，由于企标多、名称多，市场显得比较混乱。因此，相关部门应加大相关标准研究力度，尽快制定和出台增值尿素相关产品的行业或国家标准，促进和确保我国增值尿素市场有序健康发展。

7.5 发展趋势与展望

增值尿素是在基本不改变尿素生产工艺的基础上，向尿液中添加增效剂，生产的尿素增值产品，生产工艺简单，成本低，对施用技术要求不高，更适宜在附加值相对较低的大田作物推广应用。

发展增值尿素有三个核心内容：一是新产品的研发；二是加强新产品的试验示范和推广应用；三是增值尿素新产品标准的研究和制定。新产品研发的重点是新型增效剂，不断研发出效果更好、成本更低、环境更友好、质量稳定的增效剂产品，并降低其向尿素中添加的技术难度。在不同区域、不同作物上对新研发的增值尿素产品进行广泛的效果验证试验，明确增值尿素新产品的增产增效效果，同时深入研究其增效机理，并进行产品的标准研究，逐步制定相应的企业标准、行业标准和国家标准，规范增值尿素行业的健康发展。

为了更好地推广增值尿素新产品，中国农业科学院农业资源与农业区划研究所牵头于 2012 年 12 月成立了“化肥增值产业技术创新联盟”，为增值尿素的研发、生产和推广搭建了良好的平台。“联盟”由三部分成员组成：一是科研院所，由中国农科院等技术研发单位组成，负责尿素增值技术研究与新产品开发；二是生产销售企业，由尿素和增效剂生产销售企业组成，负责增值尿素新产品产业化和生产销售；三是推广单位，由若干个省农业科学院和农业大学组成，建立增值尿素新产品的试验示范网络。增值尿素技术 10 年内产能可达到 1000 万吨，将为我国的粮食增产、肥料增效、农民增收和环境保护做出重要贡献，推动我国尿素产业技术升级。

参考文献

1 赵秉强. 发展尿素增值技术，促进尿素产品技术升级. 中国植物营养与肥料学会 2012 年学术年会论文集，2012，298-300
2 赵秉强，杨相东，李燕婷等. 我国新型肥料发展若干问题的探讨. 磷肥与复肥，2012，27（3）：1-4
3 赵秉强，林治安，刘增兵等. 中国肥料产业未来发展道路——提高肥料利用率，减少肥料用量. 第二届全国新型肥料学术研讨会论文集，2010，47-54
4 殷军港. 海藻肥料的发展与海藻尿素. 第二届全国新型肥料学术研讨会论文集，2010，232-237
5 于德泉，吴毓林. 海藻天然产物研究进展. 北京：化学工业出版社，2005，348-352
6 张桂和. 几种热带海藻营养成分的分析. 海南大学学报：自然科学版，2002，20（4）：324-327
7 李宪催，范晓，韩丽君. 中国黄、渤海常见大型海藻的脂肪酸组成. 海洋与湖沼，2002，33（2）：215-223
8 韩丽君，范晓，袁兆惠. 16 种海藻中植物生长素的提取、分离纯化和含量测定. 海洋与湖沼，2005，36（2）：167-171

9 Jacobs W P, Kathy Falkensier, Roberi H Hamilton. Nature and amount of auxin in algae: IAA from extracts of Caulerpa paspaloides (Siphomales). Plant physiol, 1985, 78: 845-847

10 孙杰，缪静，朱路英等. 烟台沿海 4 种常见海藻的氨基酸分析及营养评价. 安徽农业科学，2008，36 (8)：3081-3082

11 李国庭. 海藻生物肥的研制. 河北工业科技，2009，26 (5)：370-372

12 Blunden G, Enhanced leaf chlorophyll levels in plant treated with seaweed extract. J appl phycol, 1997, 8 (6): 535-543

13 韩丽君，范晓. 海藻提取物对蔬菜种子萌发的影响. 海洋科学，2002，24 (11)：8-11

14 福迪. 罗迪安译. 藻类学. 上海：上海科技出版社，1980，234-245

15 Crouch I J, Van Staten J. Effect of seaweed concentrate on the establishment and yield of greenhouse tomato plant. J Appl Phycol, 1992, 4 (1): 291-296

16 Nelson W R. The effect of seaweed concentrate on wheat culms. J Plant Physiol, 1984, 415: 433-437

17 王强，石伟勇. 海藻肥对番茄生长的影响及其机理研究. 浙江农业科学，2003，(2)：67-69

18 陈灵芝，孙锦. 海藻肥在辣椒上的应用效果. 辣椒杂志，2005，(2)：35-37

19 孙强，石伟勇，蒋玉根. 海藻液肥对草莓营养生长和果实品质的影响. 中国果树，2003，(1)：27-28

20 王强，赵小明，官彩红等. 海藻液肥对黄瓜抗水分胁迫能力的影响. 浙江农业学报，2005，17 (5)：314-318.

21 王强，石伟勇，符建荣等. 海藻液肥对黄瓜抗盐分胁迫能力的影响. 浙江农业学报，2005，17 (5)：268-272

22 温延臣，袁亮，林治安等. 海藻液对玉米苗期生长的影响. 中国农学通报，2012，28 (30)：36-39

23 吴江. 海藻肥的开发及市场前景. 世界农业，2003，287：46

24 黄建林，王德汉，刘承昊等. 载体尿素的研制及其释放机理研究初探. 植物营养与肥料学报，2006，12 (3)：451-453

25 郑平. 煤炭腐植酸的生产和应用. 北京：化学工业出版社，1991

26 张学才，张德祥. 我国腐植酸及其工农业应用. 中国煤炭，2000，26 (12)：13-18

27 马秀欣，李欣. 腐植酸资源开发前景广阔. 中国煤炭，2000，26 (10)：34-35

28 李善祥. 煤炭腐殖酸在农业领域的应用. 农业环境保护，1996，15 (3)：136-138

29 孙志梅，薛世川，杜会英等. HA 复合肥的养分释放运移特点与土壤培肥效应研究. 河北农业大学学报，2002，25 (3)：19-22

30 王坷，范洁红. 腐殖质促进小麦生长的机理机制研究. 腐植酸，1998，(3)：32-34

31 何萍，杨金，周卫. 腐殖酸复混肥对番茄产量、品质及生理活性的影响. 土壤通报，1997，28 (6)：277-279

32 高树青，韩英群，王宝申等. 风化煤腐植酸与尿素反应机理及反应条件研究. 第三届全国绿色环保肥料新技术、新产品交流会论文集，2003，130-133

33 刘增兵，赵秉强，林治安. 腐植酸尿素氨挥发特性及影响因素研究. 植物营养与肥料学报，2010，16 (1)：208-213

34 孙凯宁，袁亮，李絮花. 增值尿素对氨挥发和土壤脲酶活性的影响. 山东农业科学，2010，6：60-62.

35 陶启珍，乌尽泽成. 腐植酸盐对作物刺激作用的研究. 西南农学院学报，1981，(2)：37-44

36 孙志梅. 腐植酸复合肥对辣椒产量、养分利用的影响与机理. 河北农业大学，2001

37 彭正萍. 油菜施用腐植酸复合肥的综合效应与机理研究. 河北农业大学，2001

38 冯元琦. 腐植酸与可持续发展. 腐植酸，2004，1：5-10

39 严玉娟. 水稻应用腐植酸包裹型长效尿素的增产效应. 江苏农业科学，2000，6：43-45

40 孙明强. 腐植酸包裹型长效尿素在水稻上应用效果研究. 腐植酸，2000，3：23-27

41 杜会英，薛世川，孙忠富. 腐殖酸复合肥对葡萄养分吸收及产量的影响. 土壤肥料，20056：43-45

42 康宗利，刘延吉，杨玉红. 增效剂和腐植酸肥料对番茄产量和品质的效应. 北方园艺，2006，2：4-6

43 刘立新. 腐植酸在植物营养元素上的作用. 腐植酸，2002，3：14-16

44 李兆君，马国瑞. 腐殖酸尿素的制造及其增产作用机理的研究近况. 土壤通报，2004，35 (6)：799-801

45 成绍鑫，武丽萍，柳玉琴等. 腐植酸——脲络合物的工艺开发. 腐植酸，1994，(4)：29-32

46 梁宗存，成绍鑫. 腐植酸与尿素作用机理研究进展. 腐植酸，1997，(2)：1-4
47 梁宗存，成绍鑫，武丽萍. 煤中腐植酸与尿素相互作用机理的研究. 燃料化学学报，1999，27（2）：176-181
48 闵恩泽，陈家镛，蔡启瑞等. 推进化工生产可持续发展的途径-绿色化学与技术. 中国科学院院刊，1998，6：413-415
49 刘红卫. 聚天冬氨酸和多肽肥料应用展望. 黑龙江农业科学，2010，7：162-164
50 雷全奎，郭建秋，杨小兰等. 聚天门冬氨酸作为肥料增效剂的施用效果. 中国农村小康科技，2006，6：50-52.
51 汪少华. 聚 γ-谷氨酸增效复合肥产业化开发及应用前景. 磷肥与复肥，2009，24（6）：52-54
52 汪家铭. 聚 γ-谷氨酸增效复合肥的发展与应用. 泸天化科技，2010，2：73-77
53 李汉涛. 聚 γ-谷氨酸增效复合肥对油菜产量及其构成因素的影响. 湖北农业科学，2010，49（10）：2395-2397
54 中国农业科学院农业资源与农业区划研究所. 一种海藻增效尿素及其生产方法与用途. CN 201110402369. 1. 2012-06-27
55 中国农业科学院农业资源与农业区划研究所. 一种腐植酸增效尿素及其制备方法. CN 201210086696. 5. 2012-07-18
56 中国农业科学院农业资源与农业区划研究所. 一种腐植酸增效尿素及其制备方法. CN 201210085493. 4. 2012-07-18.
57 刘增兵. 腐植酸增值尿素的研制与增效机理研究. 中国农业科学院农业资源与农业区划研究所，2009

第8章　有机无机复混肥料

8.1　概念、范畴与国内外进展

8.1.1　概念与范畴

有机无机复混肥料既含有有机质，又含有化学肥料养分，是指将有机物料和化学肥料按一定比例混合后，采用不同制造工艺将二者进行复合（混）加工而成的肥料。有机无机复混肥料中的有机质部分大都来源于加工后的其他有机物料，如畜禽粪便、食品加工和酿造等企业的有机废弃物、城市有机废弃物、垃圾有机物、污泥、农作物秸秆、木屑等或有机质含量较高的其他有机物料；另外，不少企业也利用风化煤、褐煤、纯化腐植酸、草炭等作为有机原料生产有机无机复混肥料。有机无机复混肥料中的无机营养部分主要来源于普通化学肥料。

有机无机复混肥料兼具有机肥料和无机肥料的特点，并体现有机无机相结合的交互作用。有机无机复混肥中有机部分提供的养分数量较为有限，并且多是有机形态存在，供应养分的速度缓慢；有机无机复混肥中的化学肥料成分是直接供应作物最主要的养分来源。有机无机复混肥中有机质部分具有分散多孔的结构以及含有较多的活性官能团，可以通过影响化肥的释放、转化和供应等来调节化肥的养分供应，起到优化化肥养分利用的效果[1]。

8.1.2　国内外研究进展

有机无机复混肥是肥料产业发展中的新秀，具有中国特色，逐渐被产业界重视。过去发展有机无机复混肥料的主要原因，一是消纳有机废弃物，保护环境；二是增加土壤有机质，培肥土壤。以上两个方面固然是促进有机无机复混肥发展的重要动力。近年来，一系列的研究发现，有机物料与化学肥料科学复合（混），具有调节化学肥料养分转化、释放和供应模式的作用，有机物料通过改善土壤的理化性状、调节土壤酶活性等，减轻氮肥氨挥发损失，减缓磷钾肥在土壤中的固定，土壤供肥能力得到改善，等养分投入条件下，有机无机复合（混）肥料具有较高的化肥养分利用率[1-9]。如，将味精厂发酵产生的有机废弃物分别与化学氮肥、化学磷肥和化学钾肥进行复混造粒[1-6]，在等养分投入情况下，有机复混氮肥、有机复混磷肥和有机复混钾肥比普通化肥供肥能力高，作物增产，肥料利用率提高5~10个百分点，尤其是有机物料与氮、磷肥复合（混）的增产效果最好。有机无机复混肥在经济作物，如棉花、花生、马铃薯、大蒜、油菜、蔬菜以及果树等作物上使用的潜力较大。磷钾含量较高的有机无机复混肥也可以替代普通复混肥料做冬小麦的基肥施用；另外，高氮型的有机无机复混肥也可以用做追肥，或用作东北春玉米或华北夏玉米上的一次性施肥[2]。

8.1.2.1　有机无机复混肥的发展

新中国成立前，我国农民施肥主要是有机肥，几乎没有化肥。新中国成立后，我国化肥用量逐渐增大，但到 20 世纪 80 年代以前，我国农业的施肥特征是以有机肥为主、化肥为辅，有机肥与化肥配合施用，施肥过程中通常把有机肥料作为基肥施入田间，配合施用氨水、硫铵、尿素等化肥或将化肥在作物生长期间作为追肥施入。这一阶段，有机肥与化肥分离单独施用，操作不方便、劳动强度大，但取得了有机、无机配合施用具有优越性的实践结果，为有机无机复混肥料技术的提高奠定了基础。

20 世纪 80 年代中后期至 2000 年左右，我国开始发展有机无机复混肥料，有机肥与化肥配合由田间操作向产品制造转移，即把有机原料与化肥在生产车间进行二次加工生产有机无机复混肥料，部分替代了在田间进行有机肥与无机化肥的简单配合施用，达到两者作用在时空上的一致，并发挥了量比效应和成粒效应。这一时期，对有机原料的选择扩大至包括畜牧业、食品加工、酿造业、医药等行业在内的 20 多种固、液有机废弃物[10-16]，并在对这些废弃物性质的研究基础上，先后提出了有机无机复混肥料中有机-无机配方原则及有机、无机配合的时空效应机理，促进了有机无机配合的进一步发展。在这个阶段，对反应的工艺条件和造粒技术进行了探索和应用，对于有机原料资源的规模加工及专用设备的开发也受到了企业和科研工作者的重视，例如，物料粉碎、畜禽粪便发酵、污泥脱水等方面，全国很多肥料生产企业进行投入开发，取得了不同程度的进展。该阶段有机无机配合的技术水平比第一阶段有了质的提高，集中表现在诞生了技术和商品化载体-有机无机复混肥料。有机无机复混肥料产品的出现，使有机、无机配合更为规范，降低了劳动成本，减小了有机、无机肥料配合的施用难度。此外，有机无机复混肥料不仅具有一般的养分元素，而且还具有有机-无机的平衡、用地养地结合的科学理念，也可以有效防止化肥的偏施问题[1]。

进入 2000 年以来，有机无机复混肥料的研究大量涌现，许多企业从事有机无机复混肥料的研究、生产和推广应用，有机无机复混肥料的研制日益成为业界关注的热点。有机无机复混肥料的生产工艺技术出现了多样化，对肥料生产的工艺条件、肥效特点的研究也逐渐增多[17-23]。

有机无机复混肥料可以克服有机肥料养分浓度低、供肥特性慢的缺点。有机肥料是重要的农业生产资料，施用有机肥料是我国农业的传统，它保障了我国数千年农业生产的可持续发展。有机肥料含有多种作物必需营养元素和大量有机质，在促进作物丰产、改善品质、提高土壤肥力等方面具有重要作用。有机肥料来源广泛，大部分工农业废弃物（如草炭、泥炭、风化煤、畜禽粪便、秸秆、活性污泥、工厂废液废渣等）都可以作为有机肥料资源。但传统有机肥料存在“三低三大”问题，即养分含量低，体积大；劳动效益低，强度大；无害化程度低，污染大。这些问题严重制约着有机肥料在现代农业中的使用[1]。

1840 年，李比希提出矿质营养学说，促进了化学肥料工业的诞生。化肥不断投入农田，改变了自然界的物质平衡，使大量的营养元素进入农业生态系统，极大的促进了粮食生产，保持和提高了土壤化学肥力。但由于化肥使用量的逐年增加以及施肥结构不合理，土壤无机化现象越来越严重，加之使用方法不合理，致使化肥严重损失以及肥料利用率下降，环境污染严重，如何提高化肥利用率是目前亟需解决的问题。同时，化肥的大量施用，作物连年获得高产，土壤中的中微量元素缺乏问题开始凸显出来。此外，化肥生产耗费大量不可再生资源，若按照目前的化肥需求量发展将加速能源枯竭，所以采取合理措施减少资源消耗和不必要的资源损失已成为目前面对的重要课题。

有机无机复混肥料有利于消纳工农业有机废弃物。经济的快速发展导致日益严重的环境压力，集约化生产造成工农业有机废弃物大量累积。全国的糠醛渣、味精渣、酒糟、食用菌渣总量已突破5000万吨[24]。由于有机废弃物来源广泛，成分复杂，如果不能合理处理将产生严重的二次污染等问题，制约经济、社会、环境的可持续发展，因此工农业有机废弃物的无害处理已是目前面临和亟需解决的问题。工农业有机废弃物含有丰富的有机质和大量作物所需的营养元素，而且部分有机废弃物对氮肥转化和作物生长具有调节作用[25-27]。廖宗文等指出，将工农业废弃物无害化处理应用于农业生产是工农业有机废弃物资源化的重要途径[10,13]。

有机无机复混肥料有利于提高土壤有机质含量，改善耕地质量。土壤有机质在保持农田生产力、保证作物产量上的作用不可替代，提高土壤有机质含量是保持土壤持续利用的重要内容。北京昌平褐潮土长期定位试验结果表明[28]，作物产量与土壤有机质含量具有显著的正相关关系。近年来，农业生产中过分依赖化肥而忽视有机肥料的施用，土壤有机质含量逐年下降，土壤无机化现象日益严重，同时也导致化肥资源的严重浪费。工农业废弃物含有大量有机物质，采取一定措施使其成为有机肥料部分作用于农业生产以提高土壤有机质含量，培肥地力。

针对施肥、有效利用工农业废弃物、提高化肥利用率及提高土壤有机质含量的问题，国内外科研工作者在施肥技术、养分管理、新型肥料研制等方面做了大量的工作并取得显著成效。我国的有机、无机肥料配合施用技术在农业生产上的应用取得了成功经验。在借鉴国外发达农业国家有机肥料应用技术、提高化学养分利用率的缓/控释技术等先进经验的基础上，结合国内实际情况，我国新型肥料科研工作者在研制新型肥料方面也做出大量工作，有机无机复混肥料就是根据我国国情和实践经验开发的一类新型肥料。有机无机复混肥料是介于有机肥料和化学肥料之间的中间类型，兼有有机肥和化肥的双重特点，可以保持有机、无机肥料在农业生产中的作用，既是对相当长一段时间以来偏施化肥所造成的地力下降、环境污染等后果的纠正，也是对传统有机肥料升级换代的促进，更是21世纪我国农业持续发展的战略需要。国家科技部和农业部在“十一五”和“十二五”国家科技支撑等重大农业科技项目的规划中，均列有与之相关的技术项目，最近10年在我国发展很快。

8.1.2.2 有机无机复混肥料的研究现状

1）以矿物类有机物料（风化煤、褐煤等）为有机原料的有机无机复混肥料

腐植酸作为一种尿素增效剂从20世纪60年代起开始为国内外农学界所认识，国际上以日本及苏联最先开始这方面的研究，其目的是利用高纯腐植酸的特性，采用不同方式与尿素作用，制备成各类增效或缓释肥料，延缓尿素分解，提高氮利用率，也可将腐植酸直接作为土壤改良剂使用[29]。对腐植酸尿素进行大量的基础研究和应用试验证明，腐植酸与尿素不仅是简单的混合物，也形成了稳定结合的复合物[30-33]，可以提高尿素利用率。近十年来单一的以腐植酸为原料制备氮肥增效剂的开发与研究报道已不多见，大量研究是以纯度较高的腐植酸与尿素、化学磷肥、化学钾肥等复配，制备腐植酸含量较高的腐植酸肥料[29,31,34]。

国内这方面的研究起步也比较早，70 年代前中期就有利用富含腐植酸的矿物类有机原料（风化煤、褐煤、泥炭等）与氨水、过磷酸钙等化学肥料制备腐植酸铵、腐植酸铵磷肥、腐植酸磷钙的技术来研制腐植酸肥料，并开展了大量肥效试验。自 70 年代后期至 20 世纪末，有关腐植酸肥料的研究在国内进入低谷，近年来，腐植酸类有机无机复混肥料的研究又逐渐增多。中科院山西煤化所等单位，以风化煤、木炭、草炭为主要有机原料，并在深入研究腐植酸提取及对腐植酸性质和结构的基础上，研究开发出化学反应型和包裹型腐植酸系列肥料（腐植酸盐、腐植酸系列长效肥、腐植酸包裹肥、土壤改良肥等）推动了矿物类有机无机复混肥料的发展[29,33,35-41]。

2）以工农业废弃物为有机原料的有机无机复混肥料

国外利用工农业废弃物研制肥料，主要以通过快速发酵技术或添加活性菌剂开发商品化有机肥和生物有机肥为主[42,43]，有机物料的选择范围较窄，且鲜见有关有机无机复混肥料的研究报道。我国自 20 世纪 50 年代起开始推广有机无机的配合施用技术，在半个多世纪的发展过程中，有机无机复混肥料经历了有机无机肥料配合施用到有机无机复混肥料生产的不同阶段，所采用的有机原料范围也不断扩大。近年来，我国以食品工业废弃物作为有机原料生产有机无机复混肥的厂家不断增多，如利用糖渣、味精脱盐液、糠醛渣、柠檬酸渣、酒糟、醋渣、豆粕等原料，这些废弃物原料的产生工艺相对稳定，成分和性状较稳定也较安全，基本不存在重金属污染的问题，在有机无机复混肥生产中易于应用，而且大多经过发酵的过程，其中含有的作物必需营养元素十分丰富，有的还含有大量的氨基酸等作物易吸收的有机营养成分，在农业生产中的应用效果普遍较好。

8.1.2.3　有机无机复混肥料的开发应用

国外对有机无机相结合的肥料相关品种的开发应用主要集中在以纯度较高的腐植酸、化肥及中微量元素为原料生产液态肥、土壤调理剂，或者改善其他工农业废弃物的发酵、干燥、造粒技术而发展生物有机肥和商品有机肥[43]，有机无机复混肥料并不是国外肥料市场的主流产品。对该类肥料的开发应用主要集中在亚洲，如中国、日本、东南亚等国家和地区，近 20~30 年来有机无机复混肥料在我国的推广与应用越来越广泛。

我国多年的农艺实践证明，有机肥料与无机肥料配合施用是保证粮食产量和土壤可持续利用的重要措施。随着有机无机复混肥料产业的不断发展，以及肥料本身具有养分齐全、在养分供应上兼具有机的缓效性和无机的速效性以及操作方便等优点，深受广大粮农、果农、菜农的信赖和重视，在农业生产中的需求量逐渐增加，全国范围内，尤其是广东、山东、江苏、辽宁、河北等农业经济相对发达和有机物料资源丰富的地区，将有机无机复混肥料主要应用于玉米、小麦、水稻、番茄、香蕉、烟草、棉花等作物上，并取得了良好的经济效益。

我国有机无机复混肥料生产企业区域分布受到地区经济发展、资源种类和数量、生产技术水平等众多因素的制约，尚未形成龙头企业。以山东为例，截至 2012 年 7 月，有机无机复混肥生产企业达 215 家，产能 900 万吨/年，实产 250 万吨/年，平均产量仅为 1.16 万吨/年，国内的有机无机复混肥料生产企业超过 1000 家，产能突破 4000 万吨，但仍以小型企业为主。

随着有机无机复肥生产工艺技术日益完善，消费者认知程度的提高以及国家有关部门重视程度的逐渐加深，预计有机无机复混肥料的产业规模将不断壮大。

8.2 工艺与原理

工农业废弃物主要包括畜禽粪便、城市污泥、生活垃圾、糠壳饼麸、作物秸秆、制糖和造纸滤泥、食品和发酵工业下脚料以及其他城乡有机固体废弃物等。由于这些物料来源广泛、成分复杂各异，为了保障产品质量和农用安全性，必须对部分有机物料进行无害化处理。

如果有机原料中含有未腐熟的有机物质和有害物质（病菌、蛔虫卵、难降解成分等），需要进行无害化前处理。生产上多采用的处理技术有以下几种：①高温快速烘干，用高温气体对干燥筒中翻滚的有机物料进行烘干；②氧化裂解，使用强氧化剂如硫酸把有机物料进行氧化、裂解，将大分子有机物氧化裂解为活性小分子有机物；③塔式发酵加工，有机物料接种发酵菌剂，搅拌均匀后输送到塔式发酵仓内，在塔内翻动、通氧，快速发酵除臭、脱水，通风干燥，将大块破碎分筛；④移动翻抛发酵加工，在温室式发酵车间内，沿轨道连续翻动拌好菌剂的有机物料，使其发酵、脱臭并直接进入干燥设备脱水干燥；⑤微生物堆肥发酵，将粉碎后的有机物料如秸秆等拌入促进腐熟的微生物，堆腐发酵；⑥微生物快速发酵，用可控温度、湿度的发酵罐或发酵塔，通过控制微生物的群体数量和活度对有机物料进行快速发酵[44]。在实际生产中多种处理技术结合应用也是可行的。

工厂生产采用以固态发酵为核心的集约化处理工艺，其工艺流程主要包括固液分离、物料预处理、堆沤发酵、翻堆、腐熟等过程。发酵过程的实质是微生物对有机物质的分解过程，其中通气程度、C/N、温度和湿度等条件是主要的发酵参数，技术关键是为好气微生物创造适宜生长繁殖的环境条件。在堆沤过程中，堆温和 pH 不断升高会导致氮素挥发损失，降低氮素损失和防止有机质的过度分解是提高质量的关键，可通过改进物料预处理，调节 C/N、水分、pH 以及控制发酵温度和发酵时间等来解决[45]。

8.2.1 有机无机复混肥造粒工艺

造粒工序是颗粒有机无机复合肥生产的关键工序，其造粒质量是有机无机复混肥质量的关键指标。目前，有机无机复混肥生产工艺主要有挤压造粒、喷浆造粒和团聚造粒三种，其中应用较为广泛的为团聚造粒工艺[46]。

团聚造粒法是利用由美国国家肥料开发中心和英国 ICI 公司等提出的以液相理论为

基础的颗粒成长原理进行造粒生产的[47]。目前主要有转鼓造粒法和圆盘造粒法两类。

8.2.1.1　转鼓造粒工艺

最早使用转鼓造粒的是美国国家肥料开发中心[47,48]。我国化工部上海化工研究院在20世纪60年代中期，结合磷酸铵料浆造粒研究了转鼓造粒机的结构参数，以后沿用于其他肥料的造粒。固体颗粒在倾斜回转圆筒内运动时要发生径向偏析和轴向偏析；径向偏析使细颗粒聚集于颗粒床中上部，而轴向偏析使细颗粒在筒体某一长度处聚集；颗粒群在回转圆筒内运动一段距离后，轴向偏析才能达到最佳状态。在传统转鼓造粒干燥生产工艺中，由于对产品质量和造粒技术本身的技术要求，必须在造粒干燥机外设置庞大的筛分、破碎和输送系统，结果造成了工艺流程长、基建投资大、能耗高、产品机械损失大、生产环境恶劣、不易实现生产的自动控制等弊端[49]。

自80年代末我国科学技术人员在消化吸收国外先进技术的同时，经过近10年的研究和工业应用的考验，已成功地研究开发出具有世界先进水平的干燥内分级、内返料、内破损的“三内”技术与转鼓造粒干燥封闭返料循环处理技术，简称“封闭返料”技术[50]。该法具有生产能力大、产品外观好、颗粒强度高、产品水分指标易控制等优点[51]。转鼓造粒设备对原料的适应性较强，易于生产各种规格的产品，易控制，较适于大规模生产。但由于其返料比较高，内壁清理较困难，加之设备造价高，其使用推广受到一定的限制[52]。目前，我国大多数复混肥厂采用该技术，有机肥和有机无机复混肥厂应用的相对较少。随着有机无机复混肥料生产和需求的逐渐增加，该技术的应用范围必将会逐步扩大并成为将来有机无机复混肥生产的主流技术。

8.2.1.2　盘式造粒工艺

绝大多数的年生产能力在万吨以下的复混肥企业采用盘式造粒工艺。是目前有机无机复混肥生产的主流技术，其优点是设备简单、投资低、操作较易掌握、成粒率高。缺点是不能保证工艺上造粒所需的温度，操作弹性较小，而且是间歇操作[53,54]。盘式造粒机是一倾角为50°~60°的圆盘，转速为临界转速的80%，或以盘边的线速度在1.5~2.0米/秒，盘边高度与物料的性质和所需成品的粒度有关，一般为盘子直径的10%~15%，盘式造粒机的结构如图8-1所示[46]。在盘式造粒机造粒过程中主要的影响因素有：原料的细度，基础肥料的理化性质，投料位置，黏结剂的加入方式与加入位置，半成品的含水量，适宜稳定的投料量以及造粒机的直径、倾角和转速，造粒温度，返料的再生产加入情况等[55]。

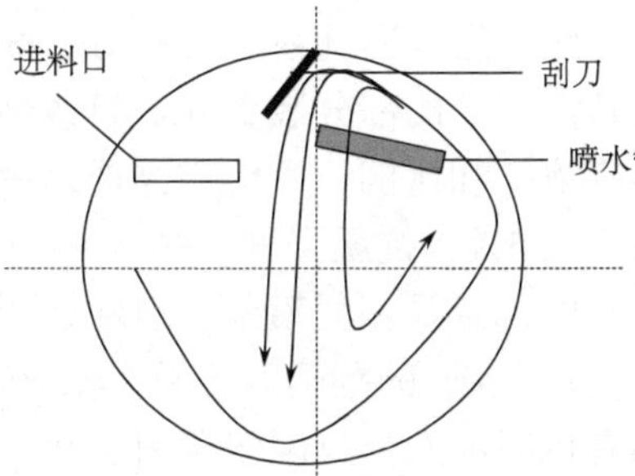

图 8-1　圆盘造粒示意图

采用盘式造粒时，应选用适当的黏结剂，且须将黏结剂的用量控制在20%以下，物料含水量宜控制在12%~13%。在生产中若控制不当，易造成造粒过程比较困难，极易造成原料消耗量增加、成粒率低、产品性能不稳定、能耗增加及生产效率下降等问题[56]。在微粒形成过程中，主机转速、黏合剂的加入速度和加入量、喷枪喷雾条件对微粒形成具有较为显著的影响[57]。在传统的盘式造粒工艺中，当原料选配不恰当时，原料之间会发生化学反应而产生大量的水分，过早在搅拌机内形成过量液相，造成物料结团、变浆，使造粒不能顺利进行。另外，为了实现盘式造粒机的连续造粒，投料、成粒、出盘 3 个步骤必须很好地配合[58]，广东省农机研究所经过多年的研究发现，通过对盘式造粒设备的改造组合，开发出多盘间歇造粒的复混肥生产新工艺。该工艺的生产流程合理，易于操作，生产出的产品质量稳定，颗粒均匀美观，且生产效率高，产量大[59]。

8.2.1.3 挤压造粒

挤压造粒的核心技术是通过对混合原料的挤压来实现造粒。生产上主要有对辊式挤压造粒技术和盘模挤压式造粒技术。对辊式挤压造粒的技术原理是在挤压机内安装两根平行且可调间距的辊轴，辊轴旋转时利用辊轴对通过其中的混料施加压力，使混料粘结成块状，再经破碎使其成为碎块或直接压制成直径 2~10 毫米的有机无机复混肥料颗粒。盘模挤压式造粒技术的工作原理是压滚轮装置在主轴带动下，在盘模表面旋转的同时产生自转而形成强大挤压力，将粉状原料强制挤压通过盘模上一定规格和形状的圆柱孔而成型，再经切刀割断得到圆柱状有机无机复混肥料颗粒。由于结合力是液相桥黏结力，因而在加工过程中必须添加一定的黏结剂和水方能成型。挤压式造粒不易造成原料分级，比较适合有机无机颗粒肥的生产，特别适合生产有机成分含量较大的颗粒肥，但由于该法在生产过程中动力消耗大，产量也受到限制，因此一般也只用于小规模生产。

8.2.1.4 干燥成粒

以有机废液为主要有机原料，有机废液经多效蒸发浓缩，再配以适量矿质肥料调制成浆料，经液面加压通过特制的喷嘴喷到造粒机的料幕上，逐步球化成粒，经高温热风干燥，然后进入冷却系统，筛分、表面处理后计量包装。该工艺保留了无机复混肥料团粒法转筒工艺的部分装置并进行改装，以有机废液为液相，且可根据生产需要选择不同的料浆浓度和比例，可使产品成球率由转筒工艺的 50%~60% 提高到 80%~90%，水分不高于 1.5%，抗压强度提高 3~5 牛顿，能够有效地防止颗粒结块和粉化[60]。干燥成粒技术的优点是：集喷浆、造粒、干燥于一体，操作方便；产品物理性状好；含氮量控制精度在 1.0% 的范围内，总养分控制精度在 1.5% 的范围内，商品档次较高。但该工艺的有机原料选择仅限于浆料，生产范围较窄；设备投入较大，能耗高。

8.3 施用技术与效果

8.3.1 施用技术

有机无机复混肥主要在经济作物上作基肥应用，如棉花、花生、马铃薯、大蒜、油菜以及果树等，可与耕层土壤混施，也可沟施、穴施等。磷钾含量较高的有机无机复混肥也可以替代普通复混肥料做冬小麦的基肥施用；另外，高氮型的有机无机复混肥也可以用做追肥，或用在东北春玉米或华北夏玉米上的一次性施肥。

8.3.2　有机无机复混肥对作物产量、品质和肥料利用率的影响

有机无机复混肥不仅能增加作物产量、提高肥料利用率，同时也能改善农产品品质。在粮食作物上，能促进干物质的积累，增加淀粉和粗蛋白的含量；在蔬菜水果上应用，能增加维生素 C 的含量，降低硝酸盐的积累，改善营养品质。

杜伟等分别研究了有机物料与尿素复混、有机物料与磷肥复混、有机物料与钾肥复混对作物产量和肥料利用率的影响[1,3,4]。结果表明，低氮、中氮和高氮水平下，有机无机复混氮肥处理玉米籽粒平均产量比单施尿素处理的分别提高 12. 4%、4. 8% 和 5. 4%；低、中、高磷水平下有机无机复混磷肥单株玉米籽粒产量平均比化肥磷（P）处理分别提高 19. 14 %、11. 29 % 和 37. 83 %。有机物料与化学氮肥复混具有优化化学肥料养分利用和提高化肥利用率的效果。低氮、中氮和高氮水平下，有机无机复混氮肥处理玉米植株氮素吸收量比尿素处理的分别提高 29. 0%、21. 6% 和 18. 9%；有机无机复混氮肥处理化肥氮（尿素 N）的表观利用率比尿素处理（尿素 N）的氮肥表观利用率分别提高了 33. 5、11. 6、13. 0 个百分点。低磷、中磷和高磷水平下，有机无机复混磷肥处理平均玉米植株吸磷量比化肥磷（P）处理分别提高 12. 58 %、2. 82 % 和 33. 42%；有机无机复混磷肥处理平均其化肥磷的表观利用率分别比化肥磷处理提高了 14. 85、1. 22、16. 04 个百分点。有机无机复混钾肥处理玉米产量和相对增产幅度相比单施等钾量硫酸钾有所提高，最高产量增加幅度达到 34. 3%。钾素利用率，增加幅度为 42. 2% ~77. 9%。

利用谷氨酸废水为有机原料制造的有机无机复混肥料也可以显著提高小麦、大白菜、辣椒、四季豆、柑橘的产量[61]，并提高柑橘可溶性糖和维生素 C 含量，增加优等果比例，从而也提高了经济效益。施用有机无机复混肥料除可以提高产量外，还可以降低小白菜、茶叶的硝酸盐含量，减少番茄的次果率，延长贮藏期。

同位素 ^{15}N 示踪试验表明，施用发酵鸡粪有机无机复混肥料大白菜的氮肥利用率相比单施化肥处理显著增加了 6. 5~11. 9 个百分点[62]。史春余等试验证明，与施用等氮磷钾无机化肥对照比较，施用有机无机复混肥料可显著提高氮肥利用率，增加肥料氮在番茄果实和叶片中的分配率[18]。郎晓峰等利用田间小区试验研究施用不同有机物料（菜粕、中药渣、猪粪和鸡粪）和化肥复混制成不同有机无机复混肥料，与单施等氮量化肥的氮肥利用率的差异，结果表明有机无机复混肥料的氮肥利用率相比单施化肥增加了 7. 9~23. 5 个百分点，其中鸡粪有机无机复混肥料处理表现最好[63]。

8.3.3　有机无机复混肥优化化学养分利用的原理

传统的观点认为，有机无机复混肥料之所以能产生和发展，主要原因是有机无机复混肥料因其克服了有机肥料在养分供应特性上的某些不足，并且有利于消纳工农业有机废弃物、保护环境、提高土壤有机质含量、培肥地力等作用，受到肥料产业界的重视。赵秉强等研究证明，有机物料与化学肥料复合（混）具有优化化学肥料养分高效利用的效应。有机物料与化学肥料科学复合（混）以后，具有调节化学肥料养分转化、释

放和供应模式的作用；有机物料通过改善土壤的理化性状、调节土壤酶活性等，减轻氮肥氨挥发损失，减缓磷钾肥在土壤中的固定，土壤供肥能力得到改善，等养分投入条件下，有机无机复合（混）肥料具有较高的化肥养分利用率[1~9]。

8.3.3.1 有机无机复混氮肥优化氮素养分利用原理

有机无机复混氮肥通过有机物料为化学氮肥与土壤直接接触设置了物理障碍，或者有机物料中的活性有机官能团与化肥氮肥键合，从而减缓氮素化肥的溶解和转化时间，缓冲养分供应以更加适应作物需求。

糠醛渣有机无机复混肥、糖渣有机无机复混肥的土柱淋洗试验结果表明，各施肥处理的尿素氮在三天内基本完全淋出，其累积淋出量占总氮量的 80% 以上，有机物料的添加在一定程度上减少了尿素氮的淋出量，延缓了其淋出时间，并且随有机物料量的增加这种作用越明显，使氮素释放表现出一定缓释性，减少作物生长前期氮素损失，增加作物生长中后期的氮素供应，表现了有机无机复混氮肥在农业应用中延长肥效期、提高肥料氮素利用率的作用[9]。

有机无机复混肥可通过抑制土壤脲酶活性等，减缓尿素的转化。有研究表明，有机无机复混氮肥对土壤脲酶和硝化细菌活性有抑制作用，腐植酸对土壤脲酶活性抑制率可达 9%～30%，使尿素转化速度降低，也减少了因硝化和反硝化作用造成的氮素损失量，因此，提高了氮肥利用率。泥炭、风化煤等含有丰富的天然腐植酸，对土壤脲酶活性具有较强的抑制作用，而且与效果较好的脲酶抑制剂二元酚和醌类如氢醌、PPD 等相比，具有易降解、无残留、环境友好的优点[41,64,65]。

不良的土壤质地（如过砂、过黏等）均不利于土壤对氮素的吸附以及作物对养分吸收，腐植酸与尿素复合或复混可以有效改善土壤结构，提高尿素肥效。具体表现在以下两个方面：①砂性土壤中的砂粒含量较高，砂粒表面很少带有电荷，尤其是负电荷，因此，由尿素转化为铵离子后不易被吸附并被淋洗到土壤下层，如果不能被作物充分吸收则容易造成氮素损失，导致尿素利用率降低；当农田中施用腐植酸尿素后，所含腐植酸能够使局部土壤 pH 降低，一方面使得铵离子不易转化为氨气而损失，同时腐植酸也对砂粒起到包被的作用，腐植酸电离后使砂粒表面带有一定量的负电荷，能够增加砂性土壤对铵离子的吸附，从而减少氮素损失，提高作物对养分的吸收利用。②在黏性土壤中，土壤结构致密坚硬，也不利于农作物的生长和对养分的吸收。当土壤中施入腐植酸尿素后，所含腐植酸容易与较小黏粒复合，经胶结形成复合体，从而形成良好的团粒结构，有利于农作物对土壤氮素的吸收，从而提高尿素的肥效。此外，有机无机复混肥料含有较高的有机质、养分比例比较合理，肥效较高且稳定，也可改善土壤供肥环境。

8.3.3.2 有机无机复混磷肥优化磷素养分利用原理

在磷肥有效性的研究中，利用有机肥、木质素、腐植酸、糖渣、低分子质量有机酸等外源物质以改善土壤供磷环境，可以减少土壤对磷肥的固定[66-69]。有机物活性官能团或者有机酸分子对金属离子具有较强的络合能力，从而减少磷被铝、铁、钙等金属离子的固定以提高磷的有效性[70,71]。杜伟等的研究表明，在等化肥磷施入条件下，相比单施磷酸一铵处理，有机无机复混磷肥处理的土壤速效磷含量显著增加，对施入石灰性土壤的化学磷肥具有增效作用；施入土壤的磷进入各级无机磷形态，改变了土壤无机磷库的形态组成，有机无机复混磷肥明显提高土壤 Ca_2-P、Ca_8-P 含量和比例，显著降低土壤 Al-P 含量[1,5]。化肥磷施入土壤后磷酸根离子与土壤胶体中的阳离子，如 Ca^{2+}、Al^{3+}、Fe^{3+}，极易发生络合进而生成沉淀，影响作物对磷酸根的吸收而导致磷的利用率下降，有机物料改性后的磷肥对磷的吸附性降低了施肥土壤的局部磷酸根浓度，使磷酸根离子与金属离子接触的时空也发生变化，陈倩等对木质素改性磷肥效果的研究表明，木质素改性磷肥影响到土壤的无机磷形态的转化和无机磷库结构，提高了磷肥的有效性[72]。成绍鑫等的研究认为，有机物腐植酸中的含氧官能团与磷肥的有效结合并生成 HA-P 复合物，使得磷肥的结构特征改变[23]，部分水溶磷转化成枸溶性磷，对磷起到部分缓释的作用，另外这种络合体比无机磷在土壤中有较好的化学活动性，通过生成腐植酸磷，能够使磷肥的固定率减少 7 倍左右[40]。

8.3.3.3　有机无机复混钾肥优化钾素养分利用原理

有机物料含有疏松多孔的物理结构和丰富的有机官能团，对钾离子产生物理-化学吸附，能够有效减少钾离子在土壤中的淋溶损失，从而提高了钾的利用。吴平霄等使用红外光谱对有机改性后的氯化钾化肥的结构进行分析，氯化钾原有的高分子膜层虽然被破坏，但促进了钾的有效性和长效性[23]。王德汉等利用土柱淋溶试验方法研究木质素钾肥的释放特性，结果表明，木质素缓释钾肥可以减少钾素淋失，表现出一定的缓释性能[20]。杜伟相比单施等化肥钾量硫酸钾，糖渣系、糠醛渣系有机无机复混钾肥的土壤速效钾含量有所提高而钾的固定量有所减少，并显示出略强的土壤供钾能力[6]。

综上所述，有机物料与化肥复混后，由于有机物料的物理化学吸附作用，使化肥氮磷钾的物理、化学行为得以改变，具体表现在，氮钾养分缓慢释放，减少了损失，氮素转化过程也受到影响，通过对土壤脲酶和微生物活性的影响，减缓尿素在土壤中的转化进程。磷肥被有机络合，减少了金属离子对磷的固定，增加了磷的移动性，从而表现出对化肥养分供应优于化肥的特点。有机物料也会通过对土壤结构的影响减少养分的流失。

此外，有机无机复混肥料改善了作物营养环境，全面供给作物对营养元素的需求，使作物生长状况得到改善，间接促进了养分吸收。有机无机复混肥料养分齐全，几乎囊括了 17 种植物必需的营养元素，理论上只要配比合理就可以满足作物整个生育期的需要，以达到作物稳收增产。例如，施用腐植酸尿素增加了根系生物量，增强了根系活力，提高了根系对营养元素的吸收能力，从而促进作物营养生长，作物根系发达、植株茁壮，也为作物的生殖生长夯实基础，有机无机复混肥料也能提高叶片硝酸还原酶、POD、SOD、CAT 等的活性，提高作物对养分的同化能力及抗逆能力，如中国科学院山西煤化所开发的 FA-3 可以调节植物生理代谢，增强抗旱、抗寒、抗病害、抗盐碱的能力，从而改善了作物生长状况，促进了作物对养分的吸收[29,36-40]。

8.4 标准与检测

2002 年我国颁布执行的 GB 18877-2002 有机无机复混肥料标准（表 8-1），为有机无机复混肥料产业健康发展提供了标准依据。随着有机无机复混肥料产业的不断壮大，有关部门对 GB 18877-2002 进行了完善修改形成了 GB 18877-2009（表 8-2），已于 2012 年 5 月 1 日实施，新标准不适用于添加腐植酸的有机无机复混肥料；将有机无机复混肥料产品分为Ⅰ型和Ⅱ型，并分别规定了指标；水分测定增加了 GB/T 8576《复混肥料中游离水含量测定　真空烘箱法》；“大肠菌值”改为“粪大肠菌群数”，按 GB/T 19524.1 进行测定；蛔虫卵死亡率改为按 GB/T 19524.2 进行测定。

表 8-1　有机无机复混肥料质量标准（GB 18877-2002）[73]

项目		指标
总养分（$N+P_2O_5+K_2O$）的质量分数/%[a]	≥	15.0
水分（H_2O）的质量分数/%	≤	10.0
有机质的质量分数/%	≥	20
粒度（1.00~4.75 毫米或 3.35~5.60 毫米）/%	≥	70
酸碱度 pH		5.5~8.0
蛔虫卵死亡率/%	≥	95
大肠菌值	≤	100
含氯离子的质量分数/%[b]	≤	3.0
砷及其化合物（以 As 计）的质量分数/%	≤	0.0050
镉及其化合物（以 Cd 计）的质量分数/%	≤	0.0010
铅及其化合物（以 Pb 计）的质量分数/%	≤	0.0150
铬及其化合物（以 Cr 计）的质量分数/%	≤	0.0500

表 8-2　有机无机复混肥料质量标准（GB 18877-2009）[74]

项目		指标	
		Ⅰ型	Ⅱ型
总养分（$N+P_2O_5+K_2O$）的质量分数/%[a]	≥	15.0	25
水分（H_2O）的质量分数/%	≤	12.0	12
有机质的质量分数/%	≥	20	15
粪大肠菌群数/(个/克)	≤	100	

注：其余指标均与 GB 18877-2002 相同。

8.5 发展趋势与展望

有机无机复混肥料在农业生产中日益发挥重要的作用，增产效果明显，受到用户的广泛欢迎。但是，有机无机复混肥产业的发展仍存在许多亟待解决的问题。目前，有机无机复混肥的生产企业规模相对较小，多数企业均采用团粒法工艺生产有机无机复混肥，产能相对较低，尚没形成龙头企业带动该行业的发展。开发产能高、养分含量高、效果好、品相优的有机无机复混肥料生产新工艺，适应我国机械化施肥发展的要求，是发展有机无机复混肥行业发展需要解决的生产中的问题。

系统研究有机物料与化学肥料复合（混）优化化肥养分高效利用的机理与原理，建立有机无机复合（混）肥优化化肥养分高效利用的理论与技术体系，是未来有机无机复合（混）肥料研究的重要任务。有机无机复合（混）肥兼有有机肥和无机肥的双重功效，不仅可以消纳有机废弃物保护环境、增加土壤有机质含量和改善作物产量品质，更有通过“以有机促无机”提高化肥养分利用率的作用，是我国未来肥料产业发展的重要方向之一。

参考文献

1 杜伟. 有机无机复混肥优化化肥养分利用的效应与机理. 中国农业科学院农业资源与农业区划研究所，2010

2 赵秉强，杨相东，李燕婷等. 我国新型肥料发展若干问题的探讨. 磷肥与复肥，2012，27（3）：1-4

3 杜伟，赵秉强，林治安等. 有机无机复混肥优化化肥养分利用的效应与机理研究Ⅰ. 有机物料与尿素复混对玉米产量及肥料养分吸收利用的影响. 植物营养与肥料学报，2012，18（3）：579-586

4 杜伟，赵秉强，林治安等. 有机无机复混肥优化化肥养分利用的效应与机理研究Ⅱ. 有机物料与磷肥复混对玉米产量及肥料养分吸收利用的影响. 植物营养与肥料学报，2012，18（4）：825-831

5 杜伟，赵秉强，林治安等. 有机复混磷肥对石灰性土壤无机磷形态组成及其变化的影响. 植物营养与肥料学报，2011，17（6）：1388-1394

6 杜伟，赵秉强，林治安等. 三种有机无机复混钾肥钾素的释放与供应特征. 中国土壤与肥料，2011，2：48-51

7 李娟，赵秉强，李秀英等. 长期有机无机肥料配施对土壤微生物学特及土壤肥力的影响. 中国农业科学，2008，41（1）：144-152

8 赵秉强，林治安，冀建华等. 有机复合肥养分高效优化技术研究. 磷肥与复肥，2008，23（5）：39-42

9 冀建华. 有机无机复混肥料中酰胺态氮的转化机理及其肥效研究. 山东农业大学，2009

10 廖宗文. 工业废物的农用资源化理论、技术和实践. 北京：中国环境科学出版社，1996，49-57，61-62，126

11 廖宗文，黄健安，傅显华. 糠麸复肥的研制与肥效. 化肥工业，1990，1：17-19

12 廖宗文，黄健安，温志平. 有机复肥对作物品质的影响初报. 热带亚热带土壤科学，1993，2（1）：20-23

13 廖宗文，刘可星，卢维盛. 利用工农业废物制造有机无机复肥的技术进展. 磷肥与复肥，1996，6：8-12

14 廖宗文，刘可星，王德汉等. 有机肥-无机肥料的发展回顾与技术前瞻. 中国农资科技导报，1999，4（1）：69-70

15 廖宗文，王卫红，江东荣等. 有机无机复肥系统与肥效关系初探. 华南农业大学学报，1995，16（2）：25-30

16 廖宗文，温志平. 开发工业废料 发展有机复肥. 农业环境保护，1993，12（1）：44-45

17 李国学，张福锁. 固体废物堆肥化与有机复混肥生产. 北京：化学工业出版社，2000，307-327

18 史春余，张夫道，张树清等. 有机-无机复合肥对番茄产量、品质和有关生理特性的影响. 中国农业科学，2004，37（8）：1183-1187

19 史春余，张夫道，张树清等. 有机-无机缓释肥对番茄产量和氮肥利用率的影响. 植物营养与肥料学报，2004，10（6）：584-587

20 王德汉，彭俊杰，廖宗文. 木质素改性产物对钾肥的缓释作用与作物吸钾量的影响. 植物营养与肥料学报，2003，9（3）：308-311

21 吴平霄，廖宗文，毛小云. 改性磷肥的结构特征及其增效机理研究. 植物营养与肥料学报，2000，6（3）：287-292

22 吴平霄，廖宗文. 有机无机改性钾肥的结构特征及其增效机理. 生态科学，2004，23（1）：16-19

23 吴平霄，廖宗文，冯新. 改性尿素的结构变化及其肥效的盆栽试验研究. 岩石矿物学杂志，2003，22（4）：

442-444

24 冀建华，李絮花，赵秉强等. 山东省施肥演变与现状分析. 磷肥与复肥，2009，24（2）：76-78

25 巨晓棠，刘学军，张福锁. 尿素配施有机物料时不同氮素形态的动态及利用. 中国农业大学学报，2002，7（3）：52-56

26 朱兆华，廖宗文，王德汉. 改性造纸黑液木质素氮素释放规律. 农业环境保护，2002，21（2）：140-142

27 朱兆华，王德汉，廖宗文等. 氨氧化木质素作为硝化抑制剂的研究. 土壤与环境，2000，9（2）：132-134

28 刘恩科，赵秉强，胡昌浩等. 长期施氮、磷、钾化肥对玉米产量及土壤肥力的影响. 植物营养与肥料学报，2007，13（5）：789-794

29 武丽萍，成绍鑫. 关于腐植酸对尿素增效作用的研究与产品开发概况及发展趋势. 腐植酸，2000，1：1-3

30 成绍鑫. 重新认识腐植酸对化肥的增效作用及有关对策. 腐植酸，1998，3：1-8

31 梁宗存，成绍鑫. 腐植酸与尿素作用机理研究进展. 腐植酸，1997，2：1-4

32 梁宗存，成绍鑫，武丽萍. 煤中腐植酸与尿素相互作用机理的研究. 燃料化学学报，1994，27（2）：176-181

33 武丽萍，成绍鑫. 包裹型长效腐植酸尿素的化学组成结构研究. 燃料化学学报，2001，29（5）：454-457

34 茹铁军，王家盛. 腐植酸与腐植酸肥料的发展. 磷肥与复肥，2007，22（4）：51-53

35 杜会英，薛世川，孙忠富等. 腐植酸复混肥对葡萄养分吸收利用的影响. 土壤通报，2006，37（3）：546-549

36 成绍鑫，武丽萍，李丽. 腐植酸与速效磷肥的作用及 HA-P 的农化效应. 腐植酸，2002，1：32-35

37 成绍鑫. 面向 21 世纪的国外腐植酸农业应用研究与技术开发-文献浏览与思考. 腐植酸，2000，4：9-17

38 成绍鑫. 高效植物生长调节剂（FA-3）及其液肥（FA-L）. 腐植酸，2000，3：48

39 成绍鑫，武丽萍，柳玉琴等. 腐植酸-脲络合物的工艺开发. 腐植酸，1994，4：29-32

40 成绍鑫，武丽萍，李丽. 腐植酸与速效磷肥的作用及 HA-P 的农化效应. 腐植酸，2002，1：32-35

41 成绍鑫. 长效腐植酸尿素（UHA）及其有机复合肥料（LEC）. 腐植酸，2003，3：47

42 康天宇，李延，杨卓亚. 中国有机肥产业前景广阔. 福建农业科技，2000，4：44-45

43 黄传荣，甘世凡，张怀东. 国内外生物复肥的研究现状和进展. 化肥工业，2000，27（1）：32-34

44 王磊. 有机-无机复合肥生产工艺. 石油化工应用，2007，26（3）：29-30

45 黄激文，肖良荣，曾庆东. 颗粒生物有机复混肥的圆盘造粒工艺. 广东农机，2003，1：11-12

46 陈靖宇. 复合肥料造粒技术和设备. 化肥工业，1995，2：3-8，30

47 李国学，张福锁. 固体废物堆肥化与有机-无机复混肥生产. 北京：化学工业出版社，2000

48 Gluba T. The effect of particle size distribution of a raw material on the strength of agglomerates obtained during drum granulation. Powder Handing and Processing，2001，13（4）：369-372

49 刘培坤，陈文梅，袁文等. 低速回转圆筒内磷铵颗粒粒度分布规律研究. 化学工程，1998，26（2）：41-44

50 雷明光，刘玉良，陈文梅. 磷复肥造粒干燥工序中新技术的研制与开发. 化工进展，1999，4：49-50

51 罗建平. 复混肥生产设备常见故障的预防及处理. 磷肥与复肥，2000，9（5）：48-49

52 Sakharov V N，Selezenev A N，Tauk M V，et al. Development of granulation equipment for producing combined NPK fertilizers . Chemical and Petroleum Engineering，1991，27（3）：191-194

53 Wilson M F，Roberts A G. Chemical engineering techniques in the study of granulation processes. Chemical Engineer，1977，3（27）：860-862

54 王荪权. 复混肥现状及发展趋势. 化肥工业，1993，3：21-24

55 马慕尚. 影响圆盘造粒的因素. 磷肥与复肥，1994，2：62-64

56 Nold P，Lobe R，Muller M. Granule Production-easy and cost- effective，part 2 . Interceram：International Ceramic Review，2004，53（2）：96-101

57 宋洪涛，郭涛，张晓红等. 离心造粒法制备麝香保心微丸的研究. 中草药，2003，1：23-27

58 Kapur P C. Balling and granulation . Applications of Cryogenic Technology，1978，10：55-123

59 曾庆东，黄激文，张汉月等. 复混肥造粒新工艺——多盘间歇造粒. 广东农机，2000，4：15-16

60 季保德. 用味精废液沉淀物生产有机复合肥的新工艺. 磷肥与复肥. 2002，17（3）：55-56

61 魏光禄. 谷氨酸废水制造的生物有机无机肥料农作物试验. 发酵科技通讯，2004，33（2）：25-27

62 姜丽娜，符建荣，马军伟等. 有机无机复配肥氮肥利用率的^{15}N 生物示踪研究. 浙江农业学报，2005，17（5）：287-291
63 郎晓峰，徐阳春，沈其荣. 不同有机无机复混肥对土壤供氮和玉米生长的影响. 生态与农村环境学报，2008，24（3）：33-38
64 王德汉，朱兆华，廖宗文. 氨氧化木质素对玉米生物量和土壤脲酶活性的影响初报. 广东造纸，1999，(3)：5-8
65 钱惠祥. 腐植酸包裹型长效尿素肥效机理初步研究. 土壤肥料，2002，1：34-36，40
66 王斌，马兴旺，许咏梅等. 腐植酸对灰漠土棉田土壤无机磷形态的影响. 新疆农业科学，2007，44（3）：312-317
67 王曰鑫，侯宪文. 腐植酸对土壤中无机磷活化效应的研究. 腐植酸，2005，2：7-14
68 章永松，林咸勇，罗安程等. 有机肥（物）对土壤中磷的活化作用及机理研究，I 有机肥（物）对土壤不同形态无机磷的活化作用. 植物营养与肥料学报，1998，4（2）：145-150
69 薛延丰，赵会杰，李奕林. 低分子量有机酸对石灰性潮土无机磷形态转化的影响. 土壤通报，2004，35（4）：449-454
70 Mnkeni P N. Retentior of ortho- and polyphosphate in some Quebec soil as affected by added organic residues and calcium carbonate. Can J. Soil Sci. , 1985, 651：575-585
71 何振立，袁可能，朱祖祥. 有机阴离子对磷酸根吸附的影响. 土壤学报，1990，27（4）：377-384
72 陈倩，穆环珍，黄衍初等. 木质素对土壤磷素形态转化及对磷有效性的影响. 农业环境科学学报，2003，26（6）：745-748
73 中华人民共和国国家标准 GB 18877-2002 有机-无机复混肥料
74 中华人民共和国国家标准 GB 18877-2009 有机-无机复混肥料